科技服務業發展策略及應用

——以RFID產業為例

徐作聖、黃啓祐、游煥中　著

國立交通大學
NATIONAL CHIAO TUNG UNIVERSITY

科技服務業發展策略及應用

作者序

　　在全球景氣動向尙未明朗之際，台灣內有產業結構調整問題，外有全球化激烈挑戰，產業轉型已勢在必行。而利用知識經濟的特質，發展成爲現代服務業及製造業均衡發展的產業結構更是政府及企業共同努力的目標。本書以高科技服務業中之知識中介平臺創新及平臺經濟的角度，探討高科技製造業及服務業之轉型策略及市場應用，並以無線射頻識別技術（Radio Frequency Identification, RFID）產業爲例，驗證以體驗行銷爲手段、知識中介創新平臺爲基礎、專業化爲策略目標、提升高科技製造業及服務業專業化能力之策略及未來發展。

　　面對激烈的全球競爭，高科技服務業發展及知識中介創新服務平臺是不可或缺的要素。在規劃未來產業發展方向前，應愼選產業發展目標與技術組合、加速產業鏈整合、構建知識中介平臺服務業與製造業並重的產業結構，是區域產業發展科技專業化的重要策略。利用知識中介平臺服務及知識中介平臺創新策略，可促進高科技製造業及服務業的均衡發展，強化高科技製造業及服務業專業化能力，提升高科技製造業的整體競爭力。

　　新興網絡模式「部落格（Blog）」及「Web 2.0」改變了知識經濟的形態，在知識中介主導的產業發展的條件下，透過「部落格」及「Web 2.0」，由「really Simple Syndication」發展成爲「really Structured Syndication」將是台灣製造業發展的契機，而「體驗行銷」的模式可提供台商克服發展「品牌行銷」的障礙，加速產業發展。知識的管理策略及應用是未來企業成功的關鍵，其條件爲：

■ 知識的取得及組織、累積、掌握、創新、運作（maneuvering）、推廣、擴散。

■ 知識的選擇、重組（reconfiguring）、行銷及市場應用。

■ 中介創新服務及知識整合平臺。

　　知識經濟與科技創新是二十一世紀的發展主軸，透過知識的開創與擴散、市場應用及全球網路的機制，科技創新迅速爲人類帶來前所未有的機會。同時，服務業佔各重要國家GDP比重居高不下，並有擴大的趨勢，例如經濟合作暨發展組織（OECD）國家服務業佔GDP的比重超過百分之六十，其中有十個國家甚至超過百分之七十，一般認爲其成長趨勢會持續發展，許多經濟學者及研究人員認爲服務經濟已經來臨，服務產業朝知識密集化發展，已是必然的方向。再者，透過知識開創與擴散、市場應用、全球網路的機制及科技創新，可爲人類帶來前所未有的機會。知識經濟的興起除了導因於全球化、自由化的浪潮外，資訊技術的擴散與網路標準的形成更是另一項重大原因。

　　知識經濟之經營管理屬服務業之範疇，其重點在於利用特定的槓桿優勢，取得市場主導地位，並利用創新技術與跨領域技術之整合，搭配知識創新中介平臺，以服務多元化客客之需求，進而建立擴充性與創新性高的知識中介創新服務平臺，發展平臺經濟運行模式。由於知識服務市場具有多重區隔，故若企業能利用其特殊的技術或服務能力，發展成產業區隔中的龍頭，將使企業立於不敗之地。過去傳統製造業市場，擁有先進技術的國際大廠是產業中最大的贏家，但在以知識經濟爲主導的時代，由於知識服務內涵的不同，企業可根據市場多元需求與區隔的特性，發展獨特服務與技術能力，配合國際大廠的發展，產生互補性合作關係，將使技術、規模、資金遠遜於國際大廠的區域型企業，出現新的專業化利基市場。

　　另外，傳統製造業過去是以供應面觀點進行發展，而在知識服務產業的環境上，製造業應轉爲需求面之觀點，企業應優先考量自有技術與成本

優越性，並充分掌握市場資訊，鎖定利基型產品，繼而擴充自身優勢，以在供給面上發展製造、研發，並建立企業自主的行銷通路暨品牌，形成專屬的市場規模經濟；同時，由於服務業具有不成比例的擴充特質，故廠商之規模大小將不再是決定企業競爭的關鍵因素，服務業廠商將可利用「以小搏大」的策略，藉需求面之價值訴求與知識經濟的網路效應，快速達成「劃地稱王」的目標。

在工業時代，產業發展之模式是從供給面出發，發展製造業思維的競爭策略，其產業規劃是從上而下（Top-Down）利用國家創新體系主導，再以製造業的供給面需求為考量，制定產業相關運作機制。在實際運作上，則由國家規劃產業聚落的形成，主導相關產業的供給面基礎建設，並對技術應用的市場潛能、未來科技發展加以評估預測，以提供相關廠商諮詢；而在科技研發上，則由國家層級主導相關科技研發，投入資源並加以配置，執行上係倚重學術與研究機構的研發成果，技術發展呈線性趨勢；並在轉型商業化過程中，由產業鏈內的企業接收已發展完成的技術並加以擴散，最終完成技術成果的商品化。換言之，過去高科技產業之競爭策略是以公司（Company）、競爭者（Competition）及客戶（Consumer）為主的3C策略，並遵循經濟學中的供需原理，發展以目標市場行銷、產品及競爭導向的運作模式。今日高科技產業的競爭是以溝通推廣（Communication）、投資（Capital）、招商（Corporation）、及擴大客戶需求（Consumers）為主的4C策略，其運作係遵循網路經濟學與平臺經濟之原理，透過創新密集服務平臺與知識介面基礎設施之架構，進行廠商與客戶間的網路高度互動，另外，強化專業服務與技術，建立相關產業連絡網路，達到跨領域技術與服務的結合，形成知識中界創新平臺運作模式，也是重要高獲利的目標。

在今日知識經濟之全球化趨勢下，高科技產業之發展已呈現幾項新興思維；首先就市場環境而言，今日之知識密集市場具有多元化

（Diversity）、高度成長性（Growth Market）、高度區隔（Highly Segmented）與榮景資本市場（Bull Capital Market）等特性；其次，高科技廠商面臨全球競爭，其關鍵核心能力之建立更形重要，此一核心能力更需具備獨特性（Uniqueness）、不可取代性 （Un-substitutability）、可擴張性（Expandability）與可放大性（Scalability）等條件，才能建立專屬之競爭優勢。

在知識經濟之產業環境下，製造業及服務業科技公司欲發展條件在於：一是要靠蓬勃市場大量「有需求量的產品」，二是廠商擁有獨特「做得出來的技術」，三則是要找出「區隔競爭者的策略」。特別對服務業而言，由於知識經濟的多元化特質，使得服務業具有「不成比例」的特色，讓企業能「以小搏大」取得快速劃地為王的機會，這也是服務業有別於製造業，適合台灣企業發展。

在過去傳統產業發展中，供應面與客戶面之連結是藉由傳統的介面機制，透過傳統介面與中間人針對產品之製成品、半成品及產品零件間進行找尋、分類、庫存、分發，進而達成媒合連結之需求，此為傳統供需之間的仲介角色。而在知識經濟之產業情勢下，藉由新興知識中介創新服務平臺之角色，提升媒合交易之效率與供應鏈介面之整合。此一平臺運作機制將可發揮提升交易平臺效率與基礎設施建置、共享產品及交易資訊、提升選擇及交易機會、提供搜尋及協助、與提供技術交換及整合平臺等。

過去製造業從事產品售後服務時，認為售後服務是銷售產品的附加性服務；而在知識中介服務業經營上，利用體驗行銷（Experience Marketing）之概念所發展出的顧客互動模式，具絕對重要的角色。在傳統行銷理論中，行銷策略強調市場競爭及結構明確，著重的是產品面定義與市場開發，具體策略包括:聚焦產品特色、功能及用途定義；目標市場區隔；以及藉由產品線基礎發展4P行銷策略等，較缺乏橫向思想及網路策略等概念。今日知識經濟下所運用的體驗行銷理論，其行銷概念強調的是

利用企業核心能力及客戶需求之動態互動，以建立客戶產品體驗，進而發展出客製化及網絡效應之行銷策略；在此行銷模式中，客戶體驗為聚焦重點，並由全方位（Holistic）觀點強調消費行為與行銷策略。

知識中介創新平臺服務之內涵可分為企業面及產業面之平臺開發，其中企業面以企業核心能力為中心，建構知識中介創新平臺服務；而產業面知識中介創新平臺方面，包括整合產業內的供應面及需求面聚落，建立完整的產業鏈，強化商業情報搜集與產業面及周邊產業，建立品牌及通路優勢，擴大市場供需面，以提昇製造業及服務業專業化能力；以及發展以創新為基礎的國家創新體系及建全產業結構。

本書以徐作聖所建構的「創新密集服務平臺分析模式」理論，針對RFID系統整合服務業，提出一套系統性的策略分析模式。此平臺分析模式以整合性的觀點，對RFID系統整合服務業做全盤性的創新服務思維邏輯推演，進而完成策略分析與規劃。

透過建立一套適用於創新密集服務業之政策工具分析模式，此模式首先找出產業內企業普遍需要的關鍵成功要素，繼而推得產業需要的產業環境與技術系統，最後再探討政策工具該如何應用，以在RFID產業初期，協助國內廠商順利發展；經由實證發現，此系統性分析模式所推得之政策，確實能夠符合實證產業的需求，進而協助實證產業解決目前所面臨的問題。

本書之得以完成，除筆者在投入「創新密集服務」、「知識中介」、「知識經濟及國家創新系統」、「創新策略及管理」與「高科技經營策略」的研究、以及多年來在「科技政策」與「新興產業」方面的心得外，更要感謝交通大學科技管理研究所與科技產業策略研究中心同仁的協助及筆者所指導的研究生的努力，其中包含現任職於中原大學之陳筱琪博士與碩士班同學周鈺舜、朱立珮、林隆易、陳鏡甫、吳瀚勳等人對於創新密集服務（IIS）之資料彙整，以及陳威寰、王毓筬、簡宏誼等三位碩士班同學

RFID產業之實證。另外，母親徐張靜如女士的的養育與悉心照顧更是激發我積極從事的動力，在此獻上我最誠摯的謝意。

　　本書的讀者可包含任何對產業轉型策略有興趣的人士，如果實務界、政府界、研究機構、及學術界的先知與朋友能因閱讀本書而激發出一些策略性的思考，進而致力於產業策略的研究與競爭優勢的提升，這也是筆者爲書的最大心願。

　　本書倉促成書，疏漏之處在所難免，希望各界能不吝予以指教，筆者將感謝不已。

徐作聖

2007年2月

目　錄

第四章　創新密集服務平臺分析模式之實證　131
— RFID系統整合服務業產業分析

第六章　創新密集服務業之產業創新系統 ———— 219

圖 目 錄

表 目 錄

第一章　緒　論

　　知識經濟與科技創新是二十一世紀的發展主軸，透過知識的開創與擴散、市場應用及全球網路的機制，科技創新迅速爲人類帶來前所未有的機會。同時，服務業佔各重要國家 GDP 比重居高不下，並有擴大的趨勢，例如經濟合作暨發展組織（Organization for Economic Cooperation and Development,OECD）國家之服務業佔GDP的比重超過 60% ，其中有十個國家甚至超過 70%，一般認爲其成長趨勢會持續發展，許多經濟學者及研究人員認爲服務經濟已經來臨，服務產業朝知識密集化發展，已是必然的方向。再者，透過知識開創與擴散、市場應用、全球網路的機制及科技創新，可爲人類帶來前所未有的機會。知識經濟的興起除了導因於全球化、自由化的浪潮外，資訊技術的擴散與網路標準的形成更是另一項重大原因。

　　綜觀世界發展，除全球化趨勢之外，知識經濟是另一個難以違逆的發展趨勢，在知識經濟的浪潮下，知識成爲最重要的要素投入，是一國經濟、就業及財富能否持續成長的關鍵。新知識的創造與使用，取決於全體社會的創新能力，因此創新體系的健全發展可視爲一國經濟競爭力的根源，對於以中小企業爲產業主體的台灣而言，一般企業的創新資源較爲有限，因而有必要加強發展專門提供企業創新服務的產業部門，以彌補中小企業創新能量不足的劣勢。

　　在過去，台商的主要策略大多在於製造代工與低成本管理，由於產業定位明確且競爭對手爲同質性較高的廠家，故「企業策略」在經濟發展過程中的角色並不明顯，但面對未來的全球競爭，市場與競爭的多元化使得策略運用的重要性大幅提升。簡而言之，在全球化發展趨勢下，台灣偏重製造能力的經濟發展政策已有大幅調整的必要，且爲因應全球化的衝擊，許多非服務部門的傳統產業也有轉型爲服務業的需要。由此觀之，在知識

經濟發展趨勢之下，企業創新已成爲產業競爭力的主要來源，因此台灣廠商必須積極提昇整體產業的創新能力，而促進創新服務產業的健全發展將是最重要的手段之一。

1.1 知識經濟時代的創新密集服務業

過去十餘年來，美國由於掌握發展知識經濟的契機，達到高成長、高所得與低物價的成就，根據 OECD 估計，其會員國中，各國國內生產毛額（Gross Domestic Product, GDP）有超過 50% 來自以知識經濟爲基礎的產業，其中高科技產業如航太、半導體及資訊電子等知識密集型製造業以及教育、通訊、工商服務業等知識密集商業服務產業，皆已快速的成長，隨著全球化時代來臨，知識經濟已成爲今日產業發展之主軸。

由於高科技產業全球化、自由化和多元化的發展趨勢，加上資訊技術的擴散與網路標準的形成，產業結構正以知識經濟爲主流進行大幅度變化，先進國家服務業的發展趨勢顯示，1990 年代後「知識密集商業服務業」（Knowledge-Intensive Business Service；或稱爲「創新密集服務業」）的發展相當快速，以創新密集服務業發展較爲蓬勃的美國與法國爲例，兩國服務產業佔 GDP 比重，於 2004 年時已達 76.6% 及 72.0%（台灣經濟研究院，2006），其中知識密集商業服務業佔 GDP 比重分別達 39.7%（產值約爲 3.48 兆美元）與 42%（0.61 兆美元），佔服務業產值的 55% 以上；而台灣知識密集商業服務業在 1996 年時佔 GDP 比重爲 22.7%，2005 年時比重爲 29.06%（計算自行政院主計處，2007）。

近年來，在中國逐步成爲全球生產工廠的磁吸效應下，台灣產業鑑於資源最適配置之原則，也將製造活動往低成本地區移動。綜觀台灣的產值演變，製造業佔 GDP 比重，由 1986 年的 39.4%，下降至 2007 年第 1 季的 26.2%（行政院主計處，2007）；在服務業佔 GDP 比重方面，由 1996 年的 61.1%，上升至 2007 年第 1 季的 7.5%（行政院主計處，2007），

可見台灣產業結構已逐步向歐美先進國家之型態趨近。

　　為尋求下一階段經濟之蓬勃發展，如何運用既有科技產業之競爭優勢，發展創新密集策略性服務產業，擴大服務業之經濟價值，將是台灣一項重大經濟課題。其實，台灣知識密集產業在 1990 年代以後也呈現持續上昇的趨勢，顯示出台灣經濟已轉向知識經濟；然而知識經濟在若干特性上與工業經濟大相逕庭，產業政策的思維亦需適度修正。其中，促進知識創造、擴散和加值是知識經濟下產業創新策略的核心，所以本書將針對知識密集商業服務業的產業特性、市場環境、組織結構、互補性資源與公司的核心競爭力做一通盤的研究，希望藉由相關知識的互動模式與創新機制進行系統性的探討及分析模式的建構整理，推導出創新密集服務平臺分析模式，進而由思維過程中逐步歸納出策略建議。大體而言，分析模式包含下列意涵：制定強調具備系統化，立基於國際化思維，釐清產業知識基礎和創新機制與機構的多元化和網路化互動機制。

1.1.1 知識經濟時代的趨勢－創新密集型服務業

　　知識經濟時代的來臨意味著具備傳統生產力的經濟模式發生改變，經濟主體已逐漸轉為強調知識附加價值的多寡。由於市場經濟對勞動市場有極大的影響，形成專業知識工作者需求大增，而國家產業結構也必須隨之調整，朝向知識經濟產業轉型方向努力，而創新密集服務產業的興起將有助於台灣產業轉型之重要發展方向及競爭力的提昇。

　　近年來，許多研究調查中發現，創新提昇生產效率最相關的產業為「知識密集商業服務業」，因為在知識經濟時代，創新成為經濟成長的動力，知識密集商業服務業的角色如同知識經濟中提高知識傳遞效率的橋樑，知識經濟屬服務業之重點在於利用特定的槓桿優勢，取得市場主導地位，並利用創新技術與跨領域技術之整合，搭配知識創新中介平臺，服務多元化客戶之需求，進而建立擴充性與創新性高的創新密集服務平臺，發

展平臺經濟運行模式。

由於知識服務市場具有多重區隔，若企業能利用其特殊的技術或服務能力，發展成產業區隔中的龍頭，將使企業立於不敗之地。過去傳統製造業市場，擁有先進技術的國際大廠是產業中最大的贏家，但在以知識經濟為主導的時代，由於知識服務內涵的不同，企業可根據市場多元需求與區隔的特性，發展獨特服務與技術能力，配合國際大廠的發展，產生互補性合作關係，將使技術、規模、資金遠遜於國際大廠的區域型企業，出現新的專業化利基市場。

綜上所述，在今日知識經濟的發展趨勢下，高科技產業的發展思維已隨產業之演進而大不相同，過去高科技產業之競爭策略是以公司（Company）、競爭者（Competition）及客戶（Consumer）為主的3C策略，並遵循經濟學中的供需原理，發展以目標市場行銷、產品及競爭導向的運作模式，而在今日網際網路普及應用的時代，過去產業界所倚仗的3C策略已不敷使用，現今的高科技產業的競爭有別於傳統的 3C 策略，是以溝通推廣（Communication）、投資（Capital）、招商（Corporation）、及擴大客戶需求（Consumers）為主的 4C 策略（Ohmae,2005），其運作係遵循網路經濟學與平臺經濟之原理，透過創新密集服務平臺與知識介面基礎設施之架構，進行廠商與客戶間的網路高度互動。此一運作模式的主要驅動力在於產品技術已相當成熟，新市場與客戶開發需藉由客戶互動與網路合作才能加速進行；同時，此創新密集服務的發展策略是以高科技製造業成果與市場構面的連結為主，並以市場需求為出發點，整合研究單位與現有企業間之科技成果、強化需求面的基礎建設、並發展產業群聚及供應鏈創新密集服務。此外，創新密集服務平臺之運作中也強調私人商業平臺與政府公平臺之連結，才能發揮綜效。

從產業生命週期的角度出發，可更清楚解釋此一知識經濟發展趨勢，圖 1-1 顯示高科技產業演進之生命週期，當高科技產業由產品技術導向、科技密集競爭、發展技術標準等逐步演進達成熟期時，此時產業競爭態勢

將呈現系統產品與成本、品牌競爭之趨勢；對廠商而言，在此產業成熟階段應發展供給面之整合，其策略包括供應鏈整合、發展產業群聚、與進行產品多元化區隔策略等。此時產業生命週期已發展至S曲線頂端，產業演進與產品價值將如圖示逐漸呈現下滑態勢，產業將可利用知識經濟與平臺運作之概念，由製造階段轉型至創造階段，繼而將產業升級至下一階段的S曲線，此階段之發展條件取決於產業需求面建設之完善與相關創新密集服務業的出現。

對第二階段的S曲線而言，產業供應鏈之介面整合與服務業平臺操作將為重點，產業將可在此一策略下提升價值，發展技術所致的新市場區隔，呈現產業專業化發展之態勢。此時，廠商的競爭策略將包括發展新興科技提升產品競爭力、建設全球運籌與供應鏈以提升效率成本之優勢、轉型成創新密集服務業、多角化經營、產業轉型或境外投資與加強行銷管理與品牌的建立等（徐作聖等人，2006）。

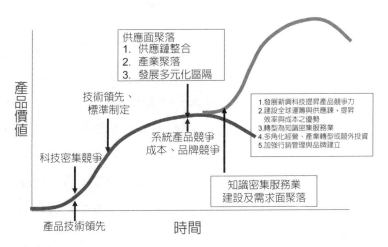

資料來源：本書整理。

圖 1-1　全球高科技產業演進之二階段生命週期

　　知識經濟下的產業演進趨勢，除了可由產業生命週期進行解釋外，一般經濟附加價值增長的演進理論亦可清楚說明此一態勢。傳統上產品係透過大宗產品經營進行競爭，惟當市場上相同產品充斥導致大宗產品化（Commoditization）後，廠商利潤將因此降低，此時既有廠商可透過行銷手段，憑藉貨品製造行銷之客製化取得較高利潤；當產業持續成熟呼時，利潤將因競爭者眾而再度降低，此時既有廠商可依據客戶需求，再升級至提供客製化服務之區段，以增加競爭力與區隔市場，提升差異化程度；當服務市場也出現眾多競爭者，顯現大宗產品化之趨勢時，創新密集服務之模式將成為產業中高利潤之來源所在，相關廠商可朝此區段移動，發展創新密集服務平臺，藉由客製化、差異化與專業化之運用，提升自身利潤。

　　本文所稱之創新密集型服務業指的是文獻中最常見的「知識密集商業服務業（Knowledge Intensive Business Services, KIBS ）」，並與「知識密集商業服務業」、「知識服務業」或「知識中介創新服務業」等名詞通用。知識密集商業服務業是和知識的創造、累積或擴散有關的經濟活動。根據美國商業部經濟分析局（Bureau of Economic Analysis, BEA）的定義，知識密集商業服務業是指「提供服務時融入科學、工程、技術等的產業或協助科學、工程、技術推動之服務業」（龔明鑫、楊家彥，2003）；而依照 OECD（1999）的定義，知識密集商業服務業則是指「那些技術及人力資本投入較高的產業」，將知識密集商業服務業視為知識密集產業之一種，涵蓋運輸倉儲及通訊、金融保險、工商服務、社會及個人服務業。同一種名詞的定義，不同的專家、學者及組織，由於角度、用途不同，看法亦有差異，本書將以 OECD 於 1999 之分類與定義為主，並應用由此延伸出的創新密集服務及知識中介創新為輔。

1.1.2 國際經濟之發展趨勢及其對創新密集服務產業發展之意涵

　　知識密集商業服務業（KIBS）為一般較常見用於高科技服務業之說法，其中，「知識密集」可從服務提供者與服務購買者兩方對服務的知識密集要求來解釋：在服務提供者方面，企業傾向因行業本身特性及服務需求者持續對行業知識程度的提升，使服務提供者傾向提供高知識密集型服務的趨勢，而以不同客製化程度滿足市場需求，同時也提升企業本身的價值；在服務購買者方面，需求者則在此供需關係下，具有獲取高知識密集服務之需求傾向。「知識密集」的程度即由服務提供者與服務需求者兩者對特定要求的表示、傳輸及吸收能力之關係所決定（Hauknes and Hales, 1998）。OECD 則將知識密集商業服務業視為知識密集產業之一種，涵蓋運輸倉儲及通訊、金融保險不動產、工商服務、社會及個人服務業等類別。

　　學者 Miles 等人（1995）提出「以管理系統的知識或社會事件為主的傳統專業服務」及「關於技術知識的轉移和產品等以新技術為基礎的新服務」兩種形式的知識密集商業服務業，而學者 Hertog 及 Bilderbeek（2000）則認為知識密集商業服務業是營運幾乎完全依賴專業知識（即具備特定領域技術或相關技術能力背景之專家）私人企業或組織，經由提供以知識為基礎的中間產品或服務而生存。OECD（1999）亦定義知識密集產業為技術及人力資本投入密集度較高的產業，其區分為兩大類：A.知識密集製造業，包括中、高科技製造業；B.知識密集商業服務業兩大類，涵蓋一些專業性的個人和生產性服務業。

　　此外，英國學者 Tomlinson（1999）定義 KIBS 為通訊業及商業服務業，而德國學者 Muller 與 Zenker（2001）亦認為 KIBS 為顧問公司，主要為其他廠商執行服務，其服務包含高附加價值的知識，並提出 KIBS 的三大特徵，包括：1.提供知識密集的服務給客戶（以區別其他型態的服務業）；2.諮詢的功能（表示有解決問題的功能）；3.提供的服務與客戶有強烈的交互作用。

　　而在國內學術研究中，王健全（2002）將 KIBS 定義為：以提供技術知識（know-how）或專利權為主，並支援製造業發展之服務業，因此 KIBS 之特徵有A.研究發展密集度高（因為知識主要來自研究發展的投入）；B.產品（有形、無形）以供應製造業的使用為主；C.技術、研究發展人員相對於行政人員的比重高，以及專上學歷以上之員工比例高。

　　周鈺舜（2004）則延續 Browning 與 Singelmann（1975）之定義：「知識密集型的服務業，為顧客提供的服務是具有專業性的」，認為知識密集商業服務業為介於工商業與服務業兩種產業間，一種以專業知識為基礎的產業，可提供廠商專業諮詢服務，並互相溝通與學習，以提昇雙方生產力效益、累積服務經驗，並可整理如圖 1-2 所示，知識密集商業服務業（KIBS ）包括創新密集服務（Innovation Intensive Services, IIS）、週邊支援與專業服務等三大範疇，其中，針對製造業或服務業產出所需技術之中間投入的創新密集服務業（IIS）為本書探討之重點，前述之創新密集服務業或服務平臺，即專指在創新密集服務業之範疇中，專門投注於技術研發相關服務事務的服務業平臺。

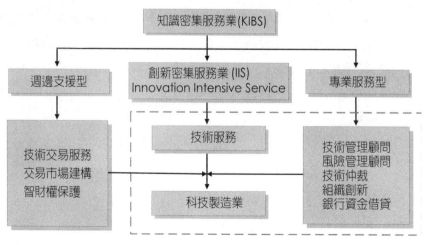

資料來源：本書整理。

圖 1-2 知識密集商業服務業分類表示

8

1.2 創新密集服務產業的重要性

　　台灣製造業已邁入微利競爭時代，保五、保六的目標，成為多數代工廠的夢想。舉例而言，以個人電腦為主的相關產品利潤已相當微薄，如何提高製造業附加價值是邁入知識經濟的一大挑戰。台灣過去著重製造業的發展策略，使得製造業累積了全球專業生產裝配及代工的優勢，卻因而忽視在產品創新、設計與研發能力的資金與資源投入。同時，也因為大多採取代工模式，對終端使用者的消費需求與服務方式並不如國際大廠熟悉，進而對品牌的建立與開創信心不足，因此未來發展方向應朝利用服務經濟活動、創新商業模式以催生新興知識型服務業，並進行製造業活動的質變與改造，提升製造業的附加價值。

　　在今日知識經濟的全球化趨勢下，高科技產業之發展已呈現幾項新興思維。就市場環境而言，今日之知識密集市場具有多元化（Diversity）、高度成長性（Growth Market）、高度區隔（Highly Segmented）與榮景資本市場（Bull Capital Market）等特性；高科技廠商面臨全球競爭，關鍵核心能力之建立更形重要，此一核心能力更需具備獨特性（Uniqueness）、不可取代性（Non-substitutability）、可擴張性（Expandability）與可放大性（Scalability）等條件，如此才能建立專屬之競爭優勢。故在比產業環境下，製造業及服務業科技公司的均衡發展及成長，一是要靠蓬勃市場大量「有需求量的產品」，二是廠商擁有獨特「做得出來的技術」，三則是要找出「區隔競爭者的策略」。特別對服務業而言，由於知識經濟的多元化特質，使得服務業具有「不成比例」的特色，讓企業能「以小搏大」取得快速劃地為王的機會，這也是服務業有別於製造業而正適合台灣企業發展之處。為了篩選出具最大利益化的代表性服務產業做為未來推動之主軸，並為台灣產業未來發展與出路尋找新契機，未來應以「三高（高創新效益、高附加價值、高成長力）」之原則，挑選具代表性與結構性的創新密集策略性服務產業。例如，為強化製造業

的附加價值而形成的知識服務業包括資訊服務、專業設計服務、顧問服務等。為支援企業研發而蘊育出來的研發服務業、IC 設計、生物檢測、電子商務與智財權服務等；為因應企業全球化之佈局及配合客戶出貨的需要，使產業價值鏈往高附加價值延伸的流通服務、運籌管理服務等。

1.3 創新密集服務產業分析之目的

　　本書以實務的觀點，對創新密集服務業，依照產業特性、市場環境、服務創新理論、企業核心競爭力、互補資源與關鍵成功因素等理論來做一個通盤性的設計，建構出創新知識密集服務產業之分析架構，並運用創新密集服務產業分析模式為架構下，做出策略分析與建議。

　　具體而言，本書中主要以服務價值活動與外部互補性資源進行理論探討研究，除分析企業在創新能力與在知識密集商業服務業之定位，並根據企業掌握能力的不同，提出應加強之創新要素；另外，根據企業在核心能力及外部資源的需求，利用產業創新系統及科技創新政策的理論架構及分析模式，分析產業環境、技術系統、創新政策的配套策略，其具體的目的如下：

■ 整合各類創新密集服務業理論與現代管理思維，建構一套整體性、系統性且具備創新的分析模式，包括服務價值活動分析、外部資源涵量分析、實質優勢分析、策略意圖分析。

■ 分析創新密集服務業所提供的服務在不同的創新層次與客製化程度下，現在與未來發展所需之關鍵成功因素及核心能力。

■ 探討創新密集服務業未來發展的策略定位及策略意圖。

■ 為台灣廠商進入創新密集服務業，進行策略規劃建議。

■ 推衍產業環境、技術系統、創新政策的配套策略。

1.4 創新密集服務產業之分析架構

本書所採行的研究架構主要是以影響創新密集服務平臺的兩大主體構面，即服務價值活動及外部資源涵量為主，共同建構於創新密集服務的4×5矩陣，矩陣橫軸部份為平臺所能提供的客製化程度（包含專屬型服務、選擇型服務、特定型服務、一般型服務四種）；矩陣縱軸部份為平臺進行創新的程度（包含產品創新、製程創新、組織創新、結構創新、市場創新五種）。而基於前述創新密集服務平臺之架構，本書並進一步對高科技製造業之專業化發展，建構出不同專業化策略的資源分析模式；在企業層級方面，分析構面包括服務業平臺的內部服務價值活動與外部資源，而在產業層級方面，分析構面則為產業創新系統中的產業環境及技術系統構面。經由本書依據六種創新優勢來源與八種專業化策略所設計的專業化策略分析矩陣，將可完成不同專業化模式下企業與產業層級之資源運作探討，作為創新密集服務平臺與專業化製造業廠商的營運參考。

本書將以創新密集服務平臺的架構及高科技產業專業化策略分析模式，探討無線射頻識別技術（Radio Frequency Identification, RFID）之系統整合服務業，在不同定位下的關鍵成功因素及未來的發展策略。

1.5 國家競爭優勢

本書以產業創新系統中產業環境及科技系統來分析區域競爭優勢，而國家創新系統則用以描述產業的政策需求。

1.5.1 鑽石體系四大要素及產業環境

美國學者 Porter（1990）提出鑽石理論模型（圖 1-3 ），認為國家是企業最基本的競爭優勢來源，因為國家能創造並持續企業的競爭條件；

國家不但影響企業的決策，也是創造並延續生產與技術發展的核心。國內某些產業為何能在激烈的國際競爭中嶄露頭角必須從生產要素、需求條件、相關與支持性產業及企業策略與企業結構和競爭程度等四項每個國家都有的環境因素來探討。這些因素可能可以增加本國企業創造競爭優勢的速度，也可能成為企業發展遲滯不前的原因。

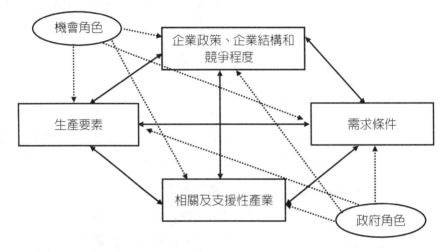

資料來源：Porter（1990）。

圖 1-3 鑽石理論模型

1.5.1.1 生產要素（Factor Conditions）

生產要素指一個國家在特定產業競爭中有關生產方面的表現（波特，1996），包括人力資源、天然資源、知識資源、資本資源、以及基礎建設等五大項，其內涵分述於下：

■ 人力資源：即工作量和技術能力、人事成本（含管理階層），同時也可考慮標準工時和工作倫理的表現。

■ 天然資源：此範疇包含國家土地、水力、礦產及林產等先天資源之充沛與否、品質優劣、獲取之容易與否、及取得成本等。另外，氣候及國家的地理位置、面積一樣，也算是天然資源的一種。

■ 知識資源：一個國家在科學、技術和市場知識上的發展，也會關係到產業產品和勞務的表現。

■ 資本資源：每個國家可投資於產業之資金總額與成本，可以透過信用貸款、抵押貸款、垃圾債券、或創業投資等形式運作。

■ 基礎建設：係指會影響競爭狀況之基礎建設，其型態、品質和使用成本等因素。基礎建設包括運輸系統、通訊系統、郵政、付款、轉帳和健康保險等。

　　這些生產因素通常是混合出現的，而每個產業對它們的依賴程度隨產業性質有所不同。而上述生產資源是否與競爭優勢有關，要看它們被應用時所發揮的效率與效能。事實上，今天絕大多數新興工業國家和已開發國家在基礎建設方面的資源應用已成果卓著，受過中等教育和高等教育的勞動人口也較充沛。

1.5.1.2 需求條件 (Demand Conditions)

　　國內需求市場是產業競爭優勢的第二個關鍵要素，需求條件指本國市場對該產業所提供產品或服務之需求規模及需求型態等，包括國內市場的性質、國內市場的規模和成長速度、以及從國內市場需求轉換為國際市場需求的能力等三大項，其內涵分述於下：

■ 國內市場的性質：國內市場的影響力主要透過客戶需求的型態和特質來施展，這種市場性質會影響企業如何認知、解讀並回應客戶的需求。本國市場要能產生國家競爭優勢，必需具備區隔市場需求的結構、內行而挑剔的客戶、和領先其他國家的本土客戶預期性需求等三要素。

■ 國內市場的需求規模和成長速度：國內市場的預期需求可能催生產業的國家競爭力，而市場規模和成長模式則有強化競爭力的效果。國內市場的需求規模、客戶的多寡、國內市場需求的成長率，及國內市場是否有先發需求或提前飽和等變數均為催生產業的國家競爭力及強化競爭力的

主要因素。

■ 內需市場之國際化：內需市場的特質是國家競爭優勢的根源，而國內市場的國際化，則可進一步將該國產品和服務推往國外；藉由機動性高的跨國型本地客戶及將國內需求轉移或教育在國外客戶以帶動國際需求，為拓展海外商機、培養競爭優勢的良方。

前述國內市場的各種條件可以彼此相互強化，並在產業的各個演化階段中發揮其特有的重要性。

1.5.1.3 相關與支援性產業 (Related and Supporting Industries)

相關與支持性產業為形成國家競爭優勢的第三個關鍵要素，提供當國家與其他國際競爭對手比較時更強的競爭力。相關與支援性產業包括該產業之上中下游結構及相關產業內的關連性等二大項，其內涵分述於下：

■ 該產業之上中下游結構、發展情形及其競爭優勢：上游產業具備國際競爭優勢，下游產業具原物料或零元件交期短、成本低及更高的服務效率等競爭優勢，唯下游之相關產業缺乏有效應用相關產業之能力時，單靠上游業者之競爭力，並不足以形成該國於這個產業的國際競爭力。

■ 該產業與其相關產業之關連性、發展情形及其競爭優勢等：競爭力強的產業如果相互關聯，也會有拉拔提攜新產業的效果。因此，有競爭力的本國產業通常也會帶動相關產業的競爭力。

如果想成功地培養一項產業的國家競爭優勢，最好能于國內培養相關產業之競爭力，不過，無論本地供應商或相關產業，都必需與鑽石體系的其他關鍵要素搭配，若無法掌握先進技術、國內市場無法及時反應市場變遷、或缺乏強有力之本土競爭者以激發鬥志，就算供應商的水準世界一流，對下游企業競爭優勢的貢獻仍然相當有限。

1.5.1.4 企業策略、企業結構和同業競爭程度（Firm Strategy, Structure, and Rivalry）

在國家競爭優勢對產業的關係中，第四個關鍵要素就是企業，內涵包括應該如何創立、組織、和管理公司，以及競爭對手的條件如何等。企業的目標、策略、以及組織結構往往隨產業和國情的差異而不同，國家的競爭優勢亦因各種差異條件之組合而異，其內涵分述於下：

■ 企業目標：影響企業目標之因素包括股東結構、股東企圖心、債權人的態度、公司管理的管理模式及高階主管的企圖心等。企業股東結構、資本市場特色和營運模式對國家競爭優勢的影響主要在於對國內企業尋求資金時的態度、對風險利潤的評估、投資時間的長短、以及對投資報酬率的考慮，同時也影響產業的發展趨勢。

■ 國內該產業廠商所屬員工之個人事業目標：個人的事業企圖心影響產業發展的強弱，產業競爭理也離不開個人的努力動機和工作態度

■ 國內該產業之競爭情形。

1.5.1.5 機會角色（The Role of Chance）

當國家競爭優勢的各種關鍵要素改變時，產業的競爭環境也會發生變化。作為競爭條件之一的機會，一般與產業所處的國家環境無關，亦非企業內部的能力，甚至非政府所能影響。形成機會並影響產業競爭的情況大致有下列幾種影響生產要素、需求條件、相關與支持產業，及企業策略、企業結構和競爭對手之情形：基礎科技的發明創新、傳統科技出現斷層、生產成本突然提高、全球金融市場或匯率發生重大變化、全球或區域市場需求劇增、外國政府的重大決策、及戰爭。引發機會的事件很重要，因為它會打破原本的狀態，提供新的競爭空間，使原有的競爭者優勢頓失，創造新的環境。

1.5.1.6 政府角色 (The Role of Government)

　　國家競爭優勢的最後一個因素是政府。政府可經由補貼、教育、保護、制訂標準及創造需求等政策工具影響生產要素，並可藉由產品規格標準的訂定影響客戶的需求狀態，甚至扮演國內市場之主要客戶。政府也可透過規範媒體的廣告方式或產品的銷售活動影響上游和相關產業環境。最後，政府所擁有的政策工具如金融市場規範、稅制、反托拉斯法等往往影響企業的結構、策略、和競爭者的型態。政府政策的影響力固然可觀，但也有其限制，產業發展如果沒有其他關鍵要素的搭配，政府政策也無能為力。政府政策若能運用於已具備其他關鍵要素的產業上，將可有效強化產業優勢並提高廠商信心。

　　最後，本書將波特（1996）「鑽石體系」中之生產要素、需求條件、相關及支持性產業及企業策略、企業結構和競爭程度等構面歸納整理於表1-1，供讀者查閱參考。

表 1-1 鑽石體系各細項因素之匯總表

生產要素	需求條件	相關及支援性產業	企業政策、企業結構和競爭程度
■ 人力資源 　人力成本 　人力素質 　勞動人口 　工作倫理 ■ 天然資源 　地理位置 　土地品質 　可利用土地之多寡 　土地成本 　電力供應 　原物料資源 　氣候條件 　水利資源	■ 國內市場的性質 　國內客戶需求型態和特質 　國內市場的需求區隔 　具內行而挑剔型客戶 　國內市場較國際之先發性需求 　國內市場的需求飽和 ■ 國內市場的需求 　國內市場規模 　國內市場客戶多寡 　國內市場的需求成長	■ 支持性產業競爭優勢 ■ 相關性產業競爭優勢	■ 民族文化對企業管理模式之影響 　企業內部之教育訓練 　領導者導向 　團隊與組織關係 　個人創造力 　決策模式 　廠商與客戶之關係 　公司內部合作能力 　勞資關係 　組織創新能力

表 1-1 鑽石體系各細項因素之匯總表（續）

生產要素	需求條件	相關及支援性產業	企業政策、企業結構和競爭程度
■ 知識資源 　大學院校 　政府研究機構 　私人研究單位 　職業訓練機構 　政府統計單位 　商業與科學期刊 　市場研究機構 　同業工會 ■ 資本資源 　貨幣市場 　資本市場 　外匯市場 　銀行體系 　風險性資金 ■ 基礎建設 　運輸系統 　通訊系統 　郵政系統 　付款、轉帳系統 　醫療保健 　文化建設 　房屋供給	■ 國內市場需求國際化情形 　國外市場與國內市場需求是否一致 　跨國經營公司總部設于國內之客戶 　國外需求規模及型態		■ 企業之國際觀 　對國際化的態度 　對外來文化的態度 ■ 企業目標 　股東結構 　股東企圖心 　債權人的態度 　公司管理階層的本質 　公司誘因如何激勵資深管理者 ■ 個人事業目標 　報償制度 　冒險精神 　對職業、技能訓練之態度 ■ 民族榮耀與使命感 ■ 對產業的忠誠度 ■ 國內市場的競爭程度 　競爭者多寡 　競爭者規模 　產業朝城市和區域集中現象 　競爭型態 　產業擴散效應 　公司的多角化

資料來源：Porter（1990）。

1.6 技術系統

　　過去，古典經濟學家將技術視為國家總體經濟成長的外生變數，因此，經濟學家對於技術改變與經濟成長之關聯不但描述不多，瞭解也不深。一直到 Carlsson 及 Stankiewicz（1991）試圖利用技術系統來解釋科技創新對國家經濟成長的貢獻為止。二人認為忽略技術在經濟成長中所扮演之角色將無法有效解釋國家經濟成長的原因，並由經驗分析得知，技術創新在國家經濟成長中扮演重要的角色。

　　依據 Carlsson 和 Stankiewicz（1991）的定義，技術系統系指於一特定的技術領域中由許多機構（agent）所交互形成以產生、擴散和利用該特定領域技術（圖 1-4）之網路結構，此一網路結構包含企業、研發基礎結構、教育機構及政策制訂團體等。技術系統主要探討知識及能力之流通，而非一般產品或服務的流通現象。技術系統可被視為連結知識基礎部門與在期間活動之企業間的仲介結構，該結構之良窳足以影響企業利用初生技術之機會。

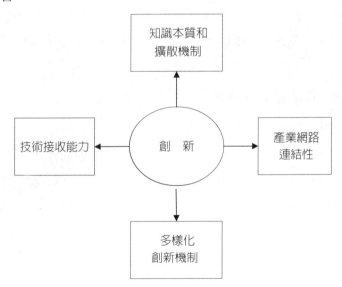

資料來源：Carlsson and Stankiewicz（1991）。

圖 1-4 技術系統

1.6.1 技術系統之一般分析架構

依據 Carlsson 及 Stankiewicz（1997）瑞典工廠自動化產業、電子及電腦產業、生物科技產業及火藥產業等四產業（技術系統之研究中，歸結出技術系統知識本質和擴散機制、技術接收能力、產業網路連結性，以及多樣化創新機制等四個構面，本書沿用這四個構面，探討產業相關技術之形成過程及原因。以下，分別將知識本質和擴散機制、技術接收能力、產業網路連結性，以及多樣化創造機制等四個構面之內涵分述於下：

1.6.1.1 知識本質和擴散機制（Nature of Knowledge and Spillover Mechanisms）

任何技術領域所牽涉之知識本質決定其擴散的可能性和機制，若其知識本質屬內隱（Tacit），則在知識的移轉上需藉由人員傳授予接收者才能達成；反之，若知識本質為外顯（Explicit），接收者只需藉由閱讀即可達到傳遞的目的；若知識存在於較缺乏結構性的系統內，則傳遞所需的媒介較多且分散。知識越具體（Embodied），則接收者所需之能力越低。

1.6.1.2 技術接收能力（Receiver Competence）

技術接收的能力系指選擇、開發、接收全球技術組合的能力。技術系統內，扮演首動者（Prime Mover）角色的某些機構或企業，會接收或開發某些存在於各地之技術機會。通常這些首動者具備較高的接收能力，因此其需要投入大量之研究發展以達成此一要求。透過技術接收的活動，前述機構或企業可因此提升自身之技術能力，並可對產業產生相當程度的擴散效果。

1.6.1.3 產業的網路連結性（Connectivity）

通常技術系統內會存在著重迭或相關的多樣化網路連結型態——一般而言網路連結型態可分爲三種：購買者與供應商間的連結、技術問題與其解答間的網路及各團體間非正式的網路關係。技術系統內各機構連結的緊密程度決定一個技術或其相關知識擴散之效果。吾人可從系統內呈現之網路連結型態、網路連結的參與者及群集現象或地域關係在期間所扮演之關係，來探討此技術系統內網路連結之性質。

1.6.1.4 多元化創造機制（Variety Creation Mechanism）

技術系統之活力受到新競爭者多寡及變革所帶來的挑戰所影響。若產業內產品或服務的相似程度高，且變革所受之阻力較大時，企業將持續投資現有之產業，直到不再有利潤爲止。如此將減少產業內之競爭者，也會降低對全球技術組合開發的機會。因此，多元化的創造機制是阻止技術系統逐漸損毀所需的要素。此時最重要觀念爲檢視技術系統其封閉或開放的程度、系統內主要成員視野之寬廣程度及過去經驗所給予之影響、新競爭者加入所獲得之鼓勵程度及系統內各機構和科技政策所扮演之角色等。

最後，本書將技術系統之一般分析架構歸納整理於表 1-2 ，供讀者查閱參考。

表 1-2 技術系統之一般分析架構

知識本質和擴散機制	技術接收能力	產業網路連結性	多樣化創新機制
■ 知識系統定義 知識本質 内隱或外顯 個別或結構性存在 具體或無形 ■ 擴散機制 擴散機制之組成成員 知識擴散路徑	■ 先行者 最先察覺者 最早採取行動者 創業家精神 ■ 創造關鍵性的機制 ■ 克服市場失敗／阻礙之機制 ■ 機構及科技政策所扮演之角色 ■ 風險性資金之角色及來源 ■ 資本市場的角色 ■ 學術界的角色 ■ 教育政策的角色 ■ 國際間的連結	■ 地域性集中的重要性及其意義 ■ 使用者與供應商間的關係 ■ 技術問題與解答間的網路 網路特性 網路建構者 仲介機構 商業團體所扮演之角色 政策所扮演之角色 ■ 非正式或個人間的網路	■ 系統内成員之視野及其特性 ■ 競爭者相似性程度 ■ 進入與退出障礙 ■ 國際間的衝擊 ■ 政策所扮演之角色

資料來源：Carlsson（1997）。

1.7 國家創新系統

Freeman 首先於藉由國家創新系統（National Innovation System,NIS）的概念，描述並解釋日本爲何能成爲戰後經濟發展最成功

的國家（Freeman,1987）。後續並有兩個研究小組持續國家創新系統的研究—第一個小組，是由在 Aalborg University Center 的 Bengt-Ake Lundvall（1992）所領導，主要研究國家創新系統中組成之因數，並探究使用者、公部門及財務機構所扮演的角色。第二個小組則由RichardNelson（1993），主要以個案分析的模式，分析高、中、低所得國家創新系統的特質。近年來，OECD開始研究國家創新系統的觀念，嘗試從指標的搜集與分析來研究各國之創新系統，他們尤其著重在財務面、各機構間的相互聯繫，以及國家機構間消息的分佈。

根據 Freeman 與 Lundvall 等人所定義的之國家創新系統，在國家創新系統中，有不同的組織或制度，或合作，或單一，以協助新創技術的發展與擴散，因而提供政府一基本架構以利政策的形成與執行，進而改進創新的程式。他們的焦點主要集中於國家層面之科學與技術機構和科技政策的角色，包括大學、研究機構、政府部門和政府政策等。此一觀點最適合於在一特定時間內分析、比較二個國家。

1.7.1 國家創新系統之六大構面

依據學者 Archibugi 和 Michie（1997）匯整 Freeman、Lundvall 及 Nelson 等學者之研究成果，認為國家創新系統在界定及解釋國家行為方面，應包含教育與訓練、科學與技術能力、產業結構、科學與技術的長處與弱點、創新系統內各機構間的互動、和海外技術能力之吸收及合作等六大構面，並分述如下：

1.7.1.1 教育與訓練

教育與訓練是經濟發展的重要構成要素，儘管教育普及，學生至國外大學就讀的數目增加，但教育的範圍仍以本國為主。各國間教育體系所存在的實質差異，可由相近年齡族群實際就學比率比較分析而得。

1.7.1.2 科學與技術能力

各國投入正式研究發展及其它創新相關活動（如設計、工程等）的資源，代表國家創新系統的基本特性。世界上大多數的研發活動是在工業先進國家完成，而開發中國家只在全球研發活動中扮演少部份的角色。另外，研發費用如何在公共部門及事業部門做劃分，也是各國技術發展的差異來源。太空、國防及核子技術的大型國家計畫，常可使國家科學與技術系統的結構完整具體化。

1.7.1.3 產業結構

企業是技術創新動力的來源，國家的產業結構能決定企業創新活動的本質。大型企業較適合負責基礎的研究計畫，也較有能力做回收期長且極度不確定的創新活動投資。企業在國內市場所面臨的競爭程度，也對企業研發投資扮演重要的角色。

1.7.1.4 科學與技術的長處與弱點

每個國家在不同的科學與技術領域各有其長處與弱點，有些國家長於尖端技術之研究，有些國家則長於衰退產業之經營。此外，有些國家傾向高度專精於少數利基市場上，另外一些國家則使其資源平均投入各領域科學與技術的活動。國家的科學與技術專門化由國家大小、市場結構，以及勞工相關部門等因素決定。科學與技術專門化的結果可能影響一個國家未來的經濟績效。由於技術強大的國家較有可能獲利，因此也較有能力發展自身的技術與產品。

1.7.1.5 創新系統內各機構的互動

各國在「協調不同特性機構間之活動」及「參與者間互動關係」上普

遍存在差異，這些協調及互動常使國家所從事之創新效果倍增，並可增加技術普及率。反之，若國內各機構間缺乏互動，則會阻礙科學與技術資源在經濟上的效力。

1.7.1.6 海外技術能力之吸收及合作

在考慮國家創新系統不同層面的運作時，必需將國際環境列入考慮，第二次大戰後，許多國家已從鼓勵國際間知識的擴散及合作中獲利。

雖然國家創新系統尚應包含其他的構面，但前述粗略之構面，已能闡釋國家創新系統之概念，並可作為各國國家創新系統比較的基礎。當執行國與國之間定性或定量的比較分析時，前述構面已經相當實用。

1.7.2 國家創新系統與技術系統的比較

依據 Carlsson 與 Stankiewicz（1991）的定義，技術系統為在特定結構性基礎上，為達技術創造、擴散與利用，於每個特定科技領域中，由組織或經濟個體所形成的網路關係。如以系統的觀點來考慮其完整性，國家創新系統與技術系統兩者之基本概念相當類似，但國家創新系統與技術系統于許多方面仍存在差異如下：

一、技術系統強調技術的擴散（Diffusion）與運用（Utilization），而國家創新系統則著重于新技術的創造。新技術的開發可帶動與提高生產或增加市場機會，但技術的效益不僅只是開發而已，還必須被大眾瞭解且有效率地使用，否則並不具任何的經濟效益。

二、即使在相同的國家中，不同科技的技術系統也有很大的差別。舉例來說，在不同領域中，組成份子之數目、特徵與其互動關係、結構性的基礎結構（Institutional Infrastructure）、集中度與國際化的程度也不同。一個國家可能同時具有很強與很弱的技術系統，例如日本

在電機、等領域具有極強的技術系統，但在其他的製造產業（如化學業）並不具有明顯優勢。

三、技術系統以技術分類，雖然文化、語言及其它環境可能影響系統中各單位之聯繫與互動，但技術系統並不受國界的限制，具有國際化的特質。

就國家科技的發展而言，國家創新系統著重於對整體科技發展的影響，而技術系統的影響力僅及於特定科技領域或產業。就從影響層面而言，國家創新系統對特定產業或科技領域的影響是間接的，而技術系統對特定產業或科技領域的影響則是直接的。

另外，就系統的範圍而言，如 Porter 於「鑽石體系」中所強調，國家創新系統包含各特定產業之技術系統及其產業發展相關環境（Porter,1990）。故吾人認爲國家創新系統之內涵應包含技術系統、Porter 的「鑽石體系」等兩大組成要素，並可合稱爲產業創新系統暨與政府政策工具。由於臺灣仍屬開發中國家，政府政策工具直接或間接地影響技術系統與「鑽石體系」之形成與發展，因此在產業發展的過程中，政府政策工具將直接影響產業的競爭力。

1.8 產業政策

1.8.1 產業政策之基本理念

Rothwell 及 Zegveld（1981）將「科技政策」與「產業政策」兩者合稱爲「創新政策」，也就是，政府爲提升人民福祉，不僅該著重「發明（invention）」，更應協助「創新」，即將技術「商品化（commercialization）」。創新不僅爲新方法或技術的開發，更重要的

是將該方法或技術商品化。就政府施政而言，科技政策協助企業從事「發明」，而產業政策則協助企業進行「技術的商品化」，並解決企業在「技術商品化」過程中所遭遇的風險與困難。

　　林建山（1995）指出，根據美國、日本、德國、法國等先進國家實行之產業政策及經驗，政府對產業活動實行的政策原則，從自由放任主義到積極干預主義之間，可分爲「塑造有利環境論」（favorit environment promotionist）、「積極鼓勵創新導向」（innovation pushers）、「結構調整論」（structure adjusters）等三種基本理念，以下探討此三種基本理念：

■ 塑造有利環境論：政府機構的功能應侷限於塑造並促進產業發展所需的有利環境，故實行之產業政策應著重於促成穩定的經濟環境、增進市場有效競爭，甚至包括刻意低估本國匯率。

■ 積極鼓勵創新導向論：政府的干預措施必須激發創新，也就是說，政府應有能力選取並有效地培育明星工業，使其成爲經濟成長的動力。積極鼓勵創新導向論的基礎在於肯定政府機構的能力足以選定及培育具有發展潛力的產業，並促進國家經濟的成長。

■ 結構調整論：結構調整論爲此三種理論中，主張政府應當干預最深之學說，認爲政府干預應著重於產業結構的調整。結構調整論認爲基於市場機能，政策必須加以調整，才可確保經濟活力與成長。當需求面發生重大改變之際，政府必須針對供給面來進行有效的結構轉變。

　　許多支持自由經濟理論的學者認爲政府對於產業的干涉越少越好，但是根據下述幾項理由，一般仍認爲政府應介入產業發展並訂定相關政策：

■ 基礎性科技技術具有外部性經濟的特性，加上研發所需資訊的公共財特性，以及研發活動的不確定性與不可分割性（經濟規模），導致企業投資的資源低於最適水準，有必要由政府支持該活動。

■ 依據動態比較利益理論，在其他國家投入新興產業科技研發時，本國若未采產業政策誘導企業從事研發而改變企業在學習曲線的位置，本國企業將居於競爭劣勢。

■ 依據產業組織理論，凡具備相當程度規模的企業組織，若從事研究發展應可獲得某些成果。但對多數規模小且資金不足的企業而言，這些企業並無能力進行快速變動及高風險技術發展，因此須由政府藉政策協助。

■ 此外，保護主義、幼稚工業理論和不平衡成長理論者，則主張政府應介入經濟活動，引導相關產業發展方向。

因此，基於外部效果、經濟規模、動態競爭和保護幼稚工業等理由，政府應對新興產業制定相關之政策，以協助其順利發展。

1.8.2 創新政策工具

從產業發展的觀點而言，政策是政府介入科技發展的具體手段。無論從資源投入、研究發展，到市場規範，政策都會對企業以及產業產生影響；Rothwell 及 Zegveld（1981）于政府創新政策之研究中指出創新政策應包括科技政策及產業政策。若以政策對科技活動之作用層面分類，則將政策分為十二項政策工具（如表 1-3 ），並可將之歸納為下列三類：

■ 供給面（Supply）政策：供給面政策為政府直接影響技術供給因素的政策，如財務、人力、技術支援、公共服務等。

■ 需求面（Demand）政策：需求面政策為以市場為著眼點，由政府提供對技術需求，進而影響科技發展之政策；如中央或地方政府對科技產品的採購，以及合約研究等。

■ 環境面（Environmental）政策：環境面政策指間接影響科技發展環境之政策，如專利、租稅及各項規範經濟體之法令制訂。

Rothwell 及 Zegveld（1981）也指出，政策的形成主要在於政策工具的組合。財務支持、人力支持與技術支持等政策工具在科技創新過程與生產過程中扮演創新資源供給的角色，而政府的技術合約研究、公共採購等

政策，分別影響企業的創新與行銷，因此是為創造市場需求的政策工具。此外，建立科技發展的基礎結構，以及各種激勵與規範的法令措施，可鼓勵學界、業界進行研究發展、技術引進等活動，故為提供創新環境的政策工具。

　　圖 1-5 表示政府之政策如何影響產業之創新。從供給面的角度來看，政府本身可以透過直接參與科學與技術過程，透過改善上述三要素，間接地調整經濟、政治與法規環境，以符合新產品創新之需求；而從需求面的角度來看，政府亦可經由需求面的政策影響創新過程，政府可經由直接或間接的方式改變國內市場，亦或選擇改變國際貿易大環境等方式，來改善需求面條件（如可藉由關稅、貿易協定，或建立國家商品海外銷售機構等）。

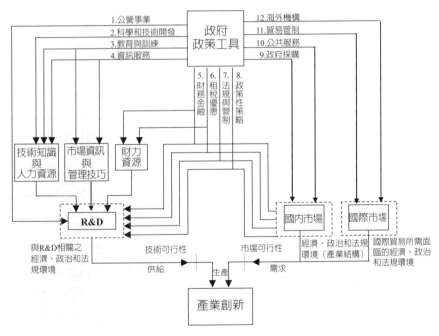

資料來源：Rothwell and Zegveld（1981）。

圖 1-5 政策工具對產業創新之影響

表 1-3 政策工具分類

分類	政策工具	定義	範例
供給面政策	1.公營事業	指政府所實施與公營事業成立、營運及管理等相關之各項措施。	公有事業的創新、發展新興產業、公營事業首倡引進新技術、參與民營企業
	2.科學與技術開發	政府直接或間接鼓勵各項科學與技術發展之作為。	研究實驗室、支援研究單位、學術性團體、專業協會、研究特許
	3.教育與訓練	指政府針對教育體制及訓練體系之各項政策。	一般教育、大學、技職教育、見習計畫、延續和高深教育、再訓練
	4.資訊服務	政府以直接或間接方式鼓勵技術及市場訊息流通之作為。	資訊網路與中心建構、圖書館、顧問與諮詢服務、資料庫、聯絡服務
環境面政策	5.財務金融	政府直接或間接給予企業之各項財務支持。	特許、貸款、補助金、財務分配安排、設備提供、建物或服務、貸款保證、出口信用貸款等
	6.租稅優惠	政府給予企業各項稅賦上的減免。	公司、個人、間接和薪資稅、租稅扣抵
	7.法規與管制	政府為規範市場秩序之各項措施。	專利權、環境和健康規定、獨佔規範
	8.政策性策略	政府基於協助產業發展所制訂各項策略性措施。	規劃、區域政策、獎勵創新、鼓勵企業合併或聯盟、公共諮詢與輔導
需求面政策	9.政府採購	中央政府及各級地方政府各項採購之規定。	中央或地方政府的採購、公營事業之採購、R&D合約研究、原型採購
	10.公共服務	有關解決社會問題之各項服務性措施。	健康服務、公共建築物、建設、運輸、電信
	11.貿易管制	指政府各項進出口管制措施。	貿易協定、關稅、貨幣調節
	12.海外機構	指政府直接設立或間接協助企業海外設立各種分支機構之作為。	海外貿易組織

資料來源：Rothwell與 Zegveld（1981）。

1.9 創新密集服務產業的典型─ RFID 系統整合服務產業

　　有鑒於服務產業朝知識密集化發展的趨勢下，從智慧財產權及專利技術鑑價、供應鏈管理，到電子商務、全球運籌服務，一系列新興的服務業應運而生。就 RFID 產業而言，任一應用領域在導入 RFID 系統時，都需要專業的系統整合服務商，故服務在 RFID 產業中佔有舉足輕重的角色，同時為專業知識涵量高、技術複雜度高、跨領域整合度高的新興科技服務產業，具備創新密集型服務業的特性，極適合本書所採用的創新密集服務平臺模式來分析。

　　目前臺灣 RFID 業者在低頻及高頻的頻段，已有晶片之開發及製造能力，從事 RFID 晶片生產、電子標籤封裝以及讀取器等的代工服務，產品早期主要應用於動物管理、圖書館管理以及門禁系統等，台灣 RFID 業者近年來也投入娛樂市場（如玩具）的應用，然而於超高頻（UHF）及 2.45GHz 的微波頻段則尚無 RFID 晶片之開發與製造能力。雖然超高頻（UHF）及 2.45GHz 微波頻段於金屬與液體物品之應用較不理想，但由於讀取距離較遠、資訊傳輸速率較快，而且可以同時進行大量標籤的讀取與辨識，因此目前已成為市場的主流，未來將廣泛使用於物料管理系統、汽車電子收費系統、醫療管理系統、航站行李管理系統與貨櫃等級追蹤系統等應用之上。因此，本書所挑選的研究範圍為 RFID 在超高頻（UHF）及微波兩個頻段主流市場的應用。

　　在 RFID 產業供應鏈中，系統整合者提供了 RFID 系統相關的設施與應用的整體解決方案， RFID 系統整合服務便涵蓋了電子標籤（Tag）／讀取器（Reader）等硬體設備之選擇、仲介軟體的搭配、系統導入顧問服務、人員教育訓練和整體建置方案規劃等範疇。RFID 系統可應用的產業及其範疇仍有許多待發揮的空間，並非僅限於商品物流與通路的應用。因此，在電子標籤及讀取設備等硬體系統方面，仍有許多重點技術在開發當中。展望未來，因 RFID 相關的軟硬體技術仍在持續發展中，系統建置所

涉及的層面將更為廣泛而複雜， RFID 系統整合服務業的整體營收勢必持續增加。臺灣系統整合業者應掌握時機，建立本身的核心能力，並傾力由需求面思考，為導入 RFID 系統的企業，規劃合適的解決方案，開發具有本土化色彩的創新應用，提升臺灣 RFID 系統整合服務的價值，而這也是本書挑選 RFID 的系統整合服務產業為研究物件的主要原因。

1.10 本書內容

本書以徐作聖所建構的「創新密集服務平臺分析模式」理論，針對 RFID 系統整合服務業，提出一套系統性的策略分析模式。此平臺分析模式以整合性的觀點，對 RFID 系統整合服務業做全盤性的創新服務思維邏輯推演，進而完成策略分析與規劃。

透過建立一套適用於創新密集服務業之政策工具分析模式，此模式首先找出產業內企業普遍需要的關鍵成功要素，繼而推得產業需要的產業環境與技術系統，最後再探討政策工具該如何應用，以在 RFID 產業初期，協助國內廠商順利發展；經由實證發現，此系統性分析模式所推得之政策，確實能夠符合實證產業的需求，進而協助實證產業解決目前所面臨的問題。

本書旨在依照產業特性、市場環境、服務創新理論、企業核心競爭力、互補資源與關鍵成功因素等理論做一個通盤性的設計，建構出創新知識密集服務產業之分析架構，並以創新密集型服務產業的典型—臺灣 RFID 系統整合服務產業驗證本模型的正確有效性。

以下介紹本書的編排方式—第二章針對知識經濟、知識密集商業服務業、服務業策略分析等相關理論及文獻作一有系統的分析與整理以協助建立本書的理論架構，第三章針對本書所採用的理論模式「創新密集服務平臺分析模式」（徐作聖等人，2005）的主體架構與其模型建構的思維邏

輯，進行各項推導過程的細節討論與說明，第四章介紹 RFID 技術與 RFID 系統整合服務產業背景，第五、六、七、八章分別以「創新密集服務平臺分析模式」分析 RFID 系統整合服務產業之產業創新系統、扶植RFID系統整合服務產業之創新政策、創新密集服務業之策略分析及創新密集服務業專業化策略之模式分析，並於第九章討論製造業與服務業角度下之台灣 RFID 產業發展策略比較，最後以第十章作一總結。本書以 RFID 系統整合服務產業驗證「創新密集服務平臺分析模式」的有效性，並對臺灣的科技政策、產業發展及 RFID 系統整合服務產業之策略作出建議。

第二章　知識密集商業服務業

　　本章針對國內外學者對知識經濟、服務業策略分析、及知識密集商業服務業所提出的相關理論與相關文獻作一有系統的分析與整理，以期讀者能對知識經濟、服務業策略分析、及知識密集商業服務業做有全面性的理解，作爲瞭解本書理論架構之基礎。

2.1 知識經濟

　　於傳統的經濟發展思維中，工業化被視爲開發中國家發展經濟與推動經濟結構轉型的重要手段，臺灣也因出口導向的工業化策略而成爲新興工業化國家。然而，臺灣製造業占 GDP 的比重在1986年抵達 39.4% 的歷史高峰後，一路走低，到 2007 年第1季僅占 26.2%；反之，持續擴張的服務業至 2007 年第 1 季占 GDP 比重已達 72.5%（行政院主計處，2007）。這或許可以視爲臺灣經濟轉型趨向知識經濟的表徵之一。在知識經濟時代，傳統的生財工具，例如：勞力、土地、資本，再也無法爲企業帶來豐碩的收益，整個企業的生產要素建立在資訊與知識上，因此如何將個人的知識轉變爲組織的知識，以及在關鍵時刻取得主宰產品研發與創新的知識，成爲企業關注的重要議題。

　　「知識經濟」（Knowledge-based Economy）一詞最早是由 OECD（1996）提出，並將「知識經濟」的概念定義爲：一個以擁有、分發、生產和使用「知識」爲重心的經濟型態，爲與農業經濟、工業經濟並列的新經濟型態；此一經濟型態又稱爲「新經濟」，泛指運用新的技術、員工的創新、企業家的毅力與冒險精神作爲經濟發展原動力的經濟。隨著資訊科技與網際網路的革命性發展，知識及資訊的獲得、傳播、儲存及應用更加便捷，因此全人類的生活及經濟型態亦伴隨著科技與創新的應用與發展展

現新風貌；而無論科技的發展與創新都需要知識的投入，於是「知識經濟」便成為「新經濟」最重要的一環，有些人士更將「知識經濟」與「新經濟」此二名詞作同義語。World Bank（1998）于其所發行之「世界發展年報」中亦強調：創造知識或應用知識的能力，不僅是一國持續成長的動力，也是國家經濟發展成功之關鍵要素。發展知識經濟已成為一股世界潮流，知識經濟時代正式來臨。

據臺灣行政院「知識經濟具體執行發展方案」指出，所謂的「知識經濟」，就是直接建立在知識與資訊的激發、擴散和應用之上的經濟，創造知識和應用知識的能力與效率，凌駕於土地、資金等傳統生產要素之上，成為支援經濟不斷發展的動力（行政院知識經濟發展方案具體執行計畫，2001）。行政院知識經濟方案中針對臺灣知識經濟發展的必要性中曾提及，「知識及資訊的運用和既有產業或核心能力結合，可以提升國際競爭力及獲利能力」；在針對知識經濟發展的檢討中也指出，「資訊科技並未充分應用于創造價值」；而在知識經濟未來發展方向中更明確指出，「未來應加速促使知識與產業結合，應用知識和資訊促使新興產業發展，維護既有主力產業成長，並協助道統產業調整轉型」。

新科技應用所誘發的景氣迴圈是知識經濟另一項特徵。由於市場普遍存在著「先行者優勢」（First mover advantage），搶先進入市場卡位廠商可以取得大部分利潤。在預期任何技術或經營模式可能帶來財富之際，廠商即會競相投資搶進，常有景氣過熱的現象。但在利潤被稀釋或新技術或產品進入尾聲後，景氣又將轉弱。然而，在新科技應用被預期可帶來龐大利潤，並且誘發市場進入之際，但事實上未能真正獲益時，則會產生景氣泡沫化的現象。網際網路科技誘發的景氣正是一個相當典型的例證，網站企業長期未獲取利潤，信心崩潰後，資金流失、企業裁員，經濟衰退則接踵而來。而有網路泡沫化，由於經濟相互依賴日深，景氣傳遞藉由貿易、投資和生產關係日益密切，而擴及於外。美國新經濟榮景幻滅，進口

轉弱，依賴美國市場甚深的東亞各國亦受其波及，這也說明國際間經濟相互依賴日深。

2.1.1 知識經濟的特質

根據 OECD 國家的發展經驗，可歸納出知識經濟具有以下四點特質（邱秋瑩，2001）：

■ 就知識之內容而言，知識經濟是創新型經濟，運用人類智慧與創意，對工作流程與科技加以創新與應用，以改變成新架構與新型態的商業模式。

■ 就知識之表現形式而言，知識經濟是網路化經濟，善用資訊與通信科技進行知識的收集、儲存及應用，將知識加以分享與迅速傳輸，並進行協同作業。

■ 就知識之社會型態而言，知識經濟是學習型經濟，需以終身學習的精神，不斷地追求創新與改良發明，以形成競爭優勢。

■ 就永續發展而言，知識經濟是綠色經濟，以追求永續發展及節省資源為目標，尋求資源更有效率的使用模式。

本書將傳統經濟與知識經濟歸納比較於表 2-1，供讀者查閱參考。

表 2-1　傳統經濟與知識經濟比較表

傳統經濟與知識經濟之比較	傳統經濟	知識經濟
生產原素	有形資源（能源、土地）	無形資源（創造發明、經驗）
財富來源	實體物質（物權）	知識、創意（智能財產）
人力運用	「勞動或行政作業」	「策略性創新」
經濟活動	受限國界、地域、時間等原素	打破時空限制，走向國際化
市場趨勢	穩定但附加價值低	變動大但附加價值高
公司文化	講求秩序與和諧	強調速度與轉變
適應變遷模式	屹立不搖	分秒必爭
對政府之需求	尋求政府保護、津貼、獎勵	政府鬆綁、民營化、公平競爭
對員工的要求	奉公守法	創新發明
主要對手	同業競爭者	殺手級應用者

資料來源：高希均（2000）。

　　OECD（1996）認為以知識為基礎的經濟（Knowledge-based economy）即將改變全球經濟發展型態；知識已成為生產力提升與經濟成長的主要驅動力。隨著資訊與通訊科技的快速發展及高度應用，世界各國的產出、就業及投資將明顯轉向知識密集型產業。自此以後，「知識經濟」即普遍受

到各國學人與政府的高度重視，World Bank（1998）在「世界發展年報」中也指出「經濟不僅建立在實質資本及技能累積上，還建立在資訊、學習和知識吸收改造上」。因此，知識經濟可以說是自 1990 年網際網路的應用商業化後，另一重大經濟體系的變革與發展。

　　總之，知識經濟揭示了知識創造、擴散與加值為核心的時代來臨，以往的天然資源和人口數均不足為恃。強化知識創造與世界知識的連結，運用知識和實現知識的價值應為政策的核心，而以往的產業經濟政策必須有一定層面的修正。例如，貿易保護政策不足以扶持產業，反而妨礙了生產網路的建構，亦更進一步阻撓了知識交流，自然不利於在知識經濟中分享知識和經濟利益。

2.1.2 知識經濟的運作模式

　　知識經濟以知識和資訊為經濟活動之發展基礎，不同於工業經濟之實體物質基礎。儘管各種經濟活動原本就有程度不一的知識內涵，但是當經濟體系內知識資本的重要性普遍超越實體物質時，必將引發經濟活動的蛻變。因此，本節對知識經濟的指標、運作特質及對國家發展的影響加以探討之。

2.1.2.1 知識經濟指標

　　1998年，美國「前瞻政策研究所」為區分新舊經濟的特質，針對知識經濟特質訂出許多「知識經濟」指標，並敘述說明如下，這些指標除可用以說明「知識經濟」的核心理念外，也可提供知識經濟應用的具體方向（林秀英，2000）：

■ 核心技術的知識程度需求提高：知識經濟發展意謂著工作機會的取得，需要更高的教育知識水準，而非一般基礎性質的訓練所能及；於是，終

身學習成爲職場重要的觀念，在職訓練呈現逐年的成長，高等知識教育需求越加普及。

■ 即時性爲成功關鍵：知識經濟時代不只是比「誰能創新」，還要比「誰能最早創新」，先行者可取得較大優勢，此一現象於資訊科技產業中最爲明顯，也是經濟活動和企業成功的主要關鍵因素。

■ 創新突破是成功利基：一個經濟體能容納多少快速成長的企業，意味著該經濟體能夠容納多少「創新」。傳統大型企業瞭解到只有新技術才能有新的突破與發展，所以需要經常發明最新的技術。然而快速成長的企業通常都是以小規模著稱，組織較容易有彈性的調整來適應「小而快」的研發主體。因此，組織扁平化成爲時勢所趨。

■ 辦公室經營型態的成長：知識經濟時代下，無論產品、服務及生產都將朝彈性化的趨勢前進，但這並非標準化的大量生產不再重要，而是高生產力不僅是表現在產品的生產上，重要的是創造資訊的價值、及提供良好快速的服務。

■ 消費者的選擇增加：傳統經濟標榜標準化大量生產，而知識經濟則強調創新應用；因此，所生產的產品將朝向少量多樣化且更具有彈性，而愈彈性化的公司便愈容易在競爭市場中取得競爭性利基，更加豐富了消費者的選擇。

■ 「合作競爭共存」成爲企業經營新型態：以往的企業競爭是「你死我活」的零和遊戲，然而，在知識經濟時代，即使彼此互爲競爭對手，也常因爲某種策略性考慮結爲策略聯盟，企業之間的關係朝向「既合作又競爭」的方式來運作。

■ 商業競爭日趨激烈：商業競爭更趨激烈的因素相當多元化，因爲關鍵核心技術將影響新興企業進入市場的門檻，所以新技術的創新與普及運用，將是最重要的因素之一。

■ 國外資源直接投資：傳統經濟中國外企業增加對某國的投資，主要爲了

進入該國市場；而尋找新技術或創意，以控制當地特定公司的股權或是成爲當地新公司主要投資者則成爲知識經濟下主要的投資方式。

■ 知識經濟下的全球化議題：當國際貿易量大幅成長時，產品及服務在國際間的競爭日益激烈，持續創新已成爲致勝的關鍵因素，面對全球化的議題，企業應接受全球化的趨勢與挑戰，創造互惠共存與穩定成長。

2.1.2.2 知識經濟的運作特質

「知識經濟」泛指以「知識」爲「基礎」的一種「新經濟」運作模式。「知識」需要獲取、累積、擴散、激蕩、應用與修正。

「新經濟」跨越傳統的思維及運作，以創新、科技、資訊、全球化、競爭力等因素爲其成長的動力，而這些因素的運用也必須依賴「知識」的累積、應用及轉化。因此，「知識經濟」與「新經濟」難以分辨，我們可以用十個核心理念來涵蓋「知識經濟」（或者「新經濟」）：「知識」獨領風騷、「管理」推動「變革」、「變革」引發「開放」、「科技」主導「創新」、「創新」顛覆傳統、「速度」決定成敗、「企業家精神」化「不可能」爲「可能」、「網際網路」超越時空限制、「全球化」同創商機與風險、「競爭力」決定長期興衰（高希均，2000 年）。

落實「知識經濟」的發展，必須要有配套的產業環境及政策措施，包括厚實的科技基礎、持續的教育投資、公平的競爭環境、進取的社會價值、以及有遠見的企業家，茲描述如下：

■ 工業時代重視有形生產因素如土地、勞力，知識經濟則重視知識、商標、組織及關係等無形生產因素，因爲這些轉變，出現了「報酬遞增」而非「報酬遞減」的現象。

■ 工業時代是有「土」斯有財；知識經濟是有「人」斯有財。

■ 企業經營的優先次序由籌集資金、開發市場、重硬體發展轉爲掌握人才、掌握知識、掌握軟體。

■ 優秀人才不再投入繁瑣的管理工作，企業應借重其才華，投入具有風險的「策略創新」。

■ 經濟活動，過去受制於國界、地域、時間等因素，難以全球化；知識經濟則打破了時空限制，透過網際網路，走向全球化。

■ 於古典經濟理論中，供需決定價格、價格具吸引力、並且使用者要付費、交易成本高；知識經濟時代，網路上的經濟活動則顯示，供給可以主導價格，速度具吸引力，出現了「免費」的資訊，交易成本低。

■ 企業過去在工業時代，在安定的市場秩序中去追求尋找利潤，知識經濟則要在創新及冒險中去開發。

■ 於投資預期的方面，過去相信「賺錢有理」的實體世界；現在則相信「冒險無罪」的虛擬世界。

■ 在市場上，工業時代的產品變化少、生命週期長、附加值低；知識經濟產品變化大、生命週期短、附加值高。

■ 工業時代企業文化講究秩序與和諧，知識經濟則重視速度、忍受混亂。

■ 企業的失敗，過去主要來自成本高、效率低；知識經濟則來自產品與市場脫節、顧客轉移。

■ 對「變革」的態度，過去是處變不驚；知識經濟則是分秒必爭或坐以待斃。

■ 對政府的態度，工業經濟仰賴政府保護、津貼、獎勵；知識經濟則希望政府鬆綁、民營化、公平競爭。

■ 在企業內部，工業時代講求規規矩矩的「公司人」受到賞識；知識經濟則是顛覆傳統的「革命份子」受到青睞。

■ 企業經營的敵人，不再是今天的競爭者；而是尚未出現的「替代者」。

2.2 知識密集商業服務業

　　鑒於國內目前對於知識密集商業服務業的定義與範疇並不明確，故本節在此先建立對服務業的認知後，再依續介紹國內外知識密集商業服務業定義與分類之相關文獻、知識密集商業服務業的重要性及其創新，以作為本書界定知識密集商業服務業之基礎。

一、服務業定義、特性與分類

　　依據古典經濟學家的觀點，服務並不具任何生產力與價值，因為服務並無法產生任何具體的東西供交換；財貨是可以在經濟個體之間轉讓的，而服務則是因某個經濟個體的活動，而導致另一經濟個體本身或所屬物狀態的改善。這個改善可以是物質方面實體上的改善，也可以是精神方面的。服務增加了另一經濟個體本身或其所屬物的價值。故服務業的特性如下：服務的物件明確、會生產無形的價值、服務提供者與接受者必須接觸、以及服務業為集中性產業等之特性。

　　服務業涵蓋的經濟活動非常多元，因此在分類上並無一定的版本。較具代表性的服務業分類系統有國際標準分類系統（International Standard Classifaction System）、EC 經濟活動統計分類、Browning 與 Singelmann（1975）以及 Miles 等人（1995）依服務功能所定義的分類系統，其中又以 Browning 與 Singelmann 所定義的分類系統最為普遍，他們將服務業分為分配型服務業、生產型服務業、個人型服務業及社會性或非營利服務業等四大類，並介紹如下：

■ 分配型服務業：包括商業、運輸、通訊、倉儲等，此種服務之特性為它是一種網路型的，透過此網路把貨物、人及資訊從一地運送到另一地，或從一人傳遞給另一人；

■ 生產型服務業：包括金融、保險、法律工商服務、經紀等，其特性為它是知識密集型的，為顧客提供專業性的服務；

■ 個人型服務業：包括家事服務、個人服務、餐旅、休閒等；

■ 社會性或非營利服務業：包括教育、醫療、福利服務、公共行政服務
等，其特性爲提供者通常是政府或非營利機構。也有學者稱之爲集體型
（Collective）服務。

　　知識及創新是新服務經濟發展中，貢獻經濟成長及繁榮的中心元素。
自我服務活動（Self-service Activity）的發展，創造了對新服務的需
求，例如：網路或電視購物等自我服務型態的服務業興起，促成了新零售
系統及服務等新型態服務業的產生；過去視服務爲經濟發展中落後部門的
看法已有所改變。研究指出，某些服務業是技術使用的先驅，尤其資訊科
技的發展與突破，也已增進了知識密集服務的發展。根據 OECD（2002）
的統計，主要經濟體內之服務業（指 ISIC6 －批發與零售貿易；ISIC7－
運輸、倉儲與通訊；ISIC8 －金融、保險、房地產及企業服務；ISIC9－社
群、社會及個人服務；政府服務及其它生產者）占 GDP 的比重超過60%。
知識密集商業服務業（KIBS）與 ISIC8 有關，對促進公司與公司部門間的
資訊與技術流動扮演主要角色。這些服務業占總體服務業 GDP 的比重爲
20%~40%；就業占總體服務業比例爲 20%；知識密集商業服務業的經濟活動
與知識的創造、累計或擴散有關，知識密集型企業的服務更是這類服務的
重要範例。

二、高科技服務業

　　受到知識經濟的影響，許多產業逐漸有轉型的趨勢，如製造業發展跨
行業的新型技術服務業，以強化本身在產業的競爭力與附加價值。從國家
的經濟發展階段來看，產業結構的調整通常都先由農業（一級產業）經濟
逐漸轉變爲工業（二級產業）經濟，再過渡到以服務業（三級產業）爲主
體的經濟社會。由過去服務業的發展及貢獻觀察，服務業在工業化過程中
吸收工業部門釋放出來的勞力，對於創造就業機會緩和失業問題有極大的
說明。而在兩次石油危機期間，大多數工業化國家之製造業均衰退嚴重，

唯獨服務業持續成長，可見服務業對於穩定經濟有相當的貢獻。

　　服務業的本質及內涵隨著經濟結構的升級及社會的變遷而產生相當重要的轉變，由於經濟持續成長、工業化、都市化及財富累積的結果，人民及企業對於勞務相關服務（如運輸通勤、休閒旅遊、洗衣、美容等消費性服務等）的需求日益增加，再加上人口老化、教育水準提高、女性投入勞動市場，整體社會對於醫療保健、公共服務、社會福利、教育訓練等社會性服務需求也大為提高。另一方面，企業基於經濟規模及產業分工的原則，對於過去內含在財貨生產過程中之服務如企業內部資金管理、租賃、保險、財務管理等業務，均逐漸轉由第三者提供，外部化的結果，誘發了服務業相當的發展空間。

　　此外，由於通信及資訊科技的重大突破，應用日廣，直接、間接地帶動相關產業的蓬勃發展。在此一趨勢下，企業為改變產業區位劣勢及強化資訊取得之競爭優勢，對於資料處理及網路加值等方面的強烈需求，也帶動了相關高科技服務業的快速發展。此外，新的通訊科技提升了跨國企業部門間資料傳遞之效率，也使得高科技服務業的生產與行銷逐漸多元化與專業化，企業界可透過網際網路，有效掌握信息，以利企業內部的控制，結果助長了跨國跨行業間貿易及投資行為，更有利於生產性、分配性服務業及勞務貿易的快速發展。前述趨勢促成製造業的資源流向服務業，也使得產業間的界限趨於模糊。以上種種高科技服務業快速發展所彙集的動力，實為當今世界經濟結構轉變的主因。

　　隨著經濟的日趨成熟，高科技服務業日益重要，而這種打破製造業與服務業界限的做法，是創造另一波企業成長的新契機。

三、「知識密集商業服務業」的特性

　　「知識密集」的涵義可以從服務提供者與服務需求者對知識密集服務的要求兩個構面來定義。就服務的提供者而言，企業因行業本身的特性以及客戶的需求傾向提供客製化之知識密集型服務滿足市場需求。就服務需

求者而言，由於其行業特性需要知識密集的服務。而「知識密集」的程度即由服務提供者與服務需求者兩者對特定服務的供給與需求與傳輸及吸收能力所決定（Hauknes and Hales, 1998）。

2.2.1 知識密集商業服務業的定義與分類

根據 OECD（1999）的定義，知識密集商業服務業則是指「技術及人力資本投入較高的產業」，包括金融、保險、租賃、專業科學及技術服務、支援服務等行業，而學者 Miles 等人（1995）、den Hertog 與 Bilderbeek（1998）、Tomlinson（1999）、 Antonelli（2000）、Muller 與 Zenker（2001）、Czarnitzki與Spielkamp（2003）及徐作聖等人（2005）亦分別對知識密集型服務與其產業範圍有較清楚的定義。本書將相關組織及學者專家對知識密集商業服務業與產業範疇之定義整理如表 2-2，以供讀者參考。

表2-2　知識密集商業服務業定義與產業範疇一覽表

Miles 等人 (1995)	定義	知識密集商業服務業有二： 1.傳統專業服務：以管理系統的知識或社會事件為主。 2.基於新技術的新服務：關於技術知識的轉移和產品。
	範圍	1.行銷／廣告、訓練課程（新技術則除外）、設計（新技術則除外）、金融（如：債券、股票交易等活動）、辦公服務（涉及新辦公設備、體力服務如清掃服務則除外）、建築服務（例如：建築風格、測量、結構工程，但不包括涉及新資訊技術設備的服務，如建築能源管理系統）、管理諮詢（新技術則除外）、會計及記帳、法律服務、環境服務（不包含新技術，如環境法規；不是以舊技術為基礎，如初級的垃圾處理服務）等服務。 2.網際網路／Telematics（如加值網路、線上資料庫）、電信（尤其是新商業服務）、軟體、其他電腦相關服務（如設備）、新技術訓練、關於新辦公設備的設計、辦公服務（主要是關於新資訊技術設備，如建築能源管理系統）、涉及新技術的管理諮詢、技術工程、關於新技術的環境服務（如矯正、監督、科學／實驗室服務）、研發顧問及高科技精品店等服務。
den Hertog and Bilder- beek (1998)	定義	知識密集商業服務業為： 1.私人企業或組織。 2.其營運幾乎完全依賴專業知識（即具備特定領域技術或相關技術能力背景之專家）。 3.經由提供以知識為基礎的中間產品或服務而生存。
	範圍	會計記帳、建築營建、金融保險、電腦電訊、設計創意、環保技術、設計管理、技術訓練、法律顧問、企業管理、市場分析、行銷廣告、新聞媒體、研發顧問、房地產服務、電訊、技術工程及技術訓練。

表2-2 知識密集商業服務業定義與產業範疇一覽表(續)

OECD (1999)	定義	知識密集產業為技術及人力資本投入密集度較高的產業，可區分為兩大類： 1.知識密集製造業，包括中、高科技製造業。 2.知識密集商業服務業，涵蓋一些專業性的個人和生產性服務業。
	範圍	1.知識密集製造業涵蓋：航太、電腦與辦公室自動化設備、製藥、通訊與半導體、科學儀器、汽車、電機、化學製品、其他運輸工具、機械等製造業。 2.知識密集商業服務業涵蓋：運輸倉儲及通訊、金融保險不動產、工商服務、社會及個人服務等服務業。
Tomlinson (1999)	定義	KIBS為通訊業及商業服務業。
	範圍	銀行與金融、保險業、附加金融服務、不動產經紀、法律服務、會計服務、其他專門技術服務、廣告、電腦務、其他商業服務、郵政服務、電信等服務業。
Antonelli (2000)	定義	知識密集商業服務業提供可散播的科學與技術資訊系統，這些是其核心單位；知識密集服務提供具有連結性及可接納性的平臺給部門及廠商，可視為知識所有者，供給資訊、知識和技術的統整系統；並將知識密集商業服務業區分為通訊服務業與商業服務業兩部分。

表2-2 知識密集商業服務業定義與產業範疇一覽表(續)

Muller and Zenker (2001)	定義	廣義言之，知識密集商業服務業可定義為顧問公司，更一般來說，知識密集商業服務業為其他廠商執行高附加價值的知識的服務。 知識密集商業服務業具有雙重角色： 1.知識密集商業服務業為外部知識的來源，且在創新方面對客戶有貢獻； 2.知識密集商業服務業扮演內部創新的角色，提供高品質的工作場所，且對經濟成長有貢獻。 知識密集商業服務業的三大特徵： 1.提供知識密集的服務； 2.提供.諮詢的功能； 3.強烈的交互作用或提供的服務有與客戶相關特質。
Czarnitzki and Spielkamp (2003)	定義	認為KIBS 具有連結創新的功能，原因有三： 1.購買者：商業服務業購買製造業或其他服務業的知識或設備、投資商品。 2.提供者：商業服務業提供服務或知識給製造業的公司或服務部門。 3.合作者：商業服務業傳送知識或服務，使製造業的產品或其他服務業完整。

資料來源：本書整理。

　　根據前述文獻整理與探討，我們可以瞭解知識密集商業服務業介於工商業與服務業兩種產業之間，以專業知識為基礎，提供客戶專業諮詢服務，並互相溝通與學習以提升雙方生產效益，累積服務經驗，並進而協助

降低工業發展後所造成的外部成本，或提升創新產業研發的專業服務。同時，藉由知識密集商業服務業與生產型服務業定義之文獻回顧，發現知識密集商業服務業與生產型服務業之定義與範疇相似，但二者之間仍有差異存在，本書以 OECD（1999）與徐作聖等人（2005）之分類與定義爲主，歸納兩者之差異性及共同點，做其定義的延伸。

臺灣製造業在毛利不斷被壓縮之際，產業轉型的需求日益迫切，導入高科技服務業爲提高製造業附加價值之良方。臺灣傳統的生產型服務業主要爲金融保險業、運輸通信業、法律會計廣告業及不動產業等，在知識經濟時代科學與技術服務業、教育服務業與諮詢顧問業等「知識密集商業服務業」日增，本書將以知識密集商業服務業之發展變遷作爲出發點，架構出強調技術創新服務爲策略思維基礎的分析模式。分析過程中，知識密集商業服務業將爲主要研究物件，並聚焦於核心的創新密集服務業，綜合各類創新密集服務業之理論模型與管理思維，建構一套具備整體性、系統性且新創的分析方法，進一步進行創新密集服務業產、官、學、研間互動關聯的分析，以促進創新機制與機構網路多元化，透過知識交流，進行知識的和分享。

2.2.2 知識密集商業服務業的重要性

自從 OECD 發表了著名的「知識經濟報告」（OECD，1996），認爲以知識與資訊爲本位的經濟即改變全球經濟發展型態以來，知識已成爲生產力提升與經濟成長的主要驅動力，甚至逐漸取代了土地、資本、勞動力等傳統的生產要素。隨著資訊、通訊科技的快速發展與高度應用，世界各國的產出、就業及投資已明顯轉向知識密集型產業。「知識經濟」已普遍受到各國政府與學者的高度重視，甚至與以國家爲單位的「國家創新系統」相連結。

知識密集商業服務業在「知識經濟」與「國家創新系統」之連結中佔

有十分重要的地位。首先，不論是政府單位、公立的研究機構或是私營企業，均因爲業務的需要不斷藉由創新提高績效，成爲國家創新系統的主要動力。其次，知識密集商業服務業還協助其他產業創新，知識密集商業服務業所提供的服務品質與數量，往往成爲其他產業能否突破傳統產生創新的關鍵。因此，知識密集型服務便成爲評估國家經濟發展、產業競爭力的重要依據。

Katsoulacos 與 Tsounis（2000）提出，隨著市場及產業的複雜化與擴大，對知識密集商業服務業的需求則是日益增加。知識密集商業服務業這幾年在臺灣經濟產業中擁有了一定的重要地位，其價值與發展潛力也由於市場的需求日增而提高。

2.2.3 知識密集商業服務業的創新

Hauknes 與 Hales（1998）認爲知識密集商業服務業也重視創新，但和製造業的創新有下列不同：（1）研發經費，較少用於新科技的發展，而用於共同開發及技術應用；（2）服務業的研發成果很少以專利產出的形式出現；（3）服務業的創新支出中，非研發支出比研發支出更爲重要，且多涉及資本支出，特別是資訊科技設備，組織變革、與人力資本等；（4）合作與網路連結在服務創新中扮演著非常重要的角色，可能更甚於製造業；（5）一些知識密集商業服務業，如顧問諮詢、訓練、研發與電腦資訊服務在創新網路中扮演著重要的角色，甚至於被視爲傳統產、官、學、研以外的第二個知識基礎架構（Knowledge Infrastructure）。

知識密集商業服務業的知識轉型與創新是產業發展中最重要的角色。新產品是商業化的結果，由發明、生產、到交易市場的過程中需要許多不同功能型態的專業輔助，也就是知識密集商業服務業的範疇，其中包括管理、研發、知識、訓練等專業服務。產品在研發階段需要專業技術及服務，甚至需要面對面討論新的想法，而生產服務業者與顧客雙方一起解決

問題,是一種學習、創新、延伸資訊的關係,也是一種共同生產、互動的關係,算是知識密集服務創新的運用概念。 OECD 會員國近年來也提出服務業與創新的關係爲創新政策的新方向,整個經濟結構有了不同的改變,開始以服務業和許多製造業者轉爲服務業者(如 IBM)爲主。根據 OECD 研究報告,四分之一到三分之一的企業研發支出是在服務業,而服務業研發支出成長率有超越其他部門的趨勢,因此反映廠商研發與創新已漸漸超過硬體製造的等級了。

臺灣過去的產業政策重硬件而不重軟件、重技術而不重創新、研發,以致於臺灣地區只有「技術服務業」而無「知識型服務業」。經濟部工業局於是將「知識密集商業服務業」作爲發展重點,主要強調研發服務業、設計服務業、技術交易服務業與電子服務業等「知識型技術服務業」的發展。臺灣政府目前「產業高附加價值化計畫」將聚焦於創投機制、創新研發制度、高科技集資系統與金融服務等周邊創新服務支援體系的發展。創新密集服務業將漸漸主導臺灣另一種經濟發展,希望發展臺灣地區成爲高附加價值的營運與生產服務中心。

2.3 服務群組定位

本段落將依續介紹各學者對服務業性質的討論,並以此爲做爲服務群組定位,即本書使用的策略定位。

2.3.1 服務業的策略定位

包括 Thomas(1978)、Hayes與 Wheelwright(1979)、Chase(1981)、Lovelock(1983)、Quinn 與 Gagon(1986)及 Davidow 與 Uttal(1989)等學者曾經提出服務業之策略思考架構或策略模型,部分文獻探討產品/製程間的作業管理及服務的運作,最爲著名的是 Hayes

與 Wheelwright 的產品／製程矩陣（Hayes and Wheelwright, 1979）和 Chase（1981）的顧客接觸模型。雖然前述學者在不同方面均有獨到的見解，但對於服務業複雜的策略問題探討不多，而後 Kellogg 與 Nie 提出服務流程／服務內容矩陣（Kellogg and Nie, 1995），認為服務公司可以透過該矩陣定位察覺在不同定位所應俱備的策略性思考。

服務群組定位對於知識型密集型服務業的策略思考是必需的，Kellogg 與 Nie 的服務流程／服務內容矩陣（Kellogg and Nie, 1995）雖然對服務業的策略思考架構有新一層的看法，也為服務流程做了新的詮釋，但卻無法強調知識型密集型服務業中創新為競爭來源、重視研發、產品與服務並重、網路合作等觀念。

本書則利用服務的創新類型／服務內容取而代之，定義適合知識密集商業服務業的服務群組分析。Hauknes 與 Hale 的創新類型（Hauknes and Hales, 1998）源于歐盟 SI4S（Services in Innovation and Innovations in Service）計畫，探討角度從經營層面的價值鏈到公司層面的策略方向，將創新類別或創新的來源區分為產品創新（Product Innovation）、流程創新（Process Innovation）、組織創新（Organizational Innovation）、結構創新（Structural Innovation）、市場創新（Market Innovation）等五大類。服務內容則著重服務的客製化程度（Kellogg and Nie, 1995），將服務內容依客製化程度由高而低分為四大類，依序為專屬服務（Unique）、選擇服務（Selective）、特定服務（Restricted）與一般服務（Generic）。一般服務強調服務內容之模組化與標準化，而專屬服務則與一般服務相對，所有服務內容均屬于客製化，而其餘兩者（選擇服務與特定服務）則介於專屬服務與一般服務之間。創新類型／服務內容的服務群組定位方法由此可得，並據之定義做如表 2-3 之創新密集服務定位矩陣。

表 2-3 創新密集服務定位

	U專屬服務	S選擇服務	R特定服務	G一般服務
P1產品創新				
P2製程創新				
O組織創新				
S結構創新				
M市場創新				

資料來源：本書整理。

2.3.2 服務創新種類的基本理論

創新的概念，在服務領域也備受矚目。本書曾說明創新在製造業和服務業的不同。服務公司及服務部門爲了降低成本、增加效率、改善服務產品及服務流程（Service Products and Production）的品質、及進入新市場，都牽涉到創新。服務創新的相關研究始於 1970 年代，並於於近十年來蓬勃發展，相關文獻有 Kline 與 Rosenberg（1986）的顧客交流模式、Quinn（1988）的服務管理、Norman（1991）及 Miles（1993）的服務業之特性、Henderson 與 Clark（1990）新服務的組合要件和 Gallouj 與 Weinstein（1997）的六個服務創新模式。

Gallouj 與 Weinstein（1997）在服務創新模式（Innovation Models）中，將服務創新劃分爲突進式的創新（Radical Innovation）、漸進式創新（Incremental Innovation）、改善式創新（Improvement Innovation）、全盤式創新（Ad hoc Innovation）、重組式創

新（Recombination Innovation）與形式創新（Formalization Innovation）等六種創新，而對服務業的創新則劃分為產品創新（Product Innovation）、製程創新（Process Innovation）、組織創新（Organizational Innovation）與市場創新（Market Innovation）等四大類。

　　而 Hauknes 與 Hales（1998）認為創新程度可分為產品創新（Product Innovation）、流程創新（Process Innovation）、組織創新（Organizational Innovation）、結構創新（Structural Innovation）、及市場創新（Market Innovation）等五大項，本書亦採用此項分類方式，並將其內涵介紹如下：

2.3.2.1 產品創新（Product Innovation）

　　產品創新強調產品設計、功能改良、功能整合及產品製造之執行能力，完全以產品本身為核心，衍生各項創新應用，重視產品特性上的改變與產品設計、製造能力的提升，對服務而言，產品即是對客戶所必需執行的動作。

2.3.2.2 流程創新（Process Innovation）：

　　流程創新強調製程設計、製程整合及配銷流程的創新活動執行能力，完全以製程本身為核心，衍生各項創新應用。服務的製程，乃是將資源轉化為商業服務所必需的活動，與生產活動的手續、規則、知識與技能有關。

2.3.2.3 組織創新 (Organizational Innovation)

組織創新強調資訊整合、資訊分析、資訊處理及合作模式的創新活動執行能力，以組織內部資訊流通與管制為核心衍生各項創新應用，重視行政與管理、組織內部資訊交流機制的設計與外部資訊的擷取與整合能力。

2.3.2.4 結構創新 (Structural Innovation)

結構創新強調策略規劃、知識管理、知識分享及互助合作的創新活動執行能力，以企業體知識管理與策略規劃為核心衍生各項創新應用，為經營模式（Business Model）上的創新，重視策略產生與環境反應的能力。

2.3.2.5 市場創新 (Market Innovation)

市場創新強調市場區隔、市場分析、產業研究及宏觀策略的創新活動執行能力，以集團經營走向與宏觀策略規劃為核心衍生各項創新應用，為關係（Relationship）上的創新，重視新市場、利基市場的開發、公司之間的網路合作互惠與競爭。

2.3.3 服務內容的基本理論：

由於服務同時包含了有形及無形的概念，所以較傳統的產品製造複雜。Fitzsimmons 與 Fitzsimmons 即為服務內容做出清楚定義，包括支援專案、消耗專案、外顯服務及內隱服務等四個特徵（Fitzsimmons and Fitzsimmons, 1994），說明請參考表 2-4：

表 2-4 Fitzsimmons 與 Fitzsimmons 的服務內容分類

服務內容類型	說　明
支援項目 (Supporting facility)	所有必須在提供服務前建構完成的實體資源。
消耗項目 (Facilitation goods)	服務過程中，顧客使用掉或消耗掉的商品。
外顯服務 (Explicit service)	帶給顧客的實值感受到的利益，同是也是服務內容的本質。
內隱服務 (Implicit service)	顧客隱約感受到的利益，服務本身外而非服務的本質。

資料來源：本書整理自 Fitzsimmons 與 Fitzsimmons（1994）。

　　而本書旳服務內容是以 Kellogg 與 Nie（1995）的客製化程度做爲區分的標準，分類如下，並整理於表 2-5。

2.3.3.1 一般型客製化（Generic Serive, G）

　　此種型態爲客製化程度最低的服務型態，絕大部分的服務都是標準化而固定的，顧客僅擁有極少的談判空間與能力去定義及選擇服務的取得種類及運用方式，一般型客製化服務主要提供制式化的服務內容，並無選擇的空間。

2.3.3.2 特定型客製化（Restricted Service, R）

　　此種型態爲客製化程度次低的服務型態，大部分的服務型態都是標準化而不具備多樣化選擇的，廠商提供少數幾種可選擇的模式，顧客亦僅擁有少部分的談判空間與能力去定義及選擇服務的取得種類及運用方式，特

定型客製化服務中大部份的模組已標準化，僅有少部份模組可以客製化。

2.3.3.3 選擇型客製化（Selective Service, S）

此種型態為客製化程度次高的服務型態，部分的服務型態為客製化且具備選擇彈性，廠商提供數種可選擇的模式，種類供大部份顧客選擇，顧客亦擁有較大的談判空間與能力去定義及選擇服務的取得種類及運用方式，選擇型客製化服務中的同一服務專案之內，大部份模組屬於客製化，少部份模組標準化；

2.3.3.4 專屬型客製化（Unique Service, U）

此種型態為客製化程度最高的服務型態，絕大部分的服務型態都是專屬化而具備選擇彈性的，廠商提供顧客專屬的模式，顧客可以獲得充分的禮遇亦擁有極大的談判空間與能力去定義及選擇服務的取得種類及運用方式，服務內容完全與客戶來共同合作。

表 2-5 Kellogg 與 Nie的服務內容分類

服務內容	客製化程度	定義
專屬服務 (Unique service)	完全	大部份的服務內容是客製化，顧客有能決定服務項目、服務方法、服務地點。
選擇服務 (Selective service)	相當多	部份的服務內容已標準化，但顧客仍可從其它大部份的選擇項目中挑選適合的。
特定服務 (Restricted service)	有限制的	大部份的服務內容已標準化，顧客只能從少部份的選擇項目中挑選差不多的。
一般服務 (Generic service)	少數 甚至沒有	大部份的服務內容已標準化，顧客幾乎無法決定服務項目、服務方法、服務地點。

資料來源：本書整理自 Kellogg與Nie（1995）。

2.4 關鍵成功因素與外部資源涵量

2.4.1 關鍵成功因素

關鍵成功因素（Key Success Factor, KSF 或 Critical Success Factor, CSF）始於組織經濟學中「限制因數」（Limited Factor）的觀念，應用於經濟體系中管理及談判的運作。其後 Barnard 與 Nix（1980）將「關鍵成功因素的觀念」應用於管理決策理論上，認為決策所需的分析工作，事實上就是尋找「策略因數」（Strategic factor）。除此之外，Tillett（1989）更將策略因數的觀念應用到動態的組織系統理論中，認為一個組織中最多的資源，就是關鍵性資源。關鍵成功因素於策略中的意

涵，就是維持且善用擁有最多資源所帶來的優勢，同時避免本身因欠缺某種資源所造成的劣勢。

以下整理各學者對關鍵成功因素看法：

Hofer 與 Schendel（1978）提出四項關鍵成功因素應具備的特性如下：（1）能反映出策略的成功性；（2）是策略制定的基礎；（3）能夠激勵管理者與其他工作者；（4）是非常特殊且為可衡量的。

Aaker（1995）更進一步將企業的關鍵成功因素定名為可持續的競爭優勢（Sustanable Competitive Advantages, SCAs），並說明它有三項特徵條件：（1）需包含該產業的關鍵成功因素；（2）需足以形成異質價值，而在市場形成差異性；以及（3）需可承受環境變動與競爭者反擊之行動。故Aaker所強調的企業關鍵成功因素，必須與產業或環境中的關鍵成功因素相配合，並能產生實質差異價值的一種實質競爭優勢，而說明了產業關鍵成功因素與企業關鍵成功因素相配合的觀念。

Rockart（1979）在其研究中更指出產業關鍵成功因素有四種主要來源；（1）產業的特殊結構；（2）企業的競爭策略、地理位置及其在產業中所占的地位；（3）環境因素以及（4）暫時性因素。

Leidecker 與 Bruno（1984）認為關鍵成功因素的分析，應包含總體環境、產業環境及企業本身環境三個層次，並分別由環境和競爭對手找出機會及威脅，再評估企業本身的優劣勢，藉以分配有限資于關鍵成功因素，以規劃成功的優勢策略。

關鍵成功因素應具備有下列幾種主要功能（徐作聖與陳仁帥，2004）：（1）為組織分配資源時的指導原則；（2）簡化高階管理者的工作，根據研究指出，關鍵成功個數以不超過7加減2個範圍為原則；（3）作為企業經營成敗的偵測系統；（4）作為規劃管理資訊系統時的工具；以及（4）作為分析競爭對手強弱的工具。

2.4.2 關鍵成功因素與企業策略分析

Hofer 與 Schendal（1978）認為要找出企業的關鍵成功因素，可透過以下的步驟：（1）確認該產業競爭有關的因素；（2）依相對重要程度給予每一個因素權重；（3）在該產業內就其競爭激烈與否給予評分；（4）計算每一個因素的加權分數；以及（5）每一因素再與實際狀況核對，比較優先順序，以符合實際狀況。

產業或企業的關鍵成功因素均非靜態，它會隨著時間、環境而改變。在不同時間、環境中，每一個階段中產業的KSF，都可以看成是當時產業的「遊戲規則」，參加此一產業競爭的廠商，如果未能熟悉這些規則，則難以面對產業內的激烈競爭。在認定產業KSF的技術上，其中 Porter 的產業五力結構分析技術，仍為一般學者所推薦。

徐作聖（1999a）所創造競爭優勢策略分析模式中之產業四大競爭策略群組，改良 Porter （1985）所提出的「競爭策略矩陣」模型，將產業中各競爭廠商，依「競爭領域（Competitive Scope）」的大小，及低成本或差異化的「競爭優勢（Competitive Advantage）」兩大構面，將產業區隔成四種不同的競爭策略群組，利用四大策略群組提出不同的關鍵成功因素，他認為在不同競爭策略下的策略群組會有不同之關鍵成功因素。四大群組分別如下：

■ 獨特技術能力：代表企業擁有技術上差異化的競爭優勢，以及擁有專精的競爭領域。此種企業專注於某種專門研發技術的累積及創新發展，並有能力將此種技術移轉及應用至不同的產業領域，以及參與產業技術規格及標準的制定。簡言之，此競爭群組競爭優勢在於建立技術研發上的利基（niche），以技術標準的制定及開發來形成進入障礙，是一種以「技術導向」為主的經營型態；

■ 低成本營運能力：代表企業擁有成本上的競爭優勢，但產品集中於狹窄的競爭構面，專注於產業的製造與生產效率的滿足，成本的降低為其最

主要的經營重點。簡言之，此競爭群組的競爭優勢在於建立以提升製造效率、量產速度（Time to Volume）爲主的利基，以規模經濟或縮短製程、品質控制爲主要利基，並藉成本優勢來形成進入障礙，是一種以「生產導向」或「成本導向」爲主的經營型態；

■ 市場導向經營：代表企業專注于產業最終顧客需求的滿足及市場的開拓，企業品牌與形象的建立，以及產品的多樣化等。企業具有多樣化的產品種類、掌握進入市場的時效（Time to Market）爲市場開發與先驅者。此競爭群組的競爭優勢，以顧客滿意、品牌形象及市場通路爲主要利基，以形成其他廠商的進入障礙，是一種以「市場導向」爲主的經營型態；

■ 多元化經營：多元化經營模式，代表企業擁有成本上的競爭優勢，以及較爲寬廣的競爭構面。此種企業的特性在於，除了擁有所處產業的產品及技術外，還擁有其他相關性產業的多元性技術；並能掌握範疇經濟（Economies of Scope）的優勢。企業資本額龐大，並擁有著高度的混合型組織型態，以全球化市場導向將產品行銷到全球各地。其競爭優勢在於創造適用於不同產業型態的技術、製程或市場應用的綜效（Synergy），並藉此達成經營規模的擴展，是一種「多角化導向」的經營型態。

綜合得知，關鍵成功因素是企業管理中重要的控制變項，能顯著地影響企業在產業中的競爭地位，以及競爭優勢的來源。有鑒於此，本書所採用的創新密集服務分務模式（徐作聖等人，2005），便是依照定位、評量、檢定、分析，以尋找企業關鍵成功因素，並進行策略定位上的策略分析。

2.4.3 外部資源

Kash與 Rycroft（2000）認為自組織網路（self-organizing networks）在複雜科技的創新上，佔有重要的地位。傳統組織網路的互動關係，向來只局限於企業間（inter-firm）的互動關係，然而現在的自組織網路還包含政府機構與大學等單位。自組織網路由三大部分構成，第一為既有的核心能力（core competence），第二是外部資源的配合，亦即是既有的互補資源（complementary assets），最後是學習的能力（capacity to learn）。既有的核心能力包括知識（knowledge）與技巧（skill），並給予網路創新獨特科技的能力（Gallon 等人，1995），對於網路（network）的核心能力，可以大至系統整合能力的精通，也可以專注在特定的研發領域上。外部資源（既有互補資源），就是在核心能力發揮優勢時，所需要支援且配合的知識與技巧（Teece,1992）。舉例而言，當核心能力為系統整合時，配銷（Distribution）與行銷（Marketing）的能力就是必須配合的外部互補資源。最後，學習能力包含與網路成員所累積的知識與技巧，以及整個網路所蘊含的知識與技巧（圖 2-1）。

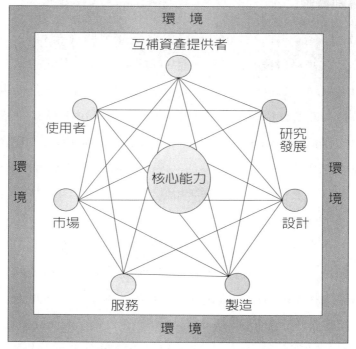

資料來源：Kash與Rycroft（2000）。

圖 2-1 複合網路（The Complex Network）

在知識密集服務的創新過程，同樣也面臨與其他組織互動的過程；因此，本書採用 Kash 與 Rycroft（2000）的自組織網路（self-organizing networks），爲衡量企業掌握外部互補資源能力的依據。其重要的外部資源包含互補資源提供者、研究發展、設計、製造、服務、市場、其他使用者。由於 Kash 與 Rycroft（2000）的複合網路，包含競爭對手、政府機構與大學，因此，這七項互補資源，可以部分非企業所直接擁有，而是向外策略聯盟或是經由購並來獲得。

2.5 服務價值創造流程與內部核心能力

2.5.1 企業價值鏈

　　企業價值鏈（Value chain）首先由 Porter（1990）提出，其觀點是將企業的經營活動分割成由投入到產出的一系列連續流程。流程中的每個階段，對最終產品的價值都有貢獻，企業依賴這些附加價值的增加，藉由交易的過程而達成與外部環境資源互換的目的。經由對企業價值鏈的分析，可以找出企業的核心能力，並幫助企業決定如何進行資源的分配，以達成資源互補及綜效（Synergy）的發揮。

　　Porter（1990）認為競爭的優勢來自廠商的活動，包括設計、生產、行銷、配銷與支持等等。每個活動都有助於提升相對的成本地位，並可做為創新差異化的基礎，故將廠商的活動分解為數個策略上相關之活動，便可瞭解成本行為與現有及潛在差異化來源。Porter 便以此價值鏈做為分析此類競爭優勢的來源的系統方法。其價值鏈如圖 2-2 所示：

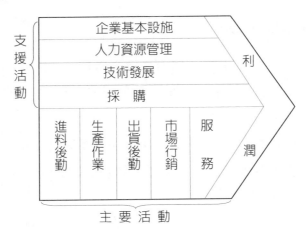

資料來源：Porter（1990）。

圖 2-2　Porter 的企業價值鏈

　　價值活動可以依技術和策略而區分為主要活動（primary activities）與支援活動（support activists）兩大類。主要活動可劃分為（1）購入後勤、（2）生產作業、（3）輸出後勤、（4）行銷與銷售與（5）服務等五項價值，支持活動則依產業劃分為（1）企業基礎結構、（2）人力資源管理、（3）技術發展與（4）採購等四個價值活動。

　　除了主要活動與支持活動的區分外，Porter（1990）更進一步將價值鏈上的各種活動，不論主要活動或支持活動都劃分為直接活動、間接活動與品質確保活動等三種活動形態，其中，（1）直接活動對實際創造價值活動的過程有直接的影響；（2）間接活動為促成直接活動的間接活動，如維修、保養；（3）品質確保活動為確保其他活動品質與可靠度所需的監控活動。

　　Porter 認為間接活動不易為外人瞭解，競爭者難以模仿；因此，常成為競爭優勢的關鍵（Porter, 1990）。而價值鏈上各活動間的聯繫與彼此間的依存關係，微妙而不易模仿，亦是競爭優勢的來源。而辨別這三種活動，則是掌握競爭優勢的重要前提。

2.5.2 服務價值創造流程

　　本書利用 Porter 所提的企業價值鏈之概念，來找出企業的核心能力，並幫助企業決定如何進行資源的分配。但取 Porter 所提的價值鏈結構，作為知識密集商業服務業的價值創造流程，並不適當。主要問題有二，首先是競爭策略的不同，知識密集商業服務業的重心並非低成本、差異化、集中化，不同競爭策略將帶來不同經營方式，以改變競爭的原有法則；第二，服務業的價值創造流程並非線性。

　　根據 Edvardsson（1997）的定義，服務業的價值創造流程為服務產生時所必要執行的產生的平行或線性活動（Parallel and sequential activities）如圖 2-3 所示。價值創造流程中的「服務開發流程」也常被

獨立提及，亦逐漸被重視（Menor 等人，2002）。相關領域學者的論述有 Fitzsimmons 與 Fitzsimmons（1994） 及 Gallouj 與 Weinstein（1997）等。雖然已有多位學者相繼發表理論，但關於服務的開發流程或是服務的開發（New Service Development, NSD），仍著重在產品的開發（Product development）。甚至在此之前，服務的開發普遍認為是應當發生而非透過一套制式的開發流程。

　　透過文獻回顧，我們可以發現，服務流程的相關文獻已開始增多，尤其以創新服務開發（NSD）最為熱門。但服務業的新焦點－知識密集服務，其流程相關探討則是相當缺乏。

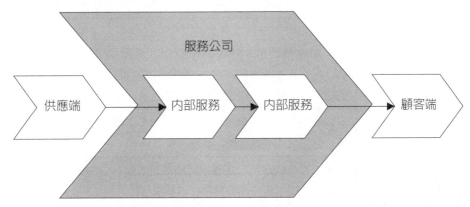

資料來源：Edvardsson（1997）。

圖 2-3 服務流程

2.5.3 內部核心能力

　　有關經營的競爭優勢，大致可區分為兩類，一是強調以競爭策略獲得優勢的 Porter 及大前研一（1991）；另一所談的不是策略，而是強調組織能力的培養、組織能力的強化；後者則是內部核心能力理論。這兩個論點最大的不同在於，前者的策略思考邏輯為由外而內，而核心資源理論為

由內而外，精義在於經營管理是持久執著的能力，應以持續累積不可替代的核心資源來形成企業的策略優勢。

內部核心能力（Core Competence）有許多的同義詞，如核心資源（Core Resources）、獨特能力（Distinctive Competence）、組織能力（Organizational Competence）、無形資產／資源（Invisible Assets／Resources）、策略性資源（Strategic Resources）等。各學者對核心能力相關理論的不同看法、定義及內涵，則如表 2-6 整理所示：

表 2-6 核心能力相關理論匯整

學　者	論　述　重　點
Chandler (1962)	認為核心能力應包括兩大能力：功能性能力（生產、行銷、人事、財務與研發），及策略能力（垂直整合、多角化、國際化）。將核心能力範圍擴大，跨出企業功能劃分資源的藩籬，將重點移轉至無形的資產與整合功能上。
Wernerfelt (1984)	公司決策轉變以「資源」替代「產品」的思考角度來從事策略決策，對企業將更具意義，此種轉變可稱為「資源基礎觀點」。
Prahalad and Hamel (1990)	核心能力是指創造及保護其競爭優勢所擁有的專屬資源及能力，是依賴公司本身所有的獨特特質所產生的。
Grant (1991)	企業能力為公司長期策略的基本方向與公司利潤。
Hall (1992)	核心能力為組織所擁有的資產與能力；且這些資產和能力（Competence）將導致組織有不同的能力（Capability），透過在能力上的不同，將創造出可持續的競爭優勢。
Barney (1997)	廠商可藉由本身能力與資源累積與培養，形成長期且持續性的競爭優勢，稱為「資源基礎模式」。

資料來源：本書整理自Chandler（1962）、Wernerfelt（1984）、Prahalad 與
　　　　　Hamel（1990）、Grant（1991）、Hall（1992）及Barney（1997）。

　　為了在企業內部構面的分析上能以較寬廣的角度來瞭解企業，本書採用 Hall（1992）對「核心能力」的觀點來進行企業內部的分析，以期能藉由服務價值創造流程的展開，找出企業的核心能力。

2.6 產業專業化策略

　　產業專業化策略之內涵在於知識經濟下競爭情勢改變所致的價值轉移趨勢，而服務業平臺則為其具體操作機制；因此，本節將分別自知識經濟下價值轉移趨勢、服務業平臺定義、與既有專業化策略發展等角度切入，進行文獻回顧分析，探討高科技產業專業化策略發展之研究基礎（楊佳翰與徐作聖，2007）。

2.6.1 知識經濟下之價值轉移

　　全球化與知識經濟趨勢之興起造成技術發展與產業演進的變革，產業中價值轉移之概念逐漸為研究者所重視；從宏觀經濟發展的角度來看，過去自農業經濟、工業經濟、資訊經濟、分子經濟乃至知識經濟的過程便是一宏觀的產業價值轉移（Drucker, 1969；Meyer 與 Stan, 2003）。而就產業策略面而言，Slywotzky（1996）依據大量實證分析，從商業模式設計（Business Design）變遷的角度，提出產業中價值流入、價值穩定、與價值流出三階段之價值轉移理論，其研究並歸納出既有的七種價值變遷模式，包括多面向轉型（Multidirectional Migration）、低利轉型、利基產品轉型（Blockbuster Migration）、多樣化轉型（Multicategory Migration）、專業化轉型、低價通路轉型與高附加價值服務轉型（High-end Solutions）等。

　　不同學者亦從技術演進的角度探討產業之價值轉移，提出利潤點吸引力動態模型（Utterback 與 Suarez, 1993；Afuah 與 Utterback,

1997），根據產業吸引力與企業之能力稟賦，分析不同產業階段的價值所在；該模型認為，在產業浮動期時，具有異質化產品創新能力的廠商將可自技術中獲取利潤；而當產業進入轉換期後，價值將移轉至擁有主流設計（Dominant Design）之廠商；最後，在專業期時，價值將再移轉至低成本之控制能力，產業的競爭態勢與產業結構將受此價值轉移過程影響而進行重塑變化。另外，Khazam 與 Mowery（1994）及Suarez 等人（1995）則針對轉換期中主流設計暨產業價值轉移之關係提出進一步解釋。此外，前述浮動期、轉換期與專業期的概念亦與 Tushman 與 Rosenkopf（1992）針對產業醞釀期與漸進式變化期，探討技術及非技術因素影響所提出的分析模型類似。

同時，隨著全球化發展與比較競爭優勢的變化，產業中除了出現時間軸之價值轉移外，亦出現空間上的地緣價值轉移，產業利潤逐漸轉移至具有專業化優勢的新興國家或區域（Ohmae, 1999；Prestowitz, 2005；Sperling, 2005）；相同概念中，Christensen 等人亦提出價值鏈演進（VCE）理論（Christensen 與 Raynor, 2003；Christensen、Anthony 與 Roth, 2004），認為當產業形成標準與規格化，產品開始進行模組化生產時，產業利潤將逐漸移往價值鏈的整合區段，價值將朝子系統與速度、便利、回應能力等面向轉移。Berger（2005）從全球化新競爭態勢分析，亦由各國核心能力與資源基礎之異同，提出類似觀點解釋產業委外之趨勢。

此外，隨著資訊科技與網際網路的進步，新興的知識經濟基礎亦為價值轉移帶來新的解釋；隨著網路外部性、報酬遞增、經驗產品、套牢原理、轉換成本與正反饋現象等網路經濟概念之出現（Arthur, 1996；Dyson, 1997；Shapiro 與 Varian, 1999），傳統經濟學之供需曲線不再適用（Sakaiya, 1991；Carr，2003；Ohmae, 2005），產業價值將轉移至知識的掌控整合及運用上，此時，知識將成為可累積、流通並拍賣的價值（Drucker, 2002；McMillan, 2002），而新興知識平臺與商業經

營模式將隨價值之轉移應運而生（Evans 與 Wurster，2000；Hagel 與 Brown，2005），例如 Evans 與 Wurster（2000）所提出的中介導覽者（Navigator）概念，即為網路經濟下所應運而生的新興創新密集服務平臺模式。

另外，網路經濟亦為體驗行銷帶來新的解釋，隨著供需雙方互動模式的改變，今日體驗行銷正成為市場價值轉移趨勢下的新興運作模式；例如，Pine II（1993，1999）根據體驗行銷的概念，以客製化為價值依序提出初級產品、商品製造、服務、體驗、轉型等五階段的價值轉移增長過程，在此趨勢下，網路整合、槓桿操作能力與客製化程度將逐漸成為此知識經濟架構下價值轉移的最終目標（Gilmore 與 Pine，1997；O'Sullivan 與 Spangler，1998）。

2.6.2 專業化策略

產業專業化之趨勢起自於全球競爭環境的改變，由於高科技製造業正發展為競爭者眾且供過於求之產業結構，產業驅動力由供給面逐步轉為需求面（Viardot，1998），資訊流通再無界線，各國產業之比較競爭優勢已成全球化架構下產業競爭的關鍵成功要素（Christensen，2001），而專業化策略正為各企業在衡量比較競爭優勢下，選取最低機會成本與最具利基的產業定位方法。

過去學者分別從產業競爭趨勢演進與比較競爭優勢之角度，探討專業化之定義與模式（Derek，1980；Kotler，1994；Slywotzky，1996；Trout，2004；You 等人，2006），並提出數種專業化類型；其後，逐漸依此發展出多種不同的專業化策略。從供給面觀之，產品專業化係最常被學者提出的企業層級專業化策略（Madura 與 Rose，1987；Congden 與 Schoroeder，1996；Lundvall，1998；Hamid，2002），廠商可依據特定產品的優勢，取得市場利基，其中，Morrison 與 Roth（1992）則針對不同廠

商資料，進行實證分析，證明產品專業化之優勢。此外，多位學者亦提出聚焦於產業中特定關鍵技術的特定技術專業化策略（Malerba等人，1997；Phene 等人，2005），其中，Tsang（1999）以全球電腦產業零組件為例，說明技術專業化策略之運行。另外，製造或系統設計之專業化策略在全球分工的趨勢下，亦逐漸成為重要的研究課題，包括OEM策略的發展與執行，均有大量實證研究成果（Karlsson，1992；Geffen 與 Rothenberg，2000；Chang，2002），Herbig 與 O'Hara（1994）則從產業發展趨勢之角度，探討製造專業化的未來發展策略；對全球分工明顯的電子產業而言，製造專業化已行之多年，相關實證研究也極為廣泛（Hunt 與 Jones，1998；Meller 與 DeShazo，2001），均為製造專業化提供大量的文獻依據。

　　就需求面而言，最常被提及的專業化策略為聚焦於品牌、通路發展或特定市場需求的市場專業化（Capon 等人，1988；McDonald 與 Roberts，1992；Frost & Sullivan，2006），此策略之重點在於市場資訊與利基的取得，進而獲取行銷或市場拓展上的優勢；與此概念相反的是，利用市場多角化策略而取得範疇經濟與成本優勢的多角化專業化策略（Dickson，1996；Sheth等人，2000；Tanner，2001），此策略主要著重於市場與產品廣度所帶來的成本優勢；另外，隨著產業群聚現象於全球各地的興起與複製，透過產業聚落所發展之資源整合，亦逐漸成為廠商發展過程中所追求的定位策略之一（Feldman 與 Audretsch，1999；Fujita 與 Thisse，2002；Roy 與 Mohapatra，2002；Desrochers 與 Sautet，2004；Roland-Holst 等人，2005），此地緣策略與競爭優勢可稱為另一區域集群之專業化，例如針對美國矽谷（Saxenian，1994）、生技產業（Feldman，2003）與中國大陸產業聚落（Bai 等人，2004）所進行的相關研究，均提出類似論點，說明區域集群專業化之發展模式。

第三章　創新密集服務平臺分析模式

本章將針對本書所採用的理論模式「創新密集服務平臺分析模式」（徐作聖等人，2005）的主體架構與其模型建構的思維邏輯，進行各項推導過程的細節討論與說明；在經由一系列各相關議題的文獻回顧後，吾人嘗試從研究過程中，整理出知識密集商業服務業中專注于創新部份的創新密集服務業，亦可稱爲技術服務業或高科技服務業。

3.1 國家創新系統

依圖 3-1 之架構，本書分三個階段討論，即按企業、產業與國家三個層面依次進行。而本節所探討之國家創新系統（含產業創新系統與政策工具），爲圖 3-1 之第二層及第三層，包括產業及國家層面之分析理論。

本書於產業分析之構面使用產業創新系統做爲理論之依據；而於國家層面則採用徐作聖（1999b）所提出的國家創新系統分析模式，，此分析模式結合 Porter（1990）所發展的「國家競爭優勢—鑽石理論」、Carlsson 與 Stankiewicz（1991）所提出的「技術系統」概念及 Lundvall（1993）與 Nelson（1993）等人所提出之「國家創新系統概念」，並配合 Rothwell 及 Zegveld（1981）所歸納之政策工具分類方式（請參見圖 1-5），以探討政府政策工具在產業創新系統中之影響及成效。

3.1.1 產業創新系統

本書將產業創新系統定義爲產業環境及技術系統兩個構面（圖 3-1），於產業環境的部份，採用 Porter（1990）的鑽石理論模型，取其環境因素中生產要素、需求條件、相關及支援性產業及企業策略、結構及競

爭程度等四構面重新定義細項（表 3-1）以分析現階段產業環境；此外，於技術系統的部份，本書使用 Carlsson 及 Stankiewicz（1997）之定義，將技術系統劃分為知識本質和擴散機制、技術接收能力、產業網路連結性及多樣化創新機制等四構面，並重新定義細項（表 3-2）以探討產業相關技術之形成過程及原因。

3.1.2 政策工具

　　透過創新密集服務平臺分析模式中平臺與產業創新系統連結的分析，吾人可以得到產業發展需要的產業環境與技術系統，之後只要找出適當的政策，便可塑造產業發展的有利環境；本書參考 1.8.2 節所歸納，Rothwell 及 Zegveld（1981）所提出政策分類方式及作用之概念，將政策工具定義為下列十二項：公營事業、科學與技術開發、教育與訓練、資訊服務、財務金融、租稅優惠、法規及管制、政策性策略、政府採購、公共服務、貿易管制及海外機構。

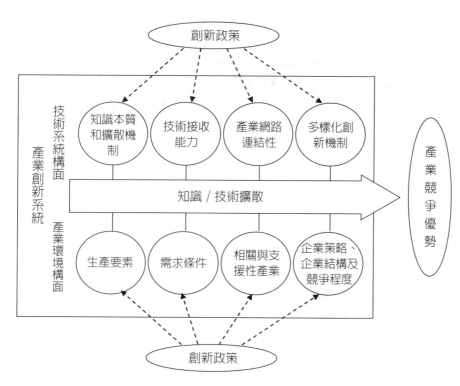

資料來源：徐作聖（1999b）。

圖3-1 國家創新系統研究模型

表 3-1 產業環境構面之分析因素

生產要素	需求條件	相關及支援性產業	企業策略、結構及競爭程度
■ 人力資源 　人力成本 　人力素質 　勞動人口 ■ 天然資源 　土地資源 　水、電資源 ■ 知識資源 　市場研究機構 　同業公會 ■ 資本資源 　貨幣市場 　資本市場 　外匯市場 　金融機構 　風險性資金 ■ 基礎建設 　運輸系統 　通訊系統 　郵政系統	■ 國內市場的性質 　國內客戶需求型態和特質 　國內市場的需求 　國內市場規模及成長 　國內市場需求國際化情形 ■ 國外需求規模及型態	■ 支持性產業競爭優勢 ■ 相關性產業競爭優勢	■ 企業策略 ■ 企業組織 ■ 企業規模 ■ 產業競爭程度

資料來源：本書整理自 Porter（1990）。

表 3-2 技術系統構面之分析因素

知識本質和擴散機制	技術接收能力	產業網路連結性	多樣化創新機制
■ 產業相關之知識與技術 ■ 產業知識擴散機制	■ 國家教育與訓練系統 ■ 公共研發組織 ■ 企業內部研發組織 ■ 創業家精神	■ 產業群集現象 ■ 技術流通網路結構 ■ 產業上中下游之連結程度 ■ 與國際間之合作連結程度	■ 產業內廠商之經營型態 ■ 產業進入與退出障礙

資料來源：本書整理自 Carlsson（1997）。

3.2 政策實施細項分析步驟

　　產業所需之政策實施細項，主要透過上述二節各模式之推導，次第連結後，再經由專家訪查而成。本書主要以類似德菲法的方式進行，先透過專家問卷，之後將專家問卷的結果統計後，再進行專家深度訪談；定量的專家問卷主要用於確定產業創新系統與政策工具之關係，定性的專家訪查主要用於政策實施細項的探討。兩者的目的是為找出產業所需之特殊資源及政策，以符合研究產業之特殊性。創新密集服務業之政策分析研究步驟可歸納於表 3-3。

表 3-3 創新密集服務業之政策分析研究步驟

章　節	步驟	目的	方法
3.5	IIS策略矩陣運作模式	探討產業內企業于發展時各種定位及所需之資源	透過專家問卷，獲得RFID產業內企業於其定位下所需之內外部關鍵資源
	IIS平臺與產業創新系統之連結	探討企業之資源需求如何於產業環境與技術系統中實現	透過專家問卷，獲得RFID產業內，發展企業之「內外部關鍵資源」時，所需之「產業環境」及「技術系統」
3.1.1	產業創新系統	探討產業于發展時所需之產業環境及技術系統	透過「IIS平臺與產業創新系統之連結」獲得
	產業創新系統與政策工具之連結（本書研究範圍）	探討產業環境與技術系統之需求如何於政策工具中實現	透過專家問卷，獲得「產業環境」及「技術系統」構面與「政策工具」構面之關係
3.1.2	政策工具（本書研究範圍）	探討產業于發展時所需之政策工具	透過「產業創新系統與政策工具之連結」獲得
3.3	政策實施細項（本書研究範圍）	探討政策工具下產業所需之政策實施細節	透過專家訪查，獲得「政策工具」下，政策實施之細節

資料來源：本書整理。

3.3 創新密集服務

　　創新密集服務為知識密集服務（KIBS）的一種，以高科技服務業為主體概念，強調產品創新（Product Innovation）、流程創新（Process Innovation）、組織創新（Organizational Innovation）、結構創新

（Structural Innovation）、市場創新（Market Innovation）五種基本型態的創新程度，並以一般型客製化（Generic Service）、特定型客製化（Restricted Service）、選擇型客製化（Selective Service）及專屬型客製化（Unique Service）四類主要的客製化服務方式提供客戶整體解決方案（Total Solution）；服務的提供能力與完整程度決定於企業服務價值活動與企業外部資源涵量兩大關鍵構面。創新密集服務平臺提供整體解決方案，由服務價值活動（包括供應鍊上其他各項組成元素）、外部專業互補資源、技術與客戶介面所形成的整合型結構，可有效率發揮及釋放由核心能力與關鍵成功因素所衍生之創新服務。

3.3.1 創新密集服務平臺內涵

　　知識密集商業服務平臺（Knowledge Intensive Business Service Platform, KIBSP）是知識密集商業服務業的執行工具；知識密集商業服務業是一種新興的高科技服務業，透過知識經濟的運用與管理，將具有價值的專業知識與經驗運用於平臺架構中，進而衍生出商業行為。知識密集型服務具有顧客為主的服務、知識密集性競爭、價值觀點的創新、競爭驅使的網路效果、具有整合顧客需求情報的優勢、能夠外部與異業合作、產業規則與標準的掌握等特性（徐作聖等人，2005），知識密集商業服務業之一般分類請參照圖 1-2。

　　在知識經濟體系中，創新可為廠商創造最大的附加價值，帶來可觀的利潤，在知識密集商業服務平臺中扮演最為重要之關鍵角色，故本書所強調的知識密集商業服務業為創新密集服務業。

　　對於發展中的高科技產業—尤其是應用廣泛、具潛力的新興科技—而言，創新密集服務業的目的在於發展新興科技的技術能量與知識的強化、擴散與整合，具有整合研發能量、加速產業聚落形成、降低市場風險之功能。反之，對於已成熟的產業而言，產業不確定性較低，應用面與互補資

源的掌握性較高，但若於產業競爭中面臨產業升級的壓力，創新密集服務
業便可發揮關鍵作用。

臺灣產業目前面臨傳統產業外移及高科技產業產業升級等壓力，下一
階段的產業發展重點，包括複雜度高之製造業、新興科技產業（奈米、生
技產業）及軟體產業等，未來，臺灣勢必走向以高科技服務業為核心的產
業模式，創新密集服務業將扮演關鍵角色。

創新密集服務業除了企業本身的運作能力之外，也與更高層次的產業
與國家相聯結，聯結的良好與否也是決定其能否成功之關鍵，尤其臺灣整
體產業面臨當前諸如產業外移與產業升級等的壓力，光憑少數企業的改變
難以改變當前的局面，產業結構必須經過徹底的改變，由製造導向轉為高
科技服務導向以扭轉局勢的困頓，而創新密集服務（IIS）平臺在此改變過
程中將扮演重要的角色，協助國內廠商走出微利時代的困局，將高科技產
業導向高附加價值的高科技知識密集商業服務業，同時可幫助台灣改變整
體經濟產業結構，提升臺灣總體競爭力（徐作聖等人，2005），而要協助
企業脫困、提高附加價值，除了企業本身的努力之外，國家與產業也必需
互相配合—就國家的層面級而言，由於臺灣高科技產業過去多半不具服務
業的思維，因此在轉型過程中，企業與產業必須要由國家創新系統加以支
持，由相關的產業政策輔助，以累積創新能量，加速企業與產業之轉型；
而就產業層面而言，創新密集服務平臺能夠有效地整合產業內部與外部資
源，向上整合國家創新系統，向下結合企業個體，發揮最大綜效，提升整
體產業競爭力。

3.3.2 創新密集服務平臺之適用對象與限制條件

本創新密集服務平臺分析模式具有一定的適用條件與研究假設，必需
以發展新興科技技術能量及強化知識擴散與整合為策略目標，並不適合所
有知識密集商業服務業；以下探討適用於本分析模式產業的特質與特色與

本分析模式使用上的限制。

3.3.2.1 創新密集服務平臺之適用物件

　　首先，適用於本創新密集服務平臺分析模式的產業須具備強調三高（專業知識涵量高、技術複雜度高、跨領域人才整合度高）的新興科技產業、部份價值活動委外、沉入成本高且邊際成本低、強調資訊科技的重要性、客製化程度高、客戶互動頻繁、知識隱性高（Tacitness）、重視產品與服務的整合、強調研發與創新，並致力於新市場之應用，或創新導向之產品應用等特質，並說明如下：

■ 強調三高的新興科技產業：新興科技產業的市場及技術生命週期往往處於萌芽期或成長期，而知識密集商業服務業也是勞力密集產業，但它是以「人」為主的知識，創新來源為充足的新興知識涵量和專業技術，透過各種價值活動的創新與資源分享，提升知識平臺的能力。

■ 部份價值活動委外（Outsourcing）的新興科技產業：由於價值活動的結構不再局限於線性，網路型態的價值活動逐漸成型，部分業務必需委外，故而形成更為緊密的產業聚落與網路結構。委外與知識共用的同時，核心競爭力的提升尤其重要，而在創新密集服務的過程中，智財權的管理與保護措施將更進一步確立知識的價值與促進知識的累積，智慧財產權的保護機制完善與否，直接影響知識型創新密集服務業的發展脈絡與程式。

■ 沉入成本高且邊際成本低的新興科技產業：知識密集型服務往往俱備「多部門合作創新」與「不成比例」兩項特點，其中，多部門（Multi-sector）合作創新指產業的創新往往仰賴很多部門同時創新，也需要多部門共同配合創新。不成比例（out of proportion）則指投入與產出不成比例，從另一個角度來分析，也就是適用產業具有「沉入成本高、邊際成本低」的特點。

■ 強調資訊科技的重要性的新興科技產業：知識經濟時代所強調資訊科技的重要性在創新密集服務平臺上同樣重要；不論於知識創造或客戶服務上，資訊科技都扮演關鍵的角色。藉由資訊科技的應用，平臺內資訊及知識的流通將更為便利。

■ 客製化程度高、客戶互動頻繁、知識隱性高（Tacitness）、市場發展潛力高之產業。

■ 重視產品與服務的整合、強調研發與創新，並致力於新市場之應用，或創新導向產品應用之產業。

3.3.2.2 創新密集服務平臺使用上的限制

本模式所適用的產業所提供的服務種類，至少應包含委託研發、技術仲介及授權、工程及製造服務、產品及製造設計服務、行銷服務、測試及產品驗證服務與技術商品化與整合等服務項目中的幾點，且產業特性至少應該包含以下幾點，方能以此平臺進行分析（徐作聖等人，2005）：

■ 高複雜度、高跨領域整合度之科技產業。

■ 客製化程度高、客戶互動頻繁、市場應用廣、知識隱性高（Tacitness）、市場發展潛力高之產業。

■ 市場與技術生命週期處於萌芽期或成長期之產業（區域或產業整體優勢主導企業競爭力）。

■ 產品技術可共用之產業，其競爭優勢主要源自於規模經濟研發、技術整合、市場訊息及其配合（非製造、成本、規模經濟）。

■ 產品技術能致能新市場之應用，或創新導向之產品應用。

3.4 創新密集服務定位矩陣

　　為強調知識密集商業服務業之特性，本模式以 Hauknes 與 Hales（1998）所定義的創新類型和 Kellogg 與 Nie（1995）與所定義的服務內容做為服務群組的區分準則，再以此二準則所形成的二維創新密集服務定位矩陣（表 2-3）分析知識密集商業服務業之定位，而縱軸由 Hauknes 及 Hales（1998）所定義的創新類型 — 產品創新、製程創新、組織創新、結構創新與市場創新及橫軸由 Kellogg 與 Nie 與所定義的服務內容 — 專屬服務、選擇服務、特定服務和一般服務之內涵則已分別於 2.3.2 節至 2.3.3 節加以介紹，請讀者自行參閱。

　　服務群組定位分析利用矩陣，除了能反應 RFID 系統整合服務市場中大多數一般整合服務商目前的策略定位外，更能描述未來變化衍生出的動態策略意圖，並與當前策略定位相互比較得出策略走向。在細部的分析上，將引用徐作聖等人（2005）的創新密集服務平臺分析模式，做為研究關鍵成功因素及公司核心能力的主要構架，此一部份將於下一段落繼續介紹。

3.5 創新密集服務平臺分析模式

　　「創新密集服務平臺分析模式」（徐作聖等人，2005）以企業內部服務價值活動及企業外部資源涵量為兩大主軸，分別透過創新活動價值網路（改良自 Potor 價值鏈的概念）（Porter，1985）及關鍵成功要素（KSF）的分析，經過因數的處理，填入創新密集服務矩陣（IIS Matrix）中以作為創新服務型企業進行策略定位時的參考矩陣。此平臺分析模以設計、測試認證、行銷、配銷、售後服務與支持活動等六大創新活動價值網路的服務價值活動與互補資源提供者、研發／科學、技術、製造、服務、市場及

其他使用者等七大關鍵構面的外部資源涵量（圖 3-2）為主體，共同建構于創新密集服務矩陣中，進而推導出組織的策略定位、策略意圖及策略走向。創新密集服務（IIS）平臺之分析模型與分析架構如圖 3-2 所示：

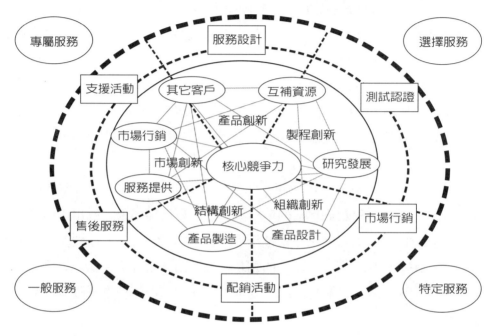

資料來源：徐作聖等人（2005）。

圖 3-2 創新密集服務平臺分析模式圖

在確定服務群組定位後，細部分析可劃為內部服務價值活動分析、外部資源涵量分析、實質優勢分析、策略意圖分析等四大步驟（徐作聖等人，2005），而各階段分析思維與推導結果整理於如表 3-4，並於 3.6 節至 3.10 節說明。

表 3-4 創新密集服務平臺分析步驟

步驟	分析方式	分析思維	推導結果
1	服務價值活動分析	創新活動價值網路	IIS服務價值活動矩陣
2	外部資源涵量分析	關鍵成功因素	IIS外部資源涵量矩陣
3	創新矩陣分析	矩陣軸替換	IIS實質優勢矩陣
4	策略意圖分析	差異比較與說明	IIS策略定位得點矩陣

資料來源：本書整理。

3.6 服務價值活動分析

　　服務價值活動分析的思維源於創新活動價值網路（Critical Activities of Innovation），依據知識密集商業服務業的網路經營與互動能力之特性，以價值創造流程（價值鏈）的基本概念所建構，本節將依續介紹服務價值活動的個別定義、創新種類及影響性質、創新密集服務通用模型及服務價值活動矩陣等服務價值活動分析。

3.6.1 服務價值活動的定義

　　創新活動價值網路包括設計（Design）、測試認證（Validation of Testing）、行銷（Marketing）、配銷（Delivery）、售後服務（After Service）、支持活動（Supporting Activities）等六項活動構面，每一構面均對最終的服務價值產生貢獻，企業依賴此六項創新活動所增加的附加價值，藉由交易過程來達成與外部資源的配合，再透過與顧客間服務系統之介面，來產生、傳遞與提供創新服務，各活動構面解釋如下。

3.6.1.1 設計（Design）

　　知識密集商業服務業以提供高度客製化的服務產品為主，設計方向主要來自市場人員自用戶端或市場資料庫獲得的資訊，以及客服部門累積相關的客戶知識。企劃人員分析前述資訊後開始規劃產品，並與研發部門討論產品設計之細部規格、所需設計時間及內部實現之可能性，依此預估需要的預算、專利佈局以及人力資源，若有內部缺乏且無法短期完成設計的部份，則尋求外部資源的協助。此外，設計人員還必須尋求多元且穩定的原物料來源或外部解決方案，當內部設計專案無法施行時，還能有替代方案可滿足客戶的需求。

　　設計活動強調研發部門與行銷部門的溝通、與客服部門之間的連結、與支持活動（人力資源、財務）間的連結、穩定的原物料來源及智財專利權的掌握等整合能力。

3.6.1.2 測試認證（Validation of Testing）

　　測試及認證是研發體系中重要的一環，為使產品最後符合客戶的需求或市場上的規格標準，認證機制必須從設計過程中段即開始展開，並於測試認證中向設計部門回報測試的結果，以幫助設計部門找出效率不佳或是產生問題的部份，並立即除錯；測試及認證的目地在維持產品品質，符合規格，使客戶可以藉由模組化的方式將不同供應商所提供的零組件快速整合，因此，測試及認證也提供了顧客多樣化的選擇。（模組化是現代產業分工下，最有效率的方式，模組化不但可以迅速找出問題的癥結部份，也可將部份設計委託外部機構研發，以加快進入市場的時間。）

　　測試認證強調技術部門的能力及符合標準／規格與模組化的能力。

3.6.1.3 行銷 (Marketing)

產品決定勝負的時代已經結束,對消費者來說,廠商以各種行銷活動提供「與眾不同的服務」比提供「與眾不同的商品」更重要;要於行銷戰中獲得最後的勝利,必須要能洞悉顧客心理,提供其量身定做的服務,甚至協助客戶提前尋找其目標市場中可能的需求,方能成為最大的贏家。此外,行銷人員還必須將所有的市場訊息與客戶回應有系統地匯整後,提供予產品設計人員,以期產品的內容與品質能完全符合客戶的要求,進而達成高度客製化的目標。

行銷強調服務的過程、客戶回應、高度客製化及目標市場與潛在市場的開發與經營。

3.6.1.4 配銷 (Delivery)

配銷講求整體供應鏈的關係,高度整合供應鏈的系統可以快速掌握上游原物料的供給狀況、外包生產的資訊、通路銷貨的情形,並進而加強庫存管理,以避免跌價或缺貨之風險。而除了產品的配送之外,如何適時地提供客戶產品的整體服務也成為十分重要的議題。這與產品的供應鏈相仿,企業必須瞭解客戶的狀況,分析並預估可能發生的問題,並進而在準確的時間點提出準確的服務,讓產品透過配套的服務,發揮其最大之效用。

配銷強調通路關係、後勤配合、存貨控制、供應鏈及服務的傳遞。

3.6.1.5 售後服務 (After Service)

售後服務涵蓋了傳統的顧客服務活動(例如訂單處理、抱怨處理),也包括了產品性能追蹤、主動維修通知、故障診斷查詢等新服務,此外,通路商有時也提供售後服務,不只銷貨,也提供運送、信用、銷售、風險

分擔、顧客服務、保證及運輸等服務功能。要把售後服務做好，必須具備一定的產品知識以及與營銷及設計部門良好且快速的溝通能力並進而提高顧客滿意度，以維持良好且長期的客戶關係。另外，售後服務人員也必須定期匯整客戶之響應回報予產品設計人員，做爲設計人員未來進行產品設計時的參考。

售後服務的特點爲長期客戶關係、技術部門支持、與行銷／設計間的溝通、回應速度與品質、客戶回應知識累積與通路商的服務能力。

3.6.1.6 支持活動（Supporting Activities）

支持活動由 Porter（1985）於價值鏈中所定義，包括支持主要活動、並相互支持的採購、技術、人力資源及各式整體功能。支援活動間接影響主要服務活動的成敗，影響包括以客戶爲出發的企業文化、以專案爲主的組織結構、健全的財務基礎、豐沛且適當的人力資源以及高度控管原物料品質的採購人員 ── 若缺乏以客戶爲主的企業文化與組織，客戶的感覺與需求將不被重視，並進而產生不滿；若缺乏健全的財務基礎，則產品設計無法順利進行；若缺乏豐沛且適當的人力資源，則造成人事浪費，並且無法滿足多領域的客戶的需求；若缺乏高度控管原物料品質的採購人員，則產品品質將無法維持一定的水準。

支持活動的特點爲採購、人力資源、財務、組織結構與企業文化。

根據 Hauknes 與 Hales（1998）之研究發現，產品創新的創新源於產品的設計與生產，即服務價值活動中的設計與行銷。流程創新的創新源自於生產與銷售的過程上所牽涉到有關設計和營運（Operation）的能力與競爭力，簡言之，就是測試認證、行銷、配銷、售後服務與支援活動等服務價值活動。組織創新源自於資訊與協調過程中所牽涉到有關設計與營運方面的能力與競爭力，其創新來源涵蓋了所有的服務價值活動。結構創新 ──即是營運模式（Business Model）的創新 ── 牽涉到與公司的策略、知識

管理和競爭轉變（Competitive transformation）相關的能力與競爭力，創新來源涵蓋了所有的服務價值活動。最後，市場創新源自于商業智慧（Business intelligence）和市場調查，也就是關鍵活動中的行銷與售後服務。

　　創新密集服務平臺上的五大類創新活動依據創新型態與特性，各別涵蓋之活動項目如圖所示：

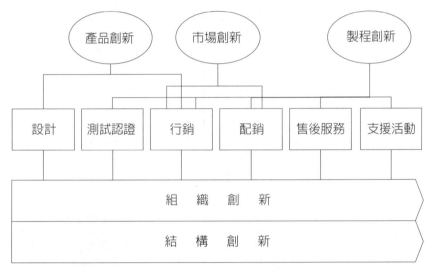

資料來源：本書整理自 Davenport（1993）、Fulkerson（1997）、Hauknes 與 Hales（1998）及 Tsoi 等人（2003）。

圖 3-3 創新活動價值網路示意圖

　　將前述六大服務價值活動構面之每一構面由三至八項的關鍵成功因素詮釋後，可再細分為三十一項服務價值活動構面的關鍵成功因素。茲將各服務價值活動構面所涵蓋的關鍵成功因素，描述如表 3-5：

表 3-5 六大服務價值活動構面及其關鍵成功因素表

服務價值活動構面	因子代號	關鍵成功因素
設計（C1） Design	C1-1	掌握規格與創新技術
	C1-2	研發資訊掌握能力
	C1-3	智慧財產權的掌握
	C1-4	服務設計整合能力
	C1-5	設計環境與文化
	C1-6	解析市場與客製化能力
	C1-7	財務支援與規劃
測試認證（C2） Validation of Testing	C2-1	模組化能力
	C2-2	彈性服務效率的掌握
	C2-3	與技術部門的互動
行銷（C3） Marketing	C3-1	品牌與行銷能力
	C3-2	掌握目標與潛在市場能力
	C3-3	顧客知識累積與運用能力
	C3-4	顧客需求回應能力
	C3-5	整體方案之價格與品質
配銷（C4） Delivery	C4-1	後勤支援與庫存管理
	C4-2	通路掌握能力
	C4-3	服務傳遞能力
售後服務（C5） After Service	C5-1	技術部門的支援
	C5-2	建立市場回饋機制
	C5-3	創新的售後服務
	C5-4	售後服務的價格、速度與品質
	C5-5	通路商服務能力

表 3-5 六大服務價值活動構面及其關鍵成功因素表（續）

服務價值活動構面	因子代號	關鍵成功因素
支援活動（C6） Supporting Activities	C6-1	組織結構
	C6-2	企業文化
	C6-3	人事組織與教育訓練
	C6-4	資訊科技整合能力
	C6-5	採購支援能力
	C6-6	法律與智慧財產權之保護
	C6-7	企業公關能力
	C6-8	財務管理能力

資料來源：本書整理。

3.6.2 服務價值活動之通用模式

　　于定義六大服務價值活動構面及其關鍵成功因素之後，吾人可將設計（C1）、測試認證（C2）、行銷（C3）、配銷（C4）、售後服務（C5）及支持活動（C6）等六大服務價值活動構面依創新來源及影響類別之不同，分別填入 IIS 矩陣中，並可整理出服務價值活動分析之通用模式，如表 3-6。服務價值活動分析通用模式並未針對特定的產業及企業分類，可適用於一般企業在各定位下服務價值活動的分析。例如企業若定位於專屬服務與產品創新，服務設計、行銷兩大核心構面將發揮最大的影響力，為主要關鍵構面，而其他未提及的構面，並非無關緊要亦或可以被公司忽視，而是在資源有限的情況下，應以關鍵構面為優先投入的項目。本通用模式幫助企業決定如何進行資源的分配，以達成資源互補及綜效的發揮。

表 3-6 服務價值活動通用模式下之重要構面

	專屬服務	選擇服務	特定服務	一般服務
產品創新	(C1) 設計 (C3) 行銷	(C1) 設計 (C3) 行銷	(C1) 設計 (C3) 行銷	(C1) 設計 (C3) 行銷
製程創新	(C2) 測試認證 (C3) 行銷 (C4) 配銷 (C5) 售後服務 (C6) 支援活動	(C2) 測試認證 (C3) 行銷 (C4) 配銷 (C5) 售後服務 (C6) 支援活動	(C2) 測試認證 (C3) 行銷 (C4) 配銷 (C5) 售後服務 (C6) 支援活動	(C2) 測試認證 (C3) 行銷 (C4) 配銷 (C5) 售後服務 (C6) 支援活動
組織創新	(C1) 設計 (C2) 測試認證 (C3) 行銷 (C4) 配銷 (C5) 售後服務 (C6) 支援活動	(C1) 設計 (C2) 測試認證 (C3) 行銷 (C4) 配銷 (C5) 售後服務 (C6) 支援活動	(C1) 設計 (C2) 測試認證 (C3) 行銷 (C4) 配銷 (C5) 售後服務 (C6) 支援活動	(C1) 設計 (C2) 測試認證 (C3) 行銷 (C4) 配銷 (C5) 售後服務 (C6) 支援活動
結構創新	(C1) 設計 (C2) 測試認證 (C3) 行銷 (C4) 配銷 (C5) 售後服務 (C6) 支援活動	(C1) 設計 (C2) 測試認證 (C3) 行銷 (C4) 配銷 (C5) 售後服務 (C6) 支援活動	(C1) 設計 (C2) 測試認證 (C3) 行銷 (C4) 配銷 (C5) 售後服務 (C6) 支援活動	(C1) 設計 (C2) 測試認證 (C3) 行銷 (C4) 配銷 (C5) 售後服務 (C6) 支援活動
市場創新	(C3) 行銷 (C5) 售後服務	(C3) 行銷 (C5) 售後服務	(C3) 行銷 (C5) 售後服務	(C3) 行銷 (C5) 售後服務

資料來源：本書整理。

3.7 外部資源涵量分析

本節將依續介紹外部資源涵量的個別定義、創新種類及影響性質、創新密集服務通用模型以及外部資源矩陣。

3.7.1 外部資源的定義

外部資源構面包括互補資源提供者（Complementary Assets Supplier）、研發／科學（R&D／Science）、技術（Technology）、製造（Production）、服務（Servicing）、市場（Market）及其它使用者（Other Users）等七項重要資源，各資源構面說明如下：

3.7.1.1 互補資源提供者（Complementary Assets Supplier）

互補資源為外部環境能給予企業的協助，包括政治（國家總體政策、產業政策、特殊計畫）、經濟（總體經濟環境、金融體系等）、法律、產業（產業結構、上下游整合程度）、相關基礎建設、國家創新系統等外在構面，主要涵蓋政府政策支持、金融市場穩定、產業總體環境支持、創新資源整合等各類外部專業資源的供應單位，於此平臺的創新機制（innovation mechanism）下整合資源並創造價值；企業必須配合互補資源提供者以提升企業核心競爭力並進而獲取更大的利潤。

本構面的特點為國家政策支援、產業結構、基礎建設、總體經濟環境、金融體系、法律規範（專利制度）與創新體制。

3.7.1.2 研發／科學（R&D／Science）

研發與科學就廣義而言，泛指科學與技術，狹義而言，強調利用創新而引發技術層面之應用，而所從事的科技活動，系指在所有科學與技術之

領域中，有關科學技術知識之產生、革新、傳播及應用之系統化活動，包括科技研究發展、科技管理、科技服務、科技教育與訓練、科技人才延攬等。研發與科學為IIS平臺能量的泉源。

研發與科學構面外部資源的特點為國家基礎科學研究實力、國家研發體系、研發擴散機制、其他單位科學研究實力、相關產業研發能力與專利（科學面）。

3.7.1.3 技術（Technology）

廣義而言，技術指有關生產上被用來生產、分配及維護社會和經濟上需求之財貨與勞務所使用及控制各種生產因素的知識、技巧和方法。而狹義的技術則是偏生產方面的一詞，任何針對解決某一特殊問題的一套特定知識（know-how）及方法都是。技術並不單純為生產或製造技巧，許多與生產或製造無直接關係之行銷企劃、經營管理及整合能力也屬於技術；而就生產線來看，技術亦不僅限於製造生產能力之定義，而應將時點拉長至原物料之選購以至售後服務工程等全方位的思考方向。

技術包含基礎技術與應用技術，基礎技術是產品或服務的核心，產品或服務皆以此為（設計及規劃）出發點，應用技術包括製程技術與商品化的能力；除了技術本身外，包括技術的研發體系（此處單純強調技術面的研發體系或機構如工研院）或相關技術的移轉、擴散、應用機制、國家或產業的技術研發實力，都屬於技術構面的外部資源。

技術構面外部資源的特點為包括技術的擴散與應用、國家技術研發體系、其他相關支援技術（產、官、學、研）及專利（技術面）。

3.7.1.4 製造（Production）

　　于創新密集服務業中，外包（outsourcing）是企業於自行生產製造之外的另一選擇，製造（Production）強調整個生產流程所需要的外部資源以及用來提升生產效率與效能之創新技術。這裏所稱的技術只強調製程面之技術，其他相關技術則歸類在技術（Technology）中，主要涵蓋創新技術產生效率、製造量產能力、成本控管能力、資訊管理，此爲平臺創新技術的執行構面。

　　製造構面外部資源的特點爲製程（生產規劃、良率）、製程技術應用能力、設備供應商、供應鏈關係。

3.7.1.5 服務（Servicing）

　　透過所有在服務過程中所需要外部資源的取得，企業將可更容易掌握顧客需求、提升服務效率、提供完整服務等需求，主要涵蓋專業服務能力、服務品質、品牌形象，爲平臺提供服務的介面。

　　服務構面外部資源的特點爲顧客關係管理、配銷、市場訊息、企業顧問及人力資源。

3.7.1.6 市場（Market）

　　市場構面的外部資源在於目標市場的情勢，如規模、成長性、進入與退出障礙、市場結構、競爭合作對手、市場特性等，以及任何可以協助企業加強目標市場掌握能力之因數（如通路、規格制定等）。主要涵蓋市場區隔、目標市場掌握、行銷資源運用、服務提供方式，此爲行銷資源管理與執行構面。

　　市場構面外部資源的特點爲市場規模、市場多元需求、國際市場、規格、通路、與其他廠商的關係（如搭售）。

3.7.1.7 其他使用者（Other Users）

其他使用者主要包含其他相關產業及市場，可應用於核心能力技術、產品、服務之外部資源（如潛在顧客、其他相關領域顧客）與其他相關產業所提供，可加強企業核心能力之技術、產品與服務兩個部份，兩者皆可定義於「其他使用者」構面，主要涵蓋顧客關係管理、創新服務方式及新市場佔有，「其他使用者」為平臺最接近顧客內心感受的構面。

其他使用者外部資源的特點為其他相關領域顧客（Diversity）與潛在顧客。

前述七大外部資源構面之每個構面均由三至七項關鍵成功因素詮釋，故可再細分出三十四項外部資源構面的關鍵成功因素。以下茲將各外部資源構面所涵蓋的關鍵成功因素整理歸納於表 3-7。

表 3-7 七大外部資源構面及其關鍵成功因素

外部資源構面	因子代號	關鍵成功因素
互補資源提供者（E1） Complementary Assets Supplier	E1-1	組織利於外部資源接收
	E1-2	人力資源素質
	E1-3	國家政策資源應用能力
	E1-4	基礎建設充足程度
	E1-5	資本市場與金融環境支持度
	E1-6	企業外在形象
研發／科學（E2） R&D／Science	E2-1	研發知識擴散能力
	E2-2	創新知識涵量
	E2-3	基礎科學研發能量

表 3-7 七大外部資源構面及其關鍵成功因素（續）

外部資源構面	因子代號	關鍵成功因素
技術（E3） Technology	E3-1	技術移轉、擴散、接收能力
	E3-2	技術商品化能力
	E3-3	外部單位技術優勢
	E3-4	外部技術完整多元性
	E3-5	引進技術與資源搭配程度
製造（E4） Production	E4-1	價值鏈整合能力
	E4-2	製程規劃能力
	E4-3	庫存管理能力
	E4-4	與供應商關係
	E4-5	整合外部製造資源能力
服務（E5） Servicing	E5-1	客製化服務活動設計
	E5-2	整合內外部服務活動能力
	E5-3	建立與顧客接觸介面
	E5-4	委外服務掌握程度
	E5-5	企業服務品質與形象
市場（E6） Market	E6-1	目標市場競爭結構
	E6-2	消費者特性
	E6-3	產業供應鏈整合能力
	E6-4	通路管理能力
	E6-5	市場資訊掌握能力
	E6-6	支配市場與產品能力
	E6-7	顧客關係管理

表 3-7 七大外部資源構面及其關鍵成功因素（續）

外部資源構面	因子代號	關鍵成功因素
其他使用者（E7） Other Users	E7-1	相關支援技術掌握
	E7-2	多元與潛在顧客群
	E7-3	相關支援產業

資料來源：本書整理。

3.7.2 外部資源通用分析模式

　　于定義七大外部資源構面及其關鍵成功因素後，吾人可透過專家問卷法，將七大外部資源構面（E1 互補資源提供者、E2 研發／科學、E3技術、E4 製造、E5 服務、E6 市場、E7其他使用者），依客製化程度與創新來源影響類別之不同，分別填入 IIS 矩陣，整合爲外部資源通用模式（表3-8）。通用模式並未針對特定產業及企業，可適用於一般企業在各定位下的重要外部資源分析，例如企業若定位於專屬服務與產品創新，研究發展、技術、製造、服務與其他使用者等外部資源的影響最大，爲主要關鍵構面，而其他未提及的構面，並不代表無關緊要亦或可以被公司忽視，而是在資源有限下，應以關鍵構面爲優先投入項目；通用模式協助企業決定如何進行資源的分配，以達成資源互補及綜效的發揮。

表 3-8 外部資源通用模式下之重要構面

	專屬服務	選擇服務	特定服務	一般服務
產品創新	(E2) 研發／科學 (E3) 技術 (E4) 製造 (E5) 服務 (E7) 其他使用者	(E2) 研發／科學 (E3) 技術 (E4) 製造 (E5) 服務 (E7) 其他使用者	(E1) 互補資源 　　 提供者 (E2) 研發／科學 (E3) 技術 (E4) 製造 (E5) 服務 (E7) 其他使用者	(E1) 互補資源 　　 提供者 (E4) 製造 (E5) 服務 (E6) 市場
製程創新	(E2) 研發／科學 (E3) 技術 (E4) 製造 (E7) 其他使用者	(E3) 技術 (E5) 服務	(E1) 互補資源 　　 提供者 (E4) 製造 (E6) 市場	(E1) 互補資源 　　 提供者 (E4) 製造 (E6) 市場
組織創新	(E2) 研發／科學 (E3) 技術 (E4) 製造 (E5) 服務 (E6) 市場 (E7) 其他使用者	(E5) 服務 (E6) 市場 (E7) 其他使用者	(E5) 服務 (E6) 市場	(E5) 服務 (E6) 市場
結構創新	(E2) 研發／科學 (E5) 服務 (E7) 其他使用者	(E5) 服務 (E7) 其他使用者	(E1) 互補資源 　　 提供者 (E5) 服務 (E6) 市場 (E7) 其他使用者	(E1) 互補資源 　　 提供者 (E5) 服務 (E6) 市場 (E7) 其他使 　　 用者
市場創新	(E5) 服務 (E6) 市場 (E7) 其他使用者	(E5) 服務 (E6) 市場 (E7) 其他使用者	(E1) 互補資源 　　 提供者 (E5) 服務 (E6) 市場 (E7) 其他使用者	(E1) 互補資源 　　 提供者 (E5) 服務 (E6) 市場 (E7) 其他使 　　 用者

資料來源：本書整理。

3.8 創新密集服務矩陣

繼前兩節之結果，將「外部資源分析矩陣」與「服務價值活動分析矩陣」加總，即可得到「創新密集服務分析矩陣（IIS矩陣）」，本節將針對「創新密集服務分析矩陣（IIS矩陣）」之內涵作一匯整說明。

3.8.1 產品創新構面

在專屬服務方面，其關鍵構面分別為 E2.研發／科學、E3.技術、E4.製造、E5.服務、E7.其他使用者；C1.設計與 C3.行銷。

在選擇服務方面，其關鍵構面分別為 E2.研發／科學、E3.技術、E4.製造、E5.服務、E7.其他使用者；C1.設計與 C3.行銷。

在特定服務方面，其關鍵構面分別為 E1.互補資源提供者、E2.研發／科學、E3.技術、E4.製造、E5.服務、E7.其他使用者；C1.設計與 C3.行銷。

在一般服務方面，其關鍵構面分別為 E1.互補資源提供者、E4.製造、E5.服務、E6.市場；C1.設計與 C3.行銷。

3.8.2 流程創新構面

在專屬服務方面，其關鍵構面分別為 E2.研發／科學、E3.技術、E4.製造、E7.其他使用者；C2.測試認證、C3.行銷、C4.配銷、C5.售後服務、C6.支持活動。

在選擇服務方面，其關鍵構面分別為 E3.技術、E5.服務；C2.測試認證、C3.行銷、C4.配銷、C5.售後服務、C6.支持活動。

在特定服務方面，其關鍵構面分別為 E1.互補資源提供者、E4.製造、E6市場；C2.測試認證、C3.行銷、C4.配銷、C5.售後服務、C6.支持活動。

在一般服務方面，其關鍵構面分別為　E1.互補資源提供者、E4.製造、E6市場；C2.測試認證、C3.行銷、C4.配銷、C5.售後服務、C6.支持活動。

3.8.3 組織創新構面

在專屬服務方面，其關鍵構面分別為　E2.研發／科學、E3.技術、E4.製造、E5.服務、E6.市場、E7.其他使用者；C1.設計、C2.測試認證、C3.行銷、C4.配銷、C5.售後服務、C6.支持活動。

在選擇服務方面，其關鍵構面分別為　E5.服務、E6.市場、E7.其他使用者；C1.設計、C2.測試認證、C3.行銷、C4.配銷、C5.售後服務、C6.支持活動。

在特定服務方面，其關鍵構面分別為　E5.服務、E6市場；C1.設計、C2.測試認證、C3.行銷、C4.配銷、C5.售後服務、C6.支持活動。

在一般服務方面，其關鍵構面分別為E5.服務、E6.市場；C1.設計、C2.測試認證、C3.行銷、C4.配銷、C5.售後服務、C6.支持活動。

3.8.4 結構創新構面

在專屬服務方面，其關鍵構面分別為　E2.研發／科學、E5.服務、E7.其他使用者；C1.設計、C2.測試認證、C3.行銷、C4.配銷、C5.售後服務、C6.支持活動。

在選擇服務方面，其關鍵構面分別為　E5.服務、E7.其他使用者；C1.設計、C2.測試認證、C3.行銷、C4.配銷、C5.售後服務、C6.支持活動。

在特定服務方面，其關鍵構面分別為　E1.互補資源提供者、E5.服務、E6.市場、E7.其他使用者；C1.設計、C2.測試認證、C3.行銷、C4.配銷、C5.售後服務、C6.支持活動。

在一般服務方面，其關鍵構面分別為 E1.互補資源提供者、E5.服務、E6.市場、E7.其他使用者；C1.設計、C2.測試認證、C3.行銷、C4.配銷、C5.售後服務、C6.支持活動。

3.8.5 市場創新構面

在專屬服務方面，其關鍵構面分別為 E5.服務、E6.市場、E7.其他使用者；C3.行銷、C5.售後服務。

在選擇服務方面，其關鍵構面分別為 E5.服務、E6.市場、E7.其他使用者；C3.行銷、C5.售後服務。

在特定服務方面，其關鍵構面分別為 E1.互補資源提供者、E5.服務、E6.市場、E7.其他使用者；C3.行銷、C5.售後服務。

在一般服務方面，其關鍵構面分別為 E1.互補資源提供者、E5.服務、E6.市場、E7.其他使用者；C3.行銷、C5.售後服務。

綜合以上分析後，可整理出「創新密集服務矩陣（IIS 矩陣）」，如表 3-9 所示：

表 3-9　創新密集服務矩陣定位總表

	專屬服務 Unique Service				選擇服務 Selective Service				特定服務 Restricted Service				一般服務 Generic Service			
產品創新 Production Innovation	E1	E2	E3	E4	E1	E2	E3	E4	E1	E2	E3	E4	E1	E2	E3	E4
	E5	E6	E7		E5	E6	E7		E5	E6	E7		E5	E6	E7	
	C1	C2		C3	C1	C2		C3	C1	C2		C3	C1	C2		C3
	C4	C5		C6	C4	C5		C6	C4	C5		C6	C4	C5		C6
流程創新 Process Innovation	E1	E2	E3	E4	E1	E2	E3	E4	E1	E2	E3	E4	E1	E2	E3	E4
	E5	E6	E7		E5	E6	E7		E5	E6	E7		E5	E6	E7	
	C1	C2		C3	C1	C2		C3	C1	C2		C3	C1	C2		C3
	C4	C5		C6	C4	C5		C6	C4	C5		C6	C4	C5		C6
組織創新 Organization Innovation	E1	E2	E3	E4	E1	E2	E3	E4	E1	E2	E3	E4	E1	E2	E3	E4
	E5	E6	E7		E5	E6	E7		E5	E6	E7		E5	E6	E7	
	C1	C2		C3	C1	C2		C3	C1	C2		C3	C1	C2		C3
	C4	C5		C6	C4	C5		C6	C4	C5		C6	C4	C5		C6
結構創新 Structural Innovation	E1	E2	E3	E4	E1	E2	E3	E4	E1	E2	E3	E4	E1	E2	E3	E4
	E5	E6	E7		E5	E6	E7		E5	E6	E7		E5	E6	E7	
	C1	C2		C3	C1	C2		C3	C1	C2		C3	C1	C2		C3
	C4	C5		C6	C4	C5		C6	C4	C5		C6	C4	C5		C6
市場創新 Market Innovation	E1	E2	E3	E4	E1	E2	E3	E4	E1	E2	E3	E4	E1	E2	E3	E4
	E5	E6	E7		E5	E6	E7		E5	E6	E7		E5	E6	E7	
	C1	C2		C3	C1	C2		C3	C1	C2		C3	C1	C2		C3
	C4	C5		C6	C4	C5		C6	C4	C5		C6	C4	C5		C6

資料來源：本書整理。

3.9 創新密集服務策略分析

　　于定義「創新密集服務分析矩陣（IIS 矩陣）」之理論模式後，本書將繼續探討創新密集服務業的差異分析，找出實質優勢矩陣，並給予企業策略之建議。

3.9.1 外部資源評量

在進行創新密集服務業廠商實證研究時，必須就其外部資源構面及細部關鍵成功因素進行外部資源評量，評量項目如下：

■ 影響種類：依據「創新密集服務矩陣（IIS 矩陣）」分類，就創新優勢來源之不同，將外部資源構面之各關鍵成功要素填入其創新優勢的來源（P1=Product Innovation, P2=Process Innovation, O=Organizational Innovation, S=Structural Innovation, M=Market Innovation）。

■ 影響性質：針對外部資源關鍵要素對於創新密集服務業廠商影響程度之大小，可將因數影響性質分為網路式、部門式、功能式三類（徐作聖等人，2005）。網路式（N／Network）的外部資源因數影響創新密集服務程度較高且較為複雜，通常牽涉到與整個創新密集服務業相關，除了創新密集服務廠商本身外，還有所屬的產業環境、產業競爭結構、競爭對手、上下游廠商等。部門式（D／Divisional）的外部資源因數影響創新密集服務程度屬於較為中等，影響範圍在於創新密集服務業之企業，可能是影響企業整體，或是企業中的數個功能部門。功能式（F／Functional）的外部資源因數影響創新密集服務程度較低且較為單純，影響範圍只在於創新密集服務業企業中單一功能部門。

■ 目前掌握程度。

■ 未來掌握程度。

■ 目前與未來掌握程度差異是否顯著。

表 3-10 外部資源涵量之創新評量表

	因數代號	關鍵成功要素	影響種類	影響性質	目前掌握程度	未來掌握程度	目前與未來掌握程度差異是否顯著
E1	E1-1	組織利於外部資源接收	P1,P2,S,M	D			
	E1-2	人力資源素質	P1,P2,S,M	F			
	E1-3	國家政策資源應用能力	P1,P2,S,M	N			
	E1-4	基礎建設充足程度	P1,P2,S,M	N			
	E1-5	資本市場與金融環境支持度	P1,P2,S,M	N			
	E1-6	企業外在形象	P1,P2,S,M	D			
E2	E2-1	研發知識擴散能力	P1,P2,O,S	D			
	E2-2	創新知識涵量	P1,P2,O,S	N			
	E2-3	基礎科學研發能量	P1,P2,O,S	N			
E3	E3-1	技術移轉、擴散、接收能力	P1,P2,O	D			
	E3-2	技術商品化能力	P1,P2,O	D			
	E3-3	外部單位技術優勢	P1,P2,O	N			
	E3-4	外部技術完整多元性	P1,P2,O	N			
	E3-5	引進技術與資源搭配程度	P1,P2,O	F			
E4	E4-1	價值鏈整合能力	P1,P2,O	D			
	E4-2	製程規劃能力	P1,P2,O	F			
	E4-3	庫存管理能力	P1,P2,O	F			
	E4-4	與供應商關係	P1,P2,O	N			
	E4-5	整合外部製造資源能力	P1,P2,O	N			

表 3-10 外部資源涵量之創新評量表（續）

因數代號		關鍵成功要素	影響種類	影響性質	目前掌握程度	未來掌握程度	目前與未來掌握程度差異是否顯著
E5	E5-1	客製化服務活動設計	P1,P2,O,S,M	F			
	E5-2	整合內外部服務活動能力	P1,P2,O,S,M	D			
	E5-3	建立與顧客接觸介面	P1,P2,O,S,M	N			
	E5-4	委外服務掌握程度	P1,P2,O,S,M	F			
	E5-5	企業服務品質與形象	P1,P2,O,S,M	D			
E6	E6-1	目標市場競爭結構	P1,P2,O,S,M	N			
	E6-2	消費者特性	P1,P2,O,S,M	N			
	E6-3	產業供應鏈整合能力	P1,P2,O,S,M	N			
	E6-4	通路管理能力	P1,P2,O,S,M	F			
	E6-5	市場訊息掌握能力	P1,P2,O,S,M	F			
	E6-6	支配市場與產品能力	P1,P2,O,S,M	N			
	E6-7	顧客關係管理	P1,P2,O,S,M	N			
E7	E7-1	相關支援技術掌握	P1,P2,O,S,M	F			
	E7-2	多元與潛在顧客群	P1,P2,O,S,M	N			
	E7-3	相關支援產業	P1,P2,O,S,M	N			

資料來源：本書整理。

　　完成外部資源因數評量後，可進一步將外部資源關鍵成功要素，依影響種類與影響性質之不同，填入外部資源NDF矩陣。

表 3-11　外部資源NDF矩陣表

	N	D	F
P1	E1-3，E1-4，E1-5 E2-2，E2-3 E3-3，E3-4 E4-4，E4-5 E5-3 E6-1，E6-2，E6-3，E6-6，E6-7 E7-2，E7-3	E1-1，E1-6 E2-1 E3-1，E3-2 E4-1 E5-2，E5-5	E1-2 E3-5 E4-2，E4-3 E5-1，E5-4 E6-4，E6-5 E7-1
P2	E1-3，E1-4，E1-5 E2-2，E2-3 E3-3，E3-4 E4-4，E4-5 E5-3 E6-1，E6-2，E6-3，E6-6，E6-7 E7-2，E7-3	E1-1，E1-6 E2-1 E3-1，E3-2 E4-1 E5-2，E5-5	E1-2 E3-5 E4-2，E4-3 E5-1，E5-4 E6-4，E6-5 E7-1
O	E2-2，E2-3 E3-3，E3-4 E4-4，E4-5 E5-3 E6-1，E6-2，E6-3，E6-6，E6-7 E7-2，E7-3	E2-1 E3-1，E3-2 E4-1 E5-2，E5-5	E3-5 E4-2，E4-3 E5-1，E5-4 E6-4，E6-5 E7-1
S	E1-3，E1-4，E1-5 E2-2，E2-3 E5-3 E6-1，E6-2，E6-3，E6-6，E6-7 E7-2，E7-3	E1-1，E1-6 E2-1 E5-2，E5-5	E1-2 E5-1，E5-4 E6-4，E6-5 E7-1

表 3-11 外部資源NDF矩陣表（續）

M	E1-3, E1-4, E1-5 E5-3 E6-1, E6-2, E6-3, E6-6, E6-7 E7-2, E7-3	E1-1, E1-6 E5-2, E5-5	E1-2 E5-1, E5-4 E6-4, E6-5 E7-1

資料來源：本書整理。

在得到外部資源NDF矩陣後，代入各因數未來掌握程度與目前掌握程度，即可得到外部資源NDF差異矩陣。

表 3-12 外部資源NDF差異矩陣表

外部資源NDF矩陣（未來）			
	N	D	F
P1	Eij (n)	Eij (d)	Eij (f)
P2	Eij (n)	Eij (d)	Eij (f)
O	Eij (n)	Eij (d)	Eij (f)
S	Eij (n)	Eij (d)	Eij (f)
M	Eij (n)	Eij (d)	Eij (f)

減

外部資源NDF矩陣（目前）			
	N	D	F
P1	Eij (n)	Eij (d)	Eij (f)
P2	Eij (n)	Eij (d)	Eij (f)
O	Eij (n)	Eij (d)	Eij (f)
S	Eij (n)	Eij (d)	Eij (f)
M	Eij (n)	Eij (d)	Eij (f)

等於

外部資源NDF差異矩陣			
	N	D	F
P1	$\triangle$Eij (n)	$\triangle$Eij (d)	$\triangle$Eij (f)
P2	$\triangle$Eij (n)	$\triangle$Eij (d)	$\triangle$Eij (f)
O	$\triangle$Eij (n)	$\triangle$Eij (d)	$\triangle$Eij (f)
S	$\triangle$Eij (n)	$\triangle$Eij (d)	$\triangle$Eij (f)
M	$\triangle$Eij (n)	$\triangle$Eij (d)	$\triangle$Eij (f)

資料來源：本書整理。

3.9.2 外部資源實質優勢矩陣

在得出外部資源NDF差異矩陣後，將其中各矩陣單元之 $\triangle Eij$，以五種不同創新類別與三種不同影響程度為基準，合併計算同一外部資源構面之 $\triangle Ei$；再將同一種創新類別三種不同影響程度之 $\triangle Ei (n)$、$\triangle Ei (d)$、$\triangle Ei (f)$ 取平均值，即得到外部資源實質優勢矩陣各矩陣單元之 $\triangle EI$。

表 3-13 外部資源實質優勢矩陣運算表

外部資源NDF差異矩陣			
	N	D	F
P1	$\triangle Eij (n)$	$\triangle Eij (d)$	$\triangle Eij (f)$
P2	$\triangle Eij (n)$	$\triangle Eij (d)$	$\triangle Eij (f)$
O	$\triangle Eij (n)$	$\triangle Eij (d)$	$\triangle Eij (f)$
S	$\triangle Eij (n)$	$\triangle Eij (d)$	$\triangle Eij (f)$
M	$\triangle Eij (n)$	$\triangle Eij (d)$	$\triangle Eij (f)$

外部資源NDF差異矩陣			
	N	D	F
P1	$\triangle Ei (n)$	$\triangle Ei (d)$	$\triangle Ei (f)$
P2	$\triangle Ei (n)$	$\triangle Ei (d)$	$\triangle Ei (f)$
O	$\triangle Ei (n)$	$\triangle Ei (d)$	$\triangle Ei (f)$
S	$\triangle Ei (n)$	$\triangle Ei (d)$	$\triangle Ei (f)$
M	$\triangle Ei (n)$	$\triangle Ei (d)$	$\triangle Ei (f)$

$\triangle Ei (n) = (\triangle Eij (n) + \triangle Eij (n) + \triangle Eij (n) + \cdots) / x$ ，其中$j = a \sim b$ ，$x = b-a$

$\triangle Ei (d) = (\triangle Eij (d) + \triangle Eij (d) + \triangle Eij (d) + \cdots) / y$ ，其中$j = c \sim d$ ，$y = d-c$

$\triangle Ei (f) = (\triangle Eij (f) + \triangle Eij (f) + \triangle Eij (f) + \cdots) / z$ ，其中$j = e \sim f$ ，$z = f-e$

$\triangle EI = Average (\triangle Ei(n), \triangle Ei(d), \triangle Ei(f))$

	U	S	R	G
P1	$\triangle EI$	$\triangle EI$	$\triangle EI$	$\triangle EI$
P2	$\triangle EI$	$\triangle EI$	$\triangle EI$	$\triangle EI$
O	$\triangle EI$	$\triangle EI$	$\triangle EI$	$\triangle EI$
S	$\triangle EI$	$\triangle EI$	$\triangle EI$	$\triangle EI$
M	$\triangle EI$	$\triangle EI$	$\triangle EI$	$\triangle EI$

資料來源：本書整理。

以IIS外部資源矩陣爲基礎，各矩陣單元強調之外部資源構面不同，分別有不同△EJ，代入可得到以下外部資源實質優勢矩陣。

表 3-14 外部資源實質優勢矩陣表

	U	S	R	G
P1	△E2△E3△E4 △E5△E7	△E2△E3△E4 △E5△E7	△E1△E2△E3 △E4△E5△E7	△E1△E4△E5 △E6
P2	△E2△E3△E4 △E7	△E3△E5	△E1△E4△E6	△E1△E4△E6
O	△E2△E3△E4 △E5△E6△E7	△E5△E6△E7	△E5△E6	△E5△E6
S	△E2△E5△E7	△E5△E7	△E1△E5△E6 △E7	△E1△E5△E6 △E7
M	△E5△E6△E7	△E5△E6△E7	△E1△E5△E6 △E7	△E1△E5△E6 △E7

資料來源：本書整理。

3.9.3 服務價值活動評量

在進行創新密集服務業廠商實證研究時，必須就其服務價值活動構面及細部關鍵成功要素進行服務活動價值評量，評量項目如下：

■ 影響種類：依據「創新密集服務矩陣（IIS 矩陣）」分類，就創新優勢來源之不同，將服務價值活動構面之各關鍵成功因素填入其創新優勢來源。（P1=Product Innovation, P2=Process Innovation, O=Organizational Innovation, S=Structural Innovation, M=Market Innovation）

■ 影響性質：針對服務價值活動關鍵要素對於創新密集服務業廠商影響程度之大小，可將因數影響性質分為網路式、部門式、功能式三類（徐作聖等人，2005）：網路式（N／Network）的服務價值活動因數影響創新密集服務程度較高且較為複雜，通常牽涉到與整個創新密集服務業相關，除了創新密集服務廠商本身外，還有所屬的產業環境、產業競爭結構、競爭對手、上下游廠商等。部門式（D／Divisional）的服務價值活動因數影響創新密集服務程度屬於較為中等，影響範圍在於創新密集服務業之企業，可能是影響企業整體，或是企業中的數個功能部門。功能式（F／Functional）的服務價值活動因數影響創新密集服務程度較低且較為單純，影響範圍只在於創新密集服務業企業中單一功能部門。

■ 目前掌握程度。

■ 未來掌握程度。

■ 目前與未來掌握程度差異是否顯著。

表 3-15 服務價值活動之創新評量表

因數代號	關鍵成功要素	影響種類	影響性質	目前掌握程度	未來掌握程度	目前與未來掌握程度差異是否顯著
C1	C1-1 掌握規格與創新技術	P1,O,S	N			
	C1-2 研發資訊掌握能力	P1,O,S	N			
	C1-3 智慧財產權的掌握	P1,O,S	N			
	C1-4 服務設計整合能力	P1,O,S	D			
	C1-5 設計環境與文化	P1,O,S	D			
	C1-6 解讀市場與客製化能力	P1,O,S	N			
	C1-7 財務支持與規劃	P1,O,S	F			

111

表 3-15 服務價值活動之創新評量表（續）

	因數代號	關鍵成功要素	影響種類	影響性質	目前掌握程度	未來掌握程度	目前與未來掌握程度差異是否顯著
C2	C2-1	模組化能力	P2,O,S	D			
	C2-2	彈性服務效率的掌握	P2,O,S	F			
	C2-3	與技術部門的互動	P2,O,S	F			
C3	C3-1	品牌與行銷能力	P1,P2,O,S,M	N			
	C3-2	掌握目標與潛在市場能力	P1,P2,O,S,M	D			
	C3-3	顧客知識累積與運用能力	P1,P2,O,S,M	N			
	C3-4	顧客需求回應能力	P1,P2,O,S,M	N			
	C3-5	整體方案之價格與品質	P1,P2,O,S,M	D			
C4	C4-1	後勤支援與庫存管理	P2,O,S	F			
	C4-2	通路掌握能力	P2,O,S	D			
	C4-3	服務傳遞能力	P2,O,S	N			
C5	C5-1	技術部門的支持	P2,O,S,M	F			
	C5-2	建立市場回饋機制	P2,O,S,M	D			
	C5-3	創新的售後服務	P2,O,S,M	N			
	C5-4	售後服務的價格、速度與品質	P2,O,S,M	N			
	C5-5	通路商服務能力	P2,O,S,M	F			

表 3-15 服務價值活動之創新評量表（續）

因數代號		關鍵成功要素	影響種類	影響性質	目前掌握程度	未來掌握程度	目前與未來掌握程度差異是否顯著
C6	C6-1	組織結構	P2,O,S	D			
	C6-2	企業文化	P2,O,S	D			
	C6-3	人事組織與教育訓練	P2,O,S	D			
	C6-4	資訊科技整合能力	P2,O,S	D			
	C6-5	採購支援能力	P2,O,S	F			
	C6-6	法律與智慧財產權之保護	P2,O,S	F			
	C6-7	企業公關能力	P2,O,S	F			
	C6-8	財務管理能力	P2,O,S	D			

資料來源：本書整理。

　　完成服務價值活動因數評量後，可進一步將服務價值活動關鍵成功要素，依影響種類與影響性質之不同，填入服務價值活動NDF矩陣；

表 3-16 服務價值活動NDF矩陣表

	N	D	F
P1	C1-1, C1-2, C1-3, C1-6 C3-1, C3-3, C3-4	C1-4, C1-5 C3-2, C3-5	C1-7
P2	C3-1, C3-3, C3-4 C4-3 C5-3, C5-4	C2-1 C3-2, C3-5 C4-2 C5-2 C6-1, C6-2, C6-3, C6-4, C6-8	C2-2, C2-3 C4-1 C5-1, C5-5 C6-5, C6-6, C6-7
O	C1-1, C1-2, C1-3, C1-6 C3-1, C3-3, C3-4 C4-3 C5-3, C5-4	C1-4, C1-5 C2-1 C3-2, C3-5 C4-2 C5-2 C6-1, C6-2, C6-3, C6-4, C6-8	C1-7 C2-2, C2-3 C4-1 C5-1, C5-5 C6-5, C6-6, C6-7
S	C1-1, C1-2, C1-3, C1-6 C3-1, C3-3, C3-4 C5-3, C5-4	C1-4, C1-5 C2-1 C3-2, C3-5 C5-2 C6-1, C6-2, C6-3, C6-4, C6-8	C1-7 C2-2, C2-3 C5-1, C5-5 C6-5, C6-6, C6-7
M	C3-1, C3-3, C3-4 C5-3, C5-4	C3-2, C3-5 C5-2	C5-1, C5-5

資料來源：本書整理。

　　在得到服務價值活動 NDF 矩陣後，代入各因數未來掌握程度與目前掌握程度，即可得到服務價值活動 NDF 差異矩陣。

表 3-17 服務價值活動NDF差異矩陣表

外部資源NDF矩陣（未來）			
	N	D	F
P1	Cij (n)	Eij (d)	Eij (f)
P2	Cij (n)	Eij (d)	Eij (f)
O	Cij (n)	Eij (d)	Eij (f)
S	Cij (n)	Eij (d)	Eij (f)
M	Cij (n)	Eij (d)	Eij (f)

減

外部資源NDF矩陣（目前）			
	N	D	F
P1	Cij (n)	Cij (d)	Cij (f)
P2	Cij (n)	Cij (d)	Cij (f)
O	Cij (n)	Cij (d)	Cij (f)
S	Cij (n)	Cij (d)	Cij (f)
M	Cij (n)	Cij (d)	Cij (f)

等於

外部資源NDF差異矩陣			
	N	D	F
P1	△Cij (n)	△Cij (d)	△Cij (f)
P2	△Cij (n)	△Cij (d)	△Cij (f)
O	△Cij (n)	△Cij (d)	△Cij (f)
S	△Cij (n)	△Cij (d)	△Cij (f)
M	△Cij (n)	△Cij (d)	△Cij (f)

資料來源：本書整理。

3.9.4 服務價值活動實質優勢矩陣

在得出服務價值活動 NDF 差異矩陣後，將其中各矩陣單元之 △Cij，以五種不同創新類別與三種不同影響程度為基準，合併計算同一服務價值活動構面之 △Ci；再將同一種創新類別三種不同影響程度之 △Cij （n），$\triangle Ci,j$（d），$\triangle Ci,j$（f）取平均值，即得到服務價值活動實質優勢矩陣各矩陣單元之 $\triangle CI$。

表 3-18 服務價值活動實質優勢矩陣運算表

外部資源NDF差異矩陣				外部資源NDF差異矩陣		
	N	D	F		N	D	F
P1	$\triangle Cij$ (n)	$\triangle Cij$ (d)	$\triangle Cij$ (f)	P1	$\triangle Ci$ (n)	$\triangle Ci$ (d)	$\triangle Ci$ (f)
P2	$\triangle Cij$ (n)	$\triangle Cij$ (d)	$\triangle Cij$ (f)	P2	$\triangle Ci$ (n)	$\triangle Ci$ (d)	$\triangle Ci$ (f)
O	$\triangle Cij$ (n)	$\triangle Cij$ (d)	$\triangle Cij$ (f)	O	$\triangle Ci$ (n)	$\triangle Ci$ (d)	$\triangle Ci$ (f)
S	$\triangle Cij$ (n)	$\triangle Cij$ (d)	$\triangle Cij$ (f)	S	$\triangle Ci$ (n)	$\triangle Ci$ (d)	$\triangle Ci$ (f)
M	$\triangle Cij$ (n)	$\triangle Cij$ (d)	$\triangle Cij$ (f)	M	$\triangle Ci$ (n)	$\triangle Ci$ (d)	$\triangle Ci$ (f)

$\triangle Ci$ (n) = ($\triangle Ci,j$ (n) + $\triangle Ci,j$ (n) + $\triangle Ci,j$ (n) + …) / x ，其中j=a～b，x=b-a

$\triangle Ci$ (d) = ($\triangle Ci,j$ (d) + $\triangle Ci,j$ (d) + $\triangle Ci,j$ (d) + …) / y ，其中j=c～d，y=d-c

$\triangle Ci$ (f) = ($\triangle Ci,j$ (f) + $\triangle Ci,j$ (f) + $\triangle Ci,j$ (f) + …) / z ，其中j=e～f，z=f-e

$\triangle CI$ = Average （$\triangle Ci$ (n)，$\triangle Ci$ (d)，$\triangle Ci$ (f)）

	U	S	R	G
P1	$\triangle CI$	$\triangle CI$	$\triangle CI$	$\triangle CI$
P2	$\triangle CI$	$\triangle CI$	$\triangle CI$	$\triangle CI$
O	$\triangle CI$	$\triangle CI$	$\triangle CI$	$\triangle CI$
S	$\triangle CI$	$\triangle CI$	$\triangle CI$	$\triangle CI$
M	$\triangle CI$	$\triangle CI$	$\triangle CI$	$\triangle CI$

資料來源：本書整理。

以 IIS 服務價值活動矩陣為基礎，各矩陣單元強調之服務價值活動構面不同，分別有不同 △CJ，可得到以下服務價值活動實質優勢矩陣。

表 3-19 服務價值活動實質優勢矩陣表

	U	S	R	G
P1	△C1△C3	△C1△C3	△C1△C3	△C1△C3
P2	△C2△C3△C4 △C5△C6	△C2△C3△C4 △C5△C6	△C2△C3△C4 △C5△C6	△C2△C3△C4 △C5△C6
O	△C1△C2△C3 △C4△C5△C6	△C1△C2△C3 △C4△C5△C6	△C1△C2△C3 △C4△C5△C6	△C1△C2△C3 △C4△C5△C6
S	△C1△C2△C3 △C4△C5△C6	△C1△C2△C3 △C4△C5△C6	△C1△C2△C3 △C4△C5△C6	△C1△C2△C3 △C4△C5△C6
M	△C3△C5	△C3△C5	△C3△C5	△C3△C5

資料來源：本書整理。

3.10 創新密集服務策略分析

3.10.1 創新密集服務實質優勢矩陣

整合外部資源實質優勢矩陣與服務價值活動實質優勢矩陣，即可得到創新密集服務實質優勢矩陣（IIS 實質優勢矩陣），如下表：

表 3-20　創新密集服務實質優勢矩陣表

	U		S		R		G	
P1	△C1△C3	△E2△E3 △E4△E5 △E7	△C1△C3	△E2△E3 △E4△E5 △E7	△C1△C3	△E1△E2 △E3△E4 △E5△E7	△C1△C3	△E1△E4 △E5△E6
P2	△C2△C3 △C4△C5 △C6	△E2△E3 △E4△E7	△C2△C3 △C4△C5 △C6	△E3△E5	△C2△C3 △C4△C5 △C6	△E1△E4 △E6	△C2△C3 △C4△C5 △C6	△E1△E4 △E6
O	△C1△C2 △C3△C4 △C5△C6	△E2△E3 △E4△E5 △E6△E7	△C1△C2 △C3△C4 △C5△C6	△E5△E6 △E7	△C1△C2 △C3△C4 △C5△C6	△E5△E6	△C1△C2 △C3△C4 △C5△C6	△E5△E6
S	△C1△C2 △C3△C4 △C5△C6	△E2△E5 △E7	△C1△C2 △C3△C4 △C5△C6	△E5△E7	△C1△C2 △C3△C4 △C5△C6	△E1△E5 △E6△E7	△C1△C2 △C3△C4 △C5△C6	△E1△E5 △E6△E7
M	△C3△C4 △C5	△E5△E6 △E7	△C3△C4 △C5	△E5△E6 △E7	△C3△C4 △C5	△E1△E5 △E6△E7	△C3△C4 △C5	△E1△E5 △E6△E7

資料來源：本書整理。

　　求得創新密集服務實質優勢矩陣後，即將實質優勢矩陣中各單元之△
CI 與 △EI 加總，即可計算服務價值活動總得點C與外部資源總得點 E；
再同時將 C 與 E 加總，即可得到策略定位得點 S。

	U	S	R	G
P1	△CI，△EI	△CI，△EI	△CI，△EI	△CI，△EI
P2	△CI，△EI，	△CI，△EI	△CI，△EI	△CI，△EI
O	△CI，△EI，	△CI，△EI	△CI，△EI	△CI，△EI
S	△CI，△EI，	△CI，△EI	△CI，△EI	△CI，△EI
M	△CI，△EI，	△CI，△EI	△CI，△EI	△CI，△EI

	U	S	R	G
P1	C,E	C,E	C,E	C,E
P2	C,E	C,E	C,E	C,E
O	C,E	C,E	C,E	C,E
S	C,E	C,E	C,E	C,E
M	C,E	C,E	C,E	C,E

$$C = Average\ (△CI+△CI+△CI)$$
$$E = Average\ (△EI+△EI+△EI)$$

$$S=C+E$$

	U	S	R	G
P1	S1	S2	S3	S4
P2	S5	S6	S7	S8
O	S9	S10	S11	S12
S	S13	S14	S15	S16
M	S17	S18	S19	S20

資料來源：本書整理。

3.10.2 策略意圖分析

本書以 5×4 的「創新密集服務矩陣」與「創新密服務實質優勢矩陣」作為策略分析的基本工具，在經過一系列的因數評量、服務價值活動與外部資源得點計算後，最後可得到創新密集服務矩陣策略定位得點。

表3-21 創新密集服務策略定位得點矩陣表

	U	S	R	G
P1	S1	S2	S3	S4
P2	S5	S6	S7	S8
O	S9	S10	S11	S12
S	S13	S14	S15	S16
M	S17	S18	S19	S20
註：策略得點的數值參考比較值設為Sav，Sav＝（S1+S2+S3+…+S20）／20				

資料來源：本書整理。

在做策略意圖分析時，必須先將以上20個策略定位得點作加總取平均，得出一策略定位參考比較值 Sav，再以此參考比較值 Sav 來驗證目前與未來的策略定位是否正確。比較創新密集服務矩陣中經由專家深度訪談的策略定位與本分析模式推算出的策略定位得點，即可進行創新密集服務業之策略分析。其策略意圖分析的依據，整理如下表：

表 3-22 策略意圖分析比較表

策略得點數值		意義	建議	作法
未來策略定位得點	數值大於Sav	策略定位錯誤	尋找新定位	以數值較小的策略定位得點為未來的策略定位
		野心過大	需要投入更多資源在重要之C與E的關鍵成功因素上	目前與未來重要程度顯著差異之C與E的關鍵成功因素（未來定位）
	數值小於Sav	策略目標正確	將資源投入重要之C與E的關鍵成功因素即可	目前與未來掌握程度顯著差異之C與E的關鍵成功因素（未來定位）
目前策略定位得點	數值大於Sav	目前定位下，有改變策略定位之迫切性	尋找新定位	以數值較小的策略定位得點為目前的策略定位
	數值小於Sav	目前定位下，無改變策略定位之迫切性	視企業需求或競爭情勢維持舊定位或選擇新定位；將資源投入重要C與 E之關鍵成功因素	目前與未來掌握程度顯著差異之C與E的關鍵成功因素（目前定位）

資料來源：本書整理。

3.11 高科技產業專業化策略之分析模式

高科技產業專業化策略之分析模式（楊佳翰與徐作聖，2007）係利用 Hauknes 與 Hales（1998）所定義、包括產品創新、市場創新、流程創新、

組織創新、結構創新與投資創新之六種創新優勢來源及依據圖 3-2 所示創新密集服務平臺之架構所推演的八種製造業專業化策略，並分析不同專業化策略於企業與產業層級的操作機制；平臺經營者將可運用平臺核心能力與外部專業互補資源、技術及客戶等介面所形成之整合結構，產出由該核心能力所衍生的服務價值活動，進而傳遞不同的客製化內容予所需的顧客。本書將楊佳翰與徐作聖（2007）所定義之模式整理歸納如下，作為讀者分析科技產業專業化策略之依據。

創新優勢來源部份，過去研究顯示，製造業創新可依其價值鏈定位，區分為產品創新、市場創新、製程創新、組織運作創新與商業經營創新五大類（Sundbo and Gallouj, 1998；Hauknes, 1998），再參考創新與服務價值之相關文獻（Hauknes, 1998；Fulkerson, 1997；Tsoi, Cheung and Lee, 2003；Davenport, 1993），本研究將企業創新策略與服務價值鏈歸納彙整如圖 3-3所示，復加上奠基於創新密集服務平臺概念、位於價值鏈前端的研發投資創新（R&D Investment Innovation），而整理得產業發展的六大創新類別。

其中，產品創新係指與產品相關之創新活動；流程創新則強調服務流程設計、服務功能創造整合、配銷流程等創新活動；組織創新則強調組織結構設計、內部溝通協調機制、資訊整合分析等創新活動；至於結構創新，主要係指經營模式（Business Model）的創新，強調策略調整規劃、經營模式與型態的改變；市場創新則強調市場資訊掌握、市場分析、市場定位等創新活動；最後，投資研發創新之定義，則指運用研發與財務平臺之資源，進行內外部整合，以提升自身研發能量之創新模式。

因此，根據文獻探討與本研究之整理，藉由創新密集服務平臺之架構操作（如圖 3-4之研發投資平臺），將可運用產品創新、市場創新、製程創新、經營創新、組織創新、或投資研發創新等創新優勢來源，發展出適合其所服務之製造業的專業化策略，八項專業化策略之定義則歸納於如表

3-23 所述，而八大專業化策略所對應的企業核心能力及潛在競爭威脅則整理歸納於表 3-24。

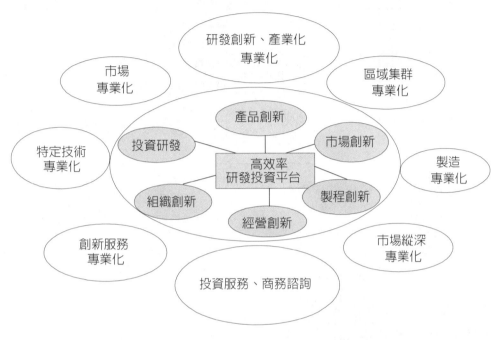

資料來源：楊佳翰與徐作聖（2007）。

圖 3-4 產業專業化發展架構

表 3-23 八大專業化策略定義

專業化策略	文獻來源	定　　義
研發及產品創新專業化（R&D and Product Innovation）	Ｍａｄｕｒａ與Ｒｏｓｅ（1987）、Congden與Schoroeder（1996）、Lundvall（1998）、Hamid（2002）	透過研發中心、招募研發人才、大幅投資研發經費、建構創新研發社群，並強調產品設計、製造、功能改良等創新活動，經由產品研發取得產品及技術領導地位，且降低產品成本。同時，藉由增強研發能量，進行水平整合策略，提供全功能服務產品，提高附加價值，使滿足顧客之需求，提升新興科技產品競爭力。

123

表 3-23 八大專業化策略定義（續）

專業化策略	文獻來源	定　　義
市 場 專 業 化（Marketing Brand and Channels）	Capon等人（1988）、McDonald 與 Roberts（1992）、Frost & Sullivan（2006）	透過多元化的管道與客製化服務，以全功能產品、服務方式，在特定市場區隔建立形象，建構「劃地稱王」的自有品牌與行銷通路，藉此取得國際性資金、人才、技術及市場，並降低海外營運風險，提升企業的國際化程度。
市 場 縱 深 及多 角 化 專 業化（Market Diversity）	Dickson （1996）、Sheth 等人 （2000）、Tanner （2001）	透過市場行銷環境之研究，發展多角化之產品或市場策略，建立企業營運廣度，並取得範疇經濟與成本運作之優勢。
製 造 專 業 化（System Design and Manufacturing）	Karlsson （1992）、Herbig與O'Hara（1994）、Geffen 與 Rothenberg （2000）、Chang （2002）	透過建立全球運籌與供應鏈系統，輔以企業本身的製造或系統設計能力，建構訂單生產、新產品製造、快速彈性設計等能力，以擴大規模經濟範圍，建立企業在全球運籌的效率與低成本優勢。
區域集群專業化（Regional Clustering）	Feldman 與 Audretsch （1999）、Fujita 與 Thisse （2002）、Roy 與 Mohapatra （2002）、Desrochers 與 Sautet （2004）、Roland-Holst 等人（2005）	透過廠商在地理區域上的集中互動，藉由群聚、網絡與學習，產生集群內部資訊交換和技術擴散的規模效應，具有資源集聚效應、降低成本、利於創新、分工協作等競爭優勢，最終可取得資源、市場、及策略性資產之整合，提高廠商於區域經濟下之綜合競爭力。

表 3-23 八大專業化策略定義（續）

專業化策略	文獻來源	定　　義
特定技術專業化（Technology Innovation & Leadership）	Ｍａｌｅｒｂａ 等人（1997）、Phene 等人（2005）	透過廠商自身研發能力，發展產業間獨特技術，進而達至突破性效能；廠商可據此發展成產品的破壞性創新、或建立新的技術規格標準，最終擴充市場應用層面，向前垂直整合至市場，發展成技術領先之廠商。
投資服務／商務諮詢專業化（Financial Strengths and Investment Portfolio）	Miller（1990）、You 等人（2006）、徐作聖等人（2005）	利用自身財務能力與外部資源，投入市場情報與平臺服務，發展市場資訊、市場網絡與財務能力等建設；具體作法在於建設實體營運組織，落實4C戰略，以提供研發、投資、產業經營服務，並開展顧問及產業分析能量，爭取獲利空間；最終則期發展成專業研發投資服務企業，而藉由結合外部投資及研發組織，協助投資標的成為專業化科技企業。
創新服務專業化（Network and Platform Operations）	Webster（1987）、Gu（2005）、徐作聖等人（2005）、徐作聖等人（2006a, b）	透過服務網絡與平臺的建構和拓展，建立知識密集服務平臺的運作模式，並提供業者在技術交易、交易市場建構、智財權、技術管理顧問、風險管理顧問、技術仲裁等構面的專業服務。

資料來源：本書整理自楊佳翰與徐作聖（2007）。

表 3-24 專業化策略與其對應核心能力

專業化類型	核心能力	潛在競爭與威脅
研發創新	產品領先	替代性技術與產品
市場	品牌與通路	致能性技術出現／市場結構改變
市場縱深／多角化	市場領先	致能性技術出現／新商業模式
製造	成本與效率	需求或技術導致市場結構改變
區域集群	速度與產品創新	需求或技術導致市場結構改變
特定技術	特定技術能力	致能性技術出現／市場結構改變
投資服務／商務諮詢	財務能力	經濟與股市衰退
創新服務	網路與平臺操作	市場結構趨於穩定／經濟衰退

資料來源：楊佳翰與徐作聖（2007）。

由於不同技術內涵之產業將有不同發展條件，為深化對各專業化策略之探討，本書針對明確型（Cognitive）、協調型（Coordinative）與合作型（Cooperative）等三大類技術內涵分析八種不同專業化策略，並進而依據其所對應之創新脈絡推演各專業化發展上所應執行的創新策略，其定義及特性係整理如表 3-25。而依據表 3-25 之技術分類與定義，不同專業化策略所對應的技術內涵及創新策略將可整理如表 3-26所示。

藉由前述定義及分類說明，此六種創新優勢來源與八種專業化策略即可作為產業專業化策略分析之構面。本研究所設計的專業化策略分析矩陣，即以六種創新優勢來源作為矩陣縱軸，代表創新密集服務平臺所引致的創新類別；八種專業化策略作為矩陣橫軸，代表平臺客戶 ─ 高科技製造業所投入發展的專業化選擇。此分析矩陣中（如表 3-27），依據橫、縱軸之分類，將可定義出48種（ 6x8 ）不同的產業區隔定位，每一格之區隔定位均代表不同的專業化發展模式，而每一模式於發展過程中所需搭配的企業層級與產業層級資源亦將大不相同。

　　例如，對於欲藉由創新密集服務平臺發展專業化策略的製造業廠商而言，若其策略選擇與產業區隔定位係依據「產品創新」發展「研發及產品專業化」（分析矩陣左上角），則其發展轉型過程將必須搭配不同的平臺企業面資源（服務價值活動、外部資源）與產業面資源（產業環境、技術系統）。

表 3-25 技術內涵之分類

	計劃性產品創新 （市場發展）	計劃性技術創新 （產品發展）	新興科技發展 （企業發展）
技術內涵	明確型（Cognitive）	協　　調　　型 （Coordinative）	合作型（Cooperative）
競爭層級	廠商間	產業與產業群聚	全球網絡
知識特性	Know-what與 Know-how	系統性的理解與Know-why	預知與create why；實證或科學性為基礎的整體理解；外部合作對象與互補性資產的使用
其他特性與條件	產品與市場的開發	產業群聚與專業產業平臺的狀況	客製化產品整合的網絡型平臺
	產品定位：創新的程度、市場、廠商競爭的特性	產業內資產的利用：技術、成本／價格、品牌等。	政府政策與國家產業組合；通用平臺的狀況

資料來源：楊佳翰與徐作聖（2007）。

表 3-26 專業化策略與其技術內涵及創新策略

專業化類型	技術內涵	協調合作	創新策略
研發創新	明確型／協調型／合作型	低	產品多角化 ＋ 水平整合
市場	明確型	低	擴充市場版圖
市場縱深／多角化	明確型／協調型	低	研發投資 ＋ 新商業模式
製造	明確型	低	向前整合至行銷端
區域集群	明確型／協調型	高	研發投資 ＋ 水平整合
特定技術	明確型／協調型／合作型	低	擴充市場應用 ＋ 向前整合至行銷端
投資服務／商務諮詢	明確型／協調型／合作型	低	投資於市場情報與平臺服務
創新服務	明確型／協調型／合作型	高	研發投資 ＋ 市場情報

資料來源：楊佳翰與徐作聖（2007）。

表 3-27 專業化策略分析矩陣

	研發及產品專業化	市場專業化	市場多角化專業化	製造專業化	區域群聚專業化	特定技術專業化	投資專業化	創新服務專業化
產品創新								
流程創新								
組織創新								
結構創新								
市場創新								
投資創新								

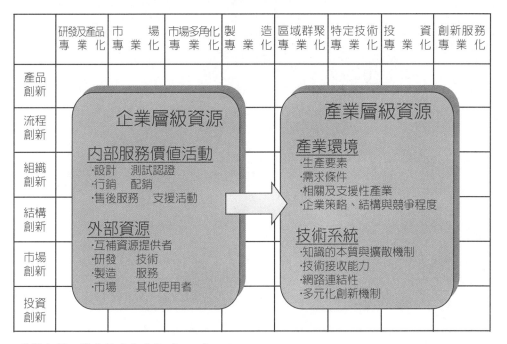

企業層級資源

內部服務價值活動
·設計　測試認證
·行銷　配銷
·售後服務　支援活動

外部資源
·互補資源提供者
·研發　技術
·製造　服務
·市場　其他使用者

產業層級資源

產業環境
·生產要素
·需求條件
·相關及支援性產業
·企業策略、結構與競爭程度

技術系統
·知識的本質與擴散機制
·技術接收能力
·網路連結性
·多元化創新機制

資料來源：楊佳翰與徐作聖（2007）。

第四章 創新密集服務平臺分析模式之實證

— RFID系統整合服務業產業分析

　　產業分析的目的在於對產業結構、市場與技術生命週期、競爭情勢、未來發展趨勢、上下游相關產業與價值鏈、成本結構與附加價值分配、以及產業關鍵成功要素的瞭解，而企業領導人藉產業分析的結果，分析本身實力現況，推衍出未來的競爭策略。

　　第三章介紹了徐作聖所建構的「創新密集服務平臺分析模式」後，第四章至第七章將以臺灣的 RFID 系統整合服務業 — 目前全球發展最快速的創新密集服務業作為創新密集服務平臺分析模式的實證分析，除了驗證本模型可正確分析創新密集服務業之外，也期望提供讀者如何操作本分析模式之範例，對RFID系統整合服務業做全盤性的創新服務思維邏輯推演，進而完成策略分析與規劃，以做為讀者實際分析服務產業時的參考。

4.1 RFID的定義

　　RFID 是一個通用的名詞，用以描述可無線電波傳送物件或個人識別（以獨特序號的形式存在）的系統，RFID 是自動識別技術（automatic identification technologies）中的一種。常見的自動識別技術包括條碼（bar codes）、光學字元閱讀器（optical character reader）和一些生物技術（如視網膜掃描），自動識別技術可以減少輸入資料所需的人力、時間並提高資料的準確性。然而部份自動識別技術 — 如條碼系統 — 往往需要人工掃描標籤（label）或標籤（tag）以取得資料，為了解決前述問題，使資料取得完全自動化，RFID 的設計使資料由讀取器（reader）自標籤讀出到傳送到電腦系統的整個過程都不需要人工的介入（RFID Journal, 2006）。

131

資料來源：Finkenzeller（2003）。

圖 4-1 實際使用中的 RFID 讀卡器與非接觸式智慧卡

　　RFID 是一種非接觸式的射頻辨識系統，典型的 RFID 標籤包含一個黏著於基板（substrate）上天線的晶片（RFID Journal, 2006），讀取器（Reader）和相關應用系統（Application System）（圖 4-2）。

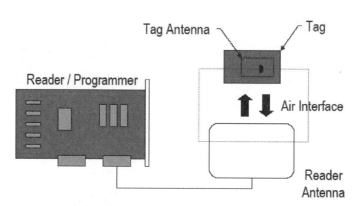

資料來源：Roberts and Whitfield（2003）。

圖4-2 RFID 系統及主要元件

電子標籤（Tag）為一系統晶片（Systems on a Chip, SOC）（圖 4-3），具有類比（Analog）、數位（Digital）、記憶體（Memory）、射頻（Radio Frequency）電路 、及天線（Antenna）等功能。而記憶體可以儲存資料達2 千位元組（kilo bytes）— 其中包括如產品或運送過程的資訊、製造日期、地點和出售的日期均可寫入標籤（RFID Journal, 2006）。

資料來源： McClean 等人（2004）。

圖 4-3 美金一角硬幣上的 RFID 晶片

RFID 讀取器的主要組成成份包括類比控制（Analog Control）、數位控制（Digital Control）、中央處理單元（單晶片或單板電腦）以及讀取天線組，讀取器可以利用相關搜尋技術或協議，達到每秒辨識數百個不同的電子標籤的辨識能力。

4.1.1 RFID 的分類

RFID 一般可以依據電子標籤的電源、頻率與記憶體加以分類如下：

■ 依據電子標籤電源劃分：RFID 可依其電源分為被動式（Passive）與主動式（Active）兩大類 —— 被動式電子標籤的能源（power）由讀取器提供，標籤上不需附加電池，所以體積小、使用期限較長，但是讀取（訊號可傳遞的）距離較短。主動電子標籤擁有電源，系統具有喚醒（wake up）裝置，平時標籤處於休眠的狀態，當標籤進入喚醒裝置的範圍時，喚醒裝置利用無線電波或磁場來觸發或喚醒標籤，標籤這時才進入正常工作模式，開始傳送相關資訊，由於本身具備工作所需的電源，所以傳輸距離較長，但是相對需要較大的體積，需更換電池且成本較高。

■ 依據電子標籤上的記憶體讀寫功能劃分：RFID 也可以依據記憶體讀寫功能劃分為唯讀（Read-Only, R／O）、單次寫入多次讀取（Write-Once Read-Many, WORM）及可重複讀寫（Read-Write, R／W）等三大類 —— 唯讀 RFID 其電子標籤內的資訊已于出廠時固定，使用者僅能讀取標籤晶片內的資訊，無法進行寫入或修改的程式。唯讀 RFID 的成本較低，一般用於門禁管理、車輛管理、物流管理、動物管理等應用之上。單次寫入多次讀取 RFID 和唯讀 RFID 的不同點在於使用者可以寫入電子標籤晶片內的資料一次，和唯讀標籤相同，也可進行多次讀取。單次寫入多次讀取 RFID 的成本較高，一般應用於資產管理、生物管理、藥品管理、危險品管理、軍品管理等應用之上。可重複讀寫 RFID 的使用者可以透過讀取器多次進行標籤內晶片資訊之讀取與寫入，成本最高，一般用於航空貨運及行李管理、客運及捷運票證、信用卡服務等應用之上。

■ 依據電子標籤的使用頻率劃分：最後，RFID 也可以依據其頻率劃分為低頻（Low Frequency）、高頻（High Frequency）、超高頻（Ultra High Frequency）及微波（Microwave）四大類：

低頻

使用的頻段範圍為 10 KHz - 1 MHz，常見的主要規格有 125 KHz 與 135 KHz 兩種。一般來說，低頻的電子標籤都是被動式的，最大的優點在於標籤靠近金屬或液狀的物體時可以有效發射訊號，較其他較高頻率之標籤為優（於靠近金屬或液狀物時訊號會被反射回來），但缺點是讀取距離短、無法同時進行多標籤讀取以及信息量較低，一般低頻電子標籤可用於門禁系統、動物晶片、汽車防盜器和玩具等應用之上。

高頻

使用的頻段範圍為 1 MHz - 400 MHz，常見的主要規格為 13.56 MHz。這個頻段的標籤主要還是以被動式為主，主要應用於我們所熟知的 Smart Card。和低頻相較，高頻 RFID 可進行多標籤辨識，一般用於圖書館管理、產品管理及 Smart Card 等應用上。

超高頻（Ultra High Frequency）

使用的頻段範圍為 400MHz~1GHz，常見的主要規格有 433 MHz及 868 ~ 950 MHz兩種。主動式和被動式的應用在這個頻段都很普遍，被動式電子標籤的讀取距離約 3~4 公尺，傳輸速率較快，而且因為天線可採用蝕刻或印刷的方式製造，因此成本較低，雖然在金屬與液狀物體的應用較不理想，但由於讀取距離較遠、資訊傳輸速率較快，而且可以同時進行大數量標籤的讀取與辨識，目前已成為市場的主流，未來將廣泛使用於運輸業的旅客與行李管理系統、貨架及棧板管理、出貨管理及物流管理等應用上。

微波（Microwave）

使用的頻段範圍為 1GHz 以上，常見的主要規格有 2.45 GHz 與 5.8 GHz 兩種。微波頻段的特性與應用和超高頻段相似，讀取距離約為 2 公

尺，但是對於環境的敏感性較高，一般使用於行李追蹤、物品管理與供應鏈管理等應用上。

4.1.2 RFID 的技術標準

RFID 的技術標準基本上有兩類：RFID 標籤和讀取器之間的無線電頻率及 RFID 標籤的ID編碼，分別介紹如下：

RFID 標籤和讀取器之間的無線電頻率，由國際標準組織 ISO 負責制定，它所制定的 ISO 18000 系列是商用條碼的次世代規格，在 2004 年 6 月審議通過後成爲國際標準。

RFID 標籤的 ID 編碼，它能用來查詢商品的屬性資料，目前制定的組織有二，一爲EPCglobal，另一爲 Ubiquitous ID Center。前者是比利時的 EAN International 和 UCC（Uniform Code Council）合資成立的非營利組織，原由美國麻省理工學院主導的 Auto-ID Center 於 2003 年 10 月底完成階段性任務後，RFID 標籤的研發便由 Auto-ID Labs 承接，EPCglobal 負責維繫 Auto-ID Labs 與後端使用者的對話，並將 RFID 標籤標準有效導入全球；後者則是以日本「 TRON 計畫」等單位爲主體的業界團體，兩團體目前均在積極制定 RFID 標籤的相關技術規格，規格上極爲相似，差異在於後者在查詢產品屬性時不需連到 ONS（Object Name Service；物件名稱服務）等伺服器。另外，中國政府也已經成立了所謂中國國家 ID 自動識別標準工作組，目的是希望能夠制訂出適合中國的 RFID 標準。

本書將世界主要 RFID 技術協議整理於表 4-1 供讀者參考。

表 4-1 世界主要 RFID 技術協議

協定名稱	主導機構	目前狀況	採用廠商	發展策略	備　註
Electronic Product Code （EPC）	EPCglobal Inc	繼美國Wal-Mart之後，美國國防部（DoD）也於2004年7月宣佈採用此標準。	Wal-Mart、HP、Metro Group、Tesco、DoD、Benetton Group 等。	在世界各地建立據點，積極向當地政府與產業界推銷其標準。	最有可能成為國際標準目前版本為2.0。
Unique Ubiquitous Identi-fication Code （Ucode）	Ubiquitous ID Center	大部份均為日系廠商，封閉色彩偏重難以獲得其他國際廠商的認同。	Fujitsu、NEC、Toppan、Hitachi、Mitsubishi	向ISO等組織其出申請成為國際准，由成員廠商在國內推行以累積經驗，並積極與中韓兩國同盟。	由於國際接受度不高，此標準有可能成為日本國內的標準。
電子標籤國家標準	中國國家標準化管理局－中國電子標籤國家標準工作組	仍在標準發展階段。	無。	以此標準作為商業籌碼，與上述兩大標準抗衡。	以中國的潛力，很有可能與上述標準並進。

資料來源： McClean 等人（2004）。

　　自 RFID 發展以來，由於規格遲遲無法底定，除對產業發展造成不確定性的影響外，亦間接不利於成本的降低；但依目前發展態勢，在 Wal-Mart 及美國國防部於相繼宣佈使用 EPC 協議後，在有機會于應用面上實際接受大量驗證的情況下，EPC 協定應有可能脫穎而出，成為最終底定的

規格。其識別系統標準化的沿革如下圖所示：

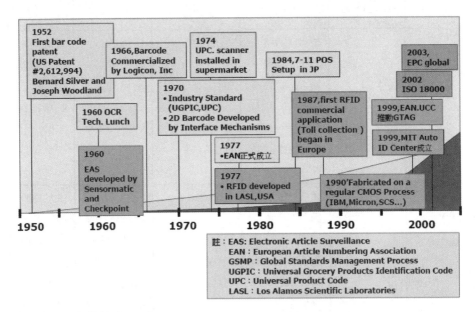

資料來源：唐震寰（2004）。

圖 4-4 高科技產業演進之二階段生命週期 RFID 識別產業的沿革

4.1.3. RFID技術的優劣分析

　　日常生活中，不難見到RFID標籤的身影，它的廣泛應用漸漸有取代條碼的趨勢。其優點包括儲存資料容量大、可重複使用、辨識資料方便、可同時讀取多筆資料、安全性高、能於惡劣環境下使用及使用期限長等七大特性，茲分述於下：

■ 儲存資料容量大：RFID 晶片容量以 64 bits – 256 bits 爲主流，最大可達數百萬位元（Mega Bit），可識別具體的物品如產品說明、包裝、保存日期及色彩與價格等；二維條碼的記憶容量最大僅兩、三千位元（bit），單次僅能識別出單一種類的物品。

■ 可重複使用：RFID 晶片的讀寫方式分爲 R／W（可讀寫多次）、R／O

（唯讀）和 WORM（單次寫入多次讀取），R／W 所儲存的資料可以不斷更新，而所有RFID均能不斷地被讀取；反之，條碼一經印刷後即無法更改，而且會隨著產品的耗損而壽終正寢。

■ 辨識資料方便：電子標籤只要在讀取器可感應到無線電波的範圍內即可傳送訊號，反之，條碼必須在近距離才能由條碼掃瞄器讀取。

■ 可同時讀取多筆資料：某些先進的讀取設備（如澳洲 Magellan Technology 所開發的設備）1 秒中可讀 1,200 個 RFID 電子標籤，但條碼掃瞄器一次通常只能讀取一筆資料。

■ 安全性高：RFID 標籤有密碼保護，不容易被偽造，歐洲已率先在 2005 年將 RFID 標籤嵌入歐元支票，以遏止偽鈔氾濫，條碼則沒有防偽功能。

■ 能於惡劣環境下使用：依不同的材料，RFID 標籤的耐熱性也有所不同，部分 RFID 標籤即使在 180 度的高溫下也能正常運作，對水、油和藥品等物質有強力的抗性；反之，條碼一受髒汙便看不清楚。

■ 使用期限長：RFID 電子標籤的使用期限往往可達 10 年以上。

　　RFID 電子標籤的優點雖多，但並非沒有缺點。其缺點如下：

■ 易受液體、電磁波、金屬或導電環境干擾：若 RFID 電子標籤和讀取器中間有液體阻隔，或於具電磁波、金屬或導電的環境下使用，RFID 電子標籤都會受到影響，使訊號無法正常傳送。

■ 無區分辨識的適當性：只要任一 RFID 電子標籤進入讀取器的感應範圍，讀取器便會依接收到的無線電波進行辨識，對於無意進行 RFID 標籤辨識的使用者將造成困擾。

　　經由以上的優缺點分析和與條碼的比較（並請參照表 4-2），我們可以發現 RFID 在資料性質、資料讀取、讀寫距離、資訊容量以及資料安全等專案都優於條碼，至於成本問題將可以因國際標準的推動以及應用的普

及而大幅降低，預期 RFID 將逐漸取代條碼、磁條等辨識技術。

表 4-2　RFID 與條碼之比較表

	RFID	條　　碼
傳輸媒介	電波與磁場	反射光
讀取位置	閱讀器之上或某距離之內	閱讀器之上
成本	五角至數十元美金	極低
受干擾可能	中等	極低
讀取距離	數英吋至數百英尺	數英寸或更短
讀取速度	每秒數百次	數秒一次
資料更新方式	部份標籤可重新規劃	更換標籤
資訊儲存量	32位元至數千MB	數十位元
堅固程度	高	中等

資料來源：Bhangui（2005）。

4.1.4 RFID的技術發展趨勢

在 RFID 晶片／晶粒與天線方面，主要的發展趨勢有以下幾點，分述如下：

■ 開發小型化RFID晶片（晶粒）：在小型化晶片的研發上，業界一直朝向晶片大小、功能、記憶體型態及晶圓製造程式等方向努力，而目前較為顯著的成果屬 Alien Technology，其開發出全球最微小的 RFID 晶粒，其對角線長度只有 0.1-0.2mm，一片8吋晶圓可做 20 萬顆晶粒；日立也完成接近粉末狀的晶粒。

■ 開發新封裝及組裝技術：對於晶片小型化之後，馬上需要面對的挑戰就是晶片（粒）的封裝及組裝。在此方面較著名且具商機的技術研發則見於 Philips，I-Connect 技術製造出來大小為之晶片，非常符合 RFID

微小化的目標；另外 Alien Technology 也由現在的 CMOS 製程水準
（標籤大小為 0.7 平方公釐），慢慢朝向（標籤大小為 0.25 平方公
釐）和目標。另外為因應各種不同之應用產品封裝技術需往客製化封裝
發展，以具備耐熱、耐壓等穩定特性。

■ 天線產業左右無線識別的可靠度及成本：首先在天線形狀的設計上，
圓形天線設計可以降低標籤與讀寫器之間，因讀取方向不同所產生的
性能變異。在製程上由於低成本考慮，開發出鋁質蝕刻天線，取代傳
統銅質蝕刻天線。另外為加強RF覆蓋區域及封裝便利，透明結構天線
（Transparent Antenna）成為設計趨勢。

■ 衍生相關電池電源技術：另外由於市場區隔所造就的應用區塊，主動式
RFID標籤的應用也不容忽視，也因而衍生相關的電池電源技術，電池廠
商的著力機會也越來越多。目前主動式標籤漸漸採用薄膜式電池技術，
朝向小型與軟性設計為主。德國的智慧標籤製造商 KSW-Microtec 開發
出利用滾輪製程大量生產的薄膜式主動標籤電池，希望將其大量應用在
與醫藥相關的領域。另外可充電式 RFID 電視也已經開發成功，目前正
等待量產。美國的一家 Infinite Power 公司，利用收集週邊環境（如
震動、溫度等）的能量等多方技術進行電池的續電工作，目前鎖定在汽
車胎壓及溫度的感測。

■ 整體系統技術的發展：整體系統發展方面，除了硬體的整合及軟體的整
合，企業在應用這些硬體和軟體的時候，並非單純地使用硬體或使用軟
體而已，也就是說在企業各部門間的應用也需要整合，不能在A部門可以
使用，但是到了B部門卻無法使用，必須在資料庫、應用軟體及硬體之間
進行系統整合，尤其是當一個企業的疆界擴及到世界各地時，這個整合
的需要將更被突顯出來。此外，在供應鏈中更會涉及到跨行業、跨領域
的整合，甚至在 Mobile Data Service 方面牽涉到國際標準的問題，所
以應用平臺的普及是未來 RFID 系統整合產業發展的主要趨勢。

4.2 RFID的應用與市場

RFID的應用系統透過有線或無線的方式經由讀取器接收電子標籤內部的數位資訊，並利用這些資訊配合不同的應用需求做進一步的加值處理，也可以結合網路功能應用於生產、物流、倉儲、保全等商業應用上，RFID的產業應用請參見表 4-3。

表 4-3　RFID的產業應用

應用範疇	例　　　　證
門禁管制	辦公大樓之門禁監控、人員出入管制及上下班人事管理等。
回收資產	棧板、貨櫃、台車、籠車等可回收容器管理等。
貨物管理	航空運輸的行李辨識系統，存貨、物流運輸管理等。
物料處理	工廠的物料清點、物料控制系統等。
廢物處理	垃圾回收處理、廢棄物管控系統等。
醫療應用	醫院的病歷系統、危險或管制之生化物品管理等。
交通運輸	高速公路自動收費系統等。
防盜應用	超市、圖書館、書店的防盜系統等。
動物監控	畜牧動物管理、寵物識別、野生動物生態追蹤等。
自動控制	汽車、家電、電子業之組裝生產等。
聯合票證	聯合多種用途的智慧型儲值卡、紅利積點卡等。

資料來源：林曉盈（2004）。

RFID受到業者關注的原因除了能在掌控庫存、降低成本後增加企業競爭力外，其即時（Real time）更新資訊的核心供應鏈能力，也是受到青睞原因之一。一般來說，供應鏈有以下幾個問題：其一爲供應鏈的額外成本，包括超過 20% 的食物需要保鮮，民生用品運送支出占零售商品 75%；其二爲商品走私、偷竊、仿冒與消耗；其三爲與供應之間發生的狀況，例

如缺貨情況會占零售商 6% 損失，或者往返之間超過 50% 空車都會增加產品成本，而 RFID 標籤即時更新資訊的功能，則是目前解決這些問題的最佳辦法。

RFID 在供應鏈端的應用不僅可降低出貨時所需的人力與文件處理成本，就連產品目前出貨的位置，都可精準掌握，提升供應鏈管理效率。高科技產業競爭已從製造能力擴展到全球物流能力，雖然 RFID 並非是新技術，但由於晶片技術發展的精進，RFID 已邁入應用在新領域的時點，廠商透過 RFID 運作，確實有效提升物流實力，根據惠普推算，其廠商的庫存管理成本最多可節省三成，人事成本可達四成。

正因如此，許多國外大型連鎖零售店積極洽談軟硬體廠商，並限定供應商於期限內配合，雙管齊下的結果只希望能早日落實 RFID 勾勒的美好遠景。大型零售業如 Marks and Spencer 自 2002 年 11 月起便開始運籌帷幄，將 RFID 標籤分兩階段貼附在食器上，之後 Tesco（英）、Metro Group（德）和 Wal-Mart（美）陸續跟進，尤其 Wal-Mart 的前 137 大供應商已於 2005 年 1 月 1 日起於所有的貨箱及棧板（pallet）上使用RFID標籤運送到 Wal-Mart 的三大集散中心（distribution center）（Alling and Matorin, 2006）後，業界對 RFID 的推動更是絲毫不敢懈怠，「Wal-Mart 效應」隨處可見。

依據 Alling 與 Matorin（2006）對於零售業採用 RFID 狀況的調查 2005 年中至 2006 年中零售業探索RFID技術與機會者大為增加，雖然 Wal-Mart 仍為零售業導入 RFID 之業界領袖，但其它零售商已加速導入RFID的速度。到 2006 年 2 月，Wal-Mart 已經接收九百萬個以 RFID 標籤標記的箱子及 23 萬個以 RFID 標籤標記的搬運貨物用棧板（pallet），雖然與全球零售業全年所處理的 50 億（5 billion）箱子相較之下 900 萬仍屬少數，但已足以顯示 Wal-Mart 導入 RFID 的企圖心（Alling and Matorin, 2006）。

　　而 Wal-Mart 的前 137 大供應商於 2005 年 1 月起使用 RFID 標籤後，Wal-Mart 的次兩百大供應商已被要求於 2006 年 1 月起於所有的貨箱及棧板上使用 RFID 標籤運送到 Wal-Mart 的五大使用 RFID（RFID-enabled）的集散中心以供應超過五百家 Wal-Mart 店面，而自 2007 年 1 月起，次三百大供應商也被要求於所有的貨箱及棧板上使用 RFID 標籤，故而到 2007 年將有超過 600 家供應商應 Wal-Mart 要求導入 RFID 標籤。目前，Wal-Mart 除了擴充可使用 RFID 之店面外，也正致力將之前已裝設的第一代（Gen 1）RFID 硬體設備升級為第二代（Gen 2）RFID 硬體設備（Alling and Matorin, 2006），Wal-Mart RFID 導入計劃請見圖 4-5。

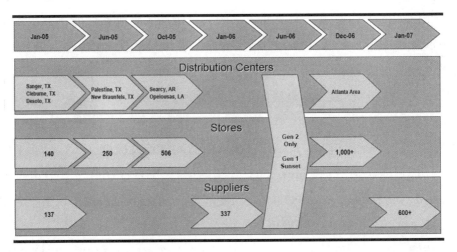

資料來源：Alling and Matorin（2006）。

圖 4-5 Wal-Mart RFID 導入計劃

表 4-4 大型零售企業的RFID標籤導入計畫及現況

企　業	計 畫 內 容 及 現 況
Marks and Spencer（英）	Mark & Spencer 於 2003年開始導入 RFID 技術，於一家分店之男性西裝、襯衫及領帶上測試，並於次（2004）年成功地將實驗計劃拓展到九家分店，接續之前的成功實驗，Mark & Spencer於今（2006）年春將實驗計劃拓展到53家分店、5條產品線，並要求供應商於交貨前即將RFID裝上商品。Mark & Spencer自從2006年1月開始實驗之後已經於1千7百萬件商品上裝置RFID。
Metro AG （德）	為測試RFID標籤的可用性，Metro AG在2003年4月於德國開設實驗商店，並於2006年5月宣佈已成功於22據點將RFID應用於棧板之上，並已於2005年因應用RFID於德國之公司節省超過1千萬美金之費用。
Tesco（英）	Tesco已經藉由RFID的實驗有效了解其配送系統，並計劃於2006年導入將棧板 加上RFID之實驗。
Wal-Mart（美）	Wal-Mart的前137大供應商於2005年元月起使用RFID標籤，次兩百大供應商已被要求於2006年1月起使用RFID標籤運送到 Wal-Mart的五大使用RFID （RFID-enabled）的集散中心以供應超過500家 Wal-Mart 店面，而自2007年元月起，次300大供應商也將被要求於2007年元月起於所有的貨箱及棧板 上使用RFID標籤，到2007年將有超過600家供應商應Wal-Mart 要求導入 RFID標籤。
Publix （美）	Publix於2005年8月開始試行六個月包裝盒與棧板的RFID試驗。
Levi Strauss （美）	Levi Strauss於2006年4月表示已於三家分店試行裝設RFID於商品上以及時準確控管庫存。
Best Buy （美）	Best Buy 挑選數位音樂播放器廠商 iRiver 參與零售商品導入RFID之實驗，以提升商品於貨架上之可得性（availability）。

資料來源： Alling and Matorin （2006）。

我們從各項應用領域需求及技術成熟度，以 RFID 技術／應用成熟度及對 RFID 認知需求兩個構面來分析，零售業（含消費者包裝物品）、汽車業和高科技製造業對 RFID 有最高的需求存在，將成爲帶動 RFID 起飛的三大產業。從美國 Wall-mart 與其供應商在貨物包裝上附加 RFID 標籤開始，包括汽車防盜與醫療保健等市場均掀起了一波 RFID 的應用熱潮。

根據 Forrester Research 之預測（圖4-6），全球消費性產品包裝用 RFID 標籤之總數將由 2005 年的 45 億顆高速成長爲 2009 年的 420 億顆（Bhangui，2005）；而根據市調機構 IC Insight 於 2004 年的估計，RFID 市場將自 2003 年的 18.9 億美金快速成長至 2008 年的 66.7 億美金，年複合成長率高達 28%，其中 RFID 讀取器與與 RFID 標籤佔約三分之二的市場（請參見圖 4-7）（Mc Clean et. Al，2004）；根據市調機構 In-Stat 預估，2009 年全球 RFID 標籤市場將從 2004 的 3 億美元成長到 28 億美元（Nogee，2005）；飛利浦執行副總裁 Indro Mukerjee 更預測，2015 年以前將有約一兆個 RFID 標籤的市場規模（電子工程專輯，2005 年）。

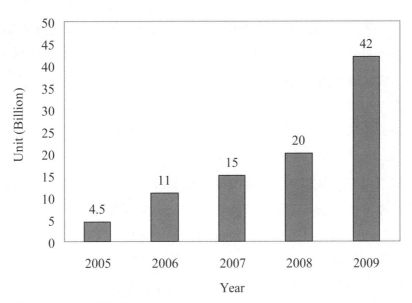

資料來源： Bhangui（2005）。

圖4-6 RFID產品營收與系統整合服務營收之市場規模預估

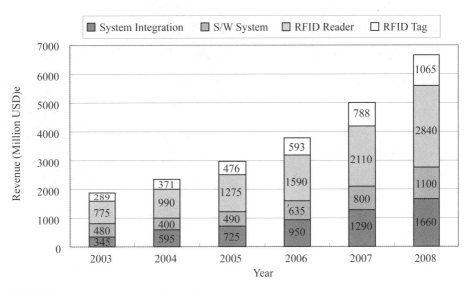

資料來源：McClean et. Al,（2004）。

圖 4-7 RFID 相關產品之市場預測

　　RFID 智慧型辨識系統的焦點商品是在標籤上，儘管此類標籤又可依據晶片存在與否分成晶片與非晶片兩型，但是由於晶片型是 RFID 技術開發的初衷，因此這個領域市場，長期以來皆是以晶片類型產品為主（占 RFID 總市場之 95%）。需要克服的還是在技術方面，特別是現行的矽晶片與天線等技術，如果沒有加以克服的話，實難達到普及應用的單位 0.05 美元目標。

　　RFID 的應用領域與成本對照，從一般的消費市場，標籤價格在 10 美分以下，運用在超級市場產品、包裹；工業市場，標籤價格介於 10 美分至 5 美元的防盜、追蹤用途，如航空行李、棧板、門禁管理；至於國防醫療，標籤價格在 5 美元以上，用於收費站自動感應、快速定位、非侵入性診斷用。消費市場與工業市場等級的 RFID 標籤，產品特色為被動式（Passive）及一次性使用（用完即丟棄）；國防醫療用的 RFID 標籤，則多為主動式（Active）與具可重複使用的功能。RFID 要能普及，1 至 5 美元的消費性與工業應用市場將扮演成長的主要來源。

　　根據 IDC 所發佈的報告指出，有鑑於越來越多的企業計畫採用 RFID 系統於其零售店與倉庫管理上，IDC 預測 RFID 相關服務，包括諮詢顧問、執行、管理的市場規模將快速成長，2008 年更可望大幅成長到 20 億美元。IDC 並看好 RFID 相關服務的業者所面對的龐大商機，可協助改變商品製造商、Third-party 後勤服務業者、零售商與消費者之間的供應鏈關係。

　　另外，有關調查結果也顯示，在全球年銷售額 50 億美元以上的大企業中，有 70% 的企業表示已制定出 RFID 的因應計畫，並將於未來的 18 個月內實施；而 25% 的企業表示 2004 年曾投資 50 萬到 100 萬美元普及 RFID 技術。

4.3 RFID 產業結構分析

　　RFID 產業主要可粗分為 RFID 晶片、軟硬體設備以及系統整合與測試等三大部分，若進一步細分，製造商還可細分為電池供應商及電源／無線元件供應商；從 RFID 的產業魚骨圖中可以知國內外大廠已紛紛投入此新興產業，產業結構完整，產業結構中最多廠商投入者為電子標籤／IC半導體業者。臺灣廠商主要集中在上游的晶片設計、晶圓代工與中游的硬體設備製造產業，仲介軟體以及系統整合業者主要為國外大廠。

　　以下介紹 RFID 晶片、軟硬體設備以及系統整合與測試等三大部分之產業現況：

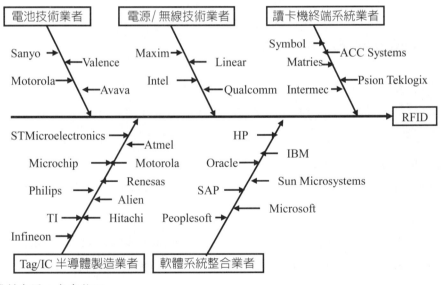

資料來源：本書整理。

圖 4-8 RFID產業魚骨圖

4.3.1 RFID 晶片產業現況簡介

在整合元件製造商（Integrated Device Manufacturing，IDM）方面，國外廠商有 Philips、Sharp、Hitachi、Toshiba、TI 等大廠，國內則無較具規模之整合元件製造商，但專業的RFID晶片設計業者則包括韋僑、聯暘、晨星、工研院等，晶圓代工廠商則有台積電、聯電、National Semiconductor、Fairchild、Philips、ST Micro 等，晶片封裝與測試方面有 Rafsec、Avery、Dai Nippon、YFY 以及國內廠商日月光等。基本上，在晶片設計及製造等相關領域，臺灣廠商在核心技術依然不足以及相關專利未取得的情況下，仍然受到很大的限制，目前比較出色的是晶圓代工以及前端晶片的設計，不過仍然難以與其他國際大廠相抗衡。

4.3.2 RFID軟硬體設備

國外RFID的軟體廠商有 IBM、Microsoft、Oracle、NCR、SAP、Manhattan Associates 等，而硬體設備則有 Savi Technology、Alien、Symbol 等。而國內廠商有天梭、臺灣通信、中興電工、臺灣源訊、東捷、帝商、星動、燦新等廠商。

國內廠商主要都是從事硬體設備的研發與生產，而軟體方面的研發由於受到國外大廠的競爭，只有資策會等少數公司從事相關的研發，為臺商仍需努力的環節。而在 RFID 電子標籤與相關硬體設備追求低成本的趨勢下，規模經濟勢必是臺灣廠商所走的方向，但是如何跟其他國外大廠相抗衡以及下游廠商的議價，是值得思考的方向。

4.3.3 RFID系統整合與測試

系統整合（System Integration）是在自動化領域中頻繁出現的名詞術語，依據資策會（2001）的定義，系統整合主要指的是依據企業客戶的

需求，提供硬體、軟體與服務之整體解決方案。系統整合主要涵蓋硬體的整合、軟體的整合、企業應用的整合以及跨行業、跨領域的整合等四個構面（江美欣，2005）。

RFID 系統整合領域幾乎由國外 NCR、Microsoft、IBM、Intel、Oracle、HP、Siemens 等大廠所佔有，而系統測試則由 Microsoft、Sun Microsystems、HP 及 IBM 等大廠所佔有；而國內則有工研院與資策會從事相關的研究。由於 RFID 電子標籤與讀取器的密切搭配需要完整的系統設計，整體的系統應用才是高利潤的所在，臺灣業者欲進軍RFID主流市場與外商 IDM 業者一較長短仍需長時間，在技術及客戶關係經營更需拓展與研究。

4.4 RFID產業價值鏈

RFID 產業價值鏈大致可分為 RFID 晶片設計、RFID 晶圓代工、RFID 晶片封裝與測試、軟硬體設備、系統整合及系統測試（圖 4-9）（江美欣，2005）。

與國外廠商相較之下，台灣在這一波 RFID 的熱潮中，投入的時間相對落後， 但身為 IC 設計王國之一的台灣，擁有半導體產業上中下游產業鏈完整的優勢，在 RFID 產業供應鏈中仍有機會切入，目前已經有許多的業

者表明對此一領域的高度興趣，部分電子公司已經有產品出現，對於 RFID
的設計以及讀取器的佈局儼然成形。挾著國內產業高度整合與政府的大力
支持下，產業榮景可期。表 4-5 簡單介紹目前國內外 RFID 產業鏈中相關
廠商（江美欣，2005）。

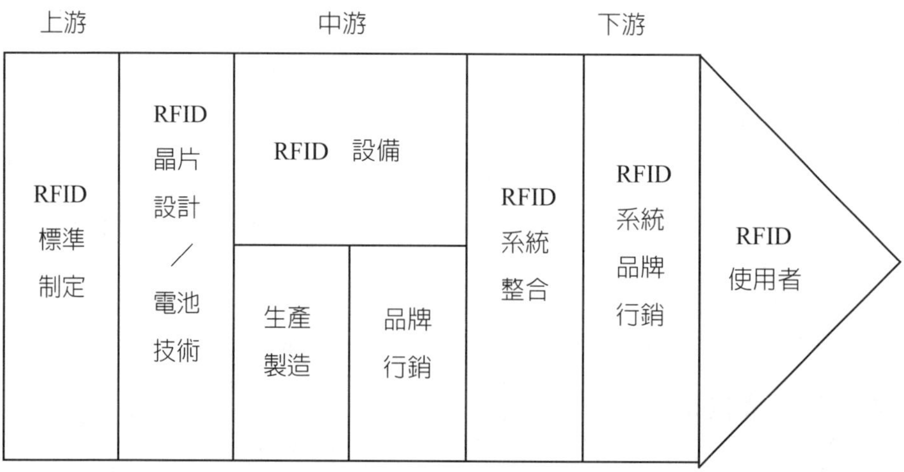

資料來源：本研究整理自江美欣（2005）。

圖 4-9 RFID產業價值鏈

表 4-5 全球RFID產業供應鏈

研發領域	廠商名稱
RFID 晶片設計	Atmel、Hitachi、Impinj、Infineon、Philips、Sharp、ST Micro、TI、Toshiba、韋僑科技、聯陽電子、傑聯特科技、晨星科技、工業技術研究院
RFID 晶圓代工	Fairchild、National Semiconductor、Philips、ST Micro、台積電、聯電
RFID 晶片封裝 與測試	Avery、CCL、Checkpoint、Dai Nippon、International Paper、KSW、Label、Rafsec、Sensormatic、Toppan、YFY、日月光

表 4-5 全球RFID產業供應鏈（續）

研發領域	廠商名稱
軟、硬體設備	Axcess、Alien、Connec、Terra GenuOne、GlobeRanger、HP、 IBM、SAP、Savi、Symbol、Manhattan Associates、Microsoft、NCR、Oat Systems、Oracle、Provia、RF Code、工業技術研究院、天梭科技、中興電工、台灣通信工業、台灣源訊科技、台灣富士通、枀訊科技、東捷資訊、帝商科技、星動科技、翌源資訊、動網科技、偉盟系統、資策會、瑛茂電子、椰城公司、精技電腦、精業電腦、歐特斯科技、銳傋科技、億誠自動化中心、聯合通商電子商務公司、環城資訊、燦新科技、優仕達、耀欣數位科技、雙葉開發科技、源力系統公司、全科科技
系統整合	Accenture、BearingPoint、Capgemini、CSC、Deloitte、HP、IBM、Intel、Microsoft、NCR、Oracle、PeopleSoft、SAVI、Siemens、Sun、Symbol、阿丹電子、弋揚科技、美商枀訊科技、
系統測試	HP、IBM、Microsoft、Sun、工業技術研究院、資策會

資料來源：本研究整理自江美欣（2005）、Bhangui（2005）。

4.5 RFID 的成本架構

　　根據 Moscatiello（2003）的估算，如圖 4-10 所示，0.43 美元的單位標籤成本中（預期目標為單一標籤 0.05 美元），一半以上是由 RFID 晶片／晶粒（55%）所產生， 其次是用在標籤上的應答天線（11%）。從成本比重可看出RFID晶片／晶粒和應答天線是兩個決定影響成本售價的關鍵因素。

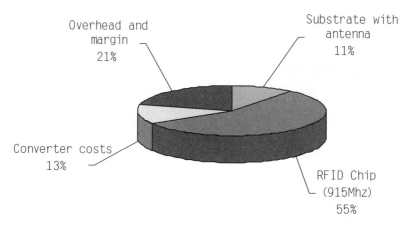

Overhead and
margin
21%

Substrate with
antenna
11%

Converter costs
13%

RFID Chip
(915Mhz)
55%

資料來源：Moscatiello（2003）。

圖 4-10 RFID標籤成本結構

4.6. 全球RFID系統整合廠商介紹

4.6.1 全球系統整合廠商現況

　　RFID 系統整合商提供欲導入 RFID 的企業，不論是在技術支援或是系統建置的軟、硬體服務與諮詢，讓企業能夠更流暢無礙的利用 RFID 帶來的便利性。當中的代表廠商有 IBM、HP、Accenture 及 Savi，皆是大型軟、硬體整合廠。詳細廠商資料如表 4-6 所示。

表 4-6 全球系統整合大廠現況

廠商名稱	現況分析	發展策略
IBM	■ 設立RFID測試商店。	■ 發表一套整合在 WebSphere 下，專門為零售商庫存系統建立 RFID 功能的顧問服務和專業軟體。
HP	■ 在台灣成立RFID應用推廣中心，針對高科技製造、零售與汽車等產業提供客製化系統模擬與解決方案。	■ 與工研院合作推動國際標準。
Accenture	■ 專業的IT諮詢顧問公司。	■ 建構完整的RFID諮詢服務網頁，提供企業完整的RFID導入／解決方案。
Savi Tech.	■ 投入「貨櫃等級追蹤系統」，並已取得與美國國防部的RFID合作計畫。	■ 推出以「Savi Smart Chain」為名的中介軟體、被動式標籤的技術和資產管理的產品。

資料來源：本書整理。

4.6.2 下游零售應用廠商現況

美國零售商 Wal-Mart 的前 137 大供應商於 2005 年 1 月起使用 RFID 標籤，次 200 大供應商已被要求於 2006 年 1 月起使用 RFID 標籤運送到 Wal-Mart 的五大使用 RFID（RFID-enabled）的集散中心以供應超過500 家 Wal-Mart 店面，而自 2007 年元月起，次 300 大供應商也被要求於 2007 年元月起於所有的貨箱及棧板上使用 RFID 標籤，到 2007 年將有超過 600 家供應商應 Wal-Mart 要求導入 RFID 標籤，估算一年內所使用的 RFID 可達 10 億顆以上。德商 METRO Group 請來兩個同屬世界

級的大廠—Philips 與 IBM，為它量身打造 RFID 標籤應用的未來商場。Philips 負責 RFID 標籤晶片 I-CODE 的研發，IBM 提供後端系統整合服務，讓 METRO Group 的前100大供應商的貨物棧板和運輸板條箱，皆貼上 RFID 標籤，送到METRO十個主要倉庫和 250 家零售店。英國最大的超市連鎖集團 Tesco 和美國的吉列（Gillette）合作，試驗使用 RFID 在智慧型的刮鬍，同時擴大使用於 DVD 上，Tesco 計劃將於 2007 年，在其整個供應鏈中全部使用 RFID 技術。

隨著 RFID 技術的逐漸成熟，各產業將會對此技術有廣泛的應用，在零售流通產業中，全球零售業的龍頭 Wal-Mart 可說是其中最重要的推動力來源，甚至希望可以在零售物流業的應用帶動下，來降低 RFID 的成本與提升應用的普及率。不過由於零售流通產業必須倚賴快速的配送來獲利，因此強化其供應鏈資訊與貨品的快速流通，進而減少庫存並預防偷竊以降低成本，變成為首要的課題。未來在賣場上，RFID 技術的應用將逐漸深入並影響消費者現有的習慣，形成新的消費模式。

4.7 台灣 RFID 產業發展現況

台灣的無線電頻道是由交通部電信總局所管制，頻率 915~935MHz 為 GSM 的 Guard Band，為促進 RFID 產業發展，電信總局也已開放 922~928MHz 供RFID使用（周文卿與周樹林，2006），而且未來 RFID Tag 及 Reader 須通過電信總局型式認證才可使用。

台灣政府單位之港務機關與美國 Savi Tech Inc.技術合作在高雄港有 RFID 電子封條系統應用計畫。另外經濟部技術處自 2003 年起，即透過工研院系統中心推動高頻 RFID 計畫，計劃內容包括 IC 晶片、天線、感應器等重要技術的研發，並在工研院系統中心下成立「RFID 研發與產業應用聯盟」，分為 RFID 研發聯盟與 RFID 應用聯盟，研發聯盟下設製程設備及材

料群組、設計及製造群組以及系統整合群組三個研究群組。應用聯盟下設標準推廣與驗證群組、測試與驗證群組、RFID 產業應用群組與 S TARS 小組這四個工作群組，共計有一百多家廠商加入（如圖 4-11 所示）。2004年 3 月經濟部技術處宣布，第一片由國內團隊自行設計之高頻 RFID 晶片研發成功，並且工研院創業育成中心也籌資成立了專門生產 RFID 相關產品的新公司，以期帶動台灣 RFID 技術及應用產業發展。

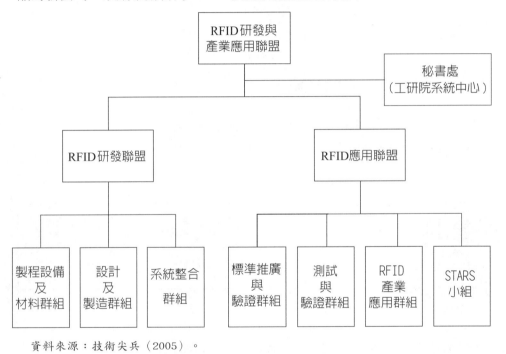

資料來源：技術尖兵（2005）。

圖 4-11 RFID 研發與產業應用聯盟組織架構圖

就台灣之民間企業方面而言，台灣業者目前僅處於起步階段，應用主要集中在硬體標籤的製造與系統的導入，例如中華、裕隆等汽車廠採用 RFID 晶片標籤來確認零件繁多且步驟複雜的汽車組裝程序以改善生產流程。台灣最大的民間 RFID 建置案 — 遠翔航空貨運園區，是台灣首座航

空貨運兼自由貿易港區，未來在園區內勢必有許多外籍人員頻繁進出；遠翔航空貨運園區爲了加強各方面的控管，不僅運用於 RFID 於貨物管理上，也使用 RFID 於人、車之辨識管理；廣達電腦則計劃建立 RFID 出貨系統；新竹竹北的東元醫院也與工研院合作進行「醫療院所接觸史 RFID 追蹤管制系統」；而光寶集團亦結合燦坤、資策會、辰皓電子和圓準企業，成立了國內第一個的「3C 產業 RFID 中介軟體技術聯盟」，企圖把 RFID 技術運用在 3C 零售流通業上面。

4.8 台灣 RFID 廠商介紹

由於台灣的 RFID 廠商主要集中在軟硬體設備與應用端，尚未跨及系統整合端，故以下主要介紹硬體與軟體製造商。

表 4-7 RFID 產業台灣廠商動態

產業結構	廠　　商
晶片研發	瑛茂、日晶、天鈺、凌航、韋橋、穩懋、辰皓、艾迪訊等。
晶圓製造	台積電、聯電等。
讀取器	億威、瑛茂、日晶、系通、聯暘、億威等。
產品與系統	宏碁、永豐餘、光寶等。

資料來源：張嘉帆（2005）。

4.8.1 台灣硬體製造商現況

目前台灣擁有 RFID 設計技術的公司為數不多，包括盛群、晨星、聯暘電子、韋僑科技、凌航、華邦、晨星等，惟技術多集中於 125k 及 13.5MHz 等低頻頻段，只能在動物晶片與門禁系統方面勉強出頭，不過對於物流與零售業來說，低頻的 RFID Tag 仍不足夠。終端機 POS 系統方面，現有飛捷、欣技資訊、伍豐科技等。天線方面，永豐餘在五年前積極加入 Auto ID Center 成為標準制定的一員，現已開發出 RFID 訊號發射天線印刷技術。晶圓代工有台積電與聯電，晶片封裝有日月光等。就硬體產值而言，以晨星為例，RFID 產值約佔該公司營收一成，約一億新台幣。其他公司亦僅小量出貨，總體硬體產值可說是微不足道。

4.8.2 台灣中介軟體發展現況

台灣中介軟體的發展主要是由台灣政府單位主導，由台灣政府研究機構與企業一同合作，例如經濟部技術處最新核定通過由「光寶協同科技股份有限公司」主導、這是由「燦坤實業股份有限公司」、「光寶科技股份有限公司」聯合申請之「應用於 3C 產業之 RFID 中介軟體（Middleware）技術應用研發聯盟先期研究計畫」。以低頻 125k 及 13.5MHz 等頻段來說，盛群半導體選擇玩具和門禁識別等利基型市場發展，提供軟體的整合，目前已獲得英國玩具模型火車廠商採用。

另外，RFID Tag IC 和天線的搭配是設計工程師目前正極力破解的咒語，如何在有限的掌上空間，創提供高效能的空間，限制有多大，挑戰就有多大。目前 RFID Tag IC 朝微縮化發展的原因在於應用領域如鈔票辨識、標籤、物流等，均標榜小體積特性。除了小體積特性以外，功率和傳輸的距離隨著天線大小成正比，如何在極小化的晶片和強調功率的天線之間取得最佳平衡點，不僅在 IC 和系統設計有艱鉅的挑戰，對於自動化封

裝，更是一項嚴苛的任務。在國內封裝技術不斷進步下，可以運用同步封裝等技術來達成 RFID Tag 所要克服的重要關鍵點，如 RFID Tag 抗水性以及黏著材料所影響的天線接收度等。

4.9 RFID系統整合服務業

RFID 系統整合涵蓋四大層面：系統整合主要是指「依據企業客戶的需求，提供硬體、軟體與服務之整體解決方案」。因此，RFID 的系統整合服務便涵蓋了電子標籤（Tag）／讀取器（Reader）等硬體設備之選擇、中介軟體的搭配、系統導入顧問服務、人員教育訓練和整體建置方案規劃等範疇。以下將就硬體整合、軟體整合、企業應用整合以及跨行業、跨領域整合等四個部份，來探討目前 RFID 系統整合之發展。

4.9.1 硬體整合（提高標籤讀取率）

RFID 的硬體元件大致分爲標籤、讀取器及天線（有些產品的讀取器內建天線）。標籤主要是用來攜帶描述物品狀態的各項資訊，透過無線射頻的電波傳遞交換訊息，在物流供應鏈的應用上可取代原有產品條碼的功能。標籤與傳統條碼的差異包括：資料可更新、儲存資料的容量大、可重覆使用、可同時讀取數個資料等，並分爲主動式和被動式兩種標籤。

讀取器主要的功能在於接收主機端的命令，將儲存在標籤內的資料以無線方式傳送回主機，或是將主機中的資訊寫入標籤內，此一功能端賴標籤的設計是否具備可讀／寫的功能。讀取器有多種型態，有些內建天線，有些並無天線，另有輸送帶型式、長條或方塊型、隧道型或是作成閘門型，儘管型態多變，但大致可區分爲手持式和固定式兩大類，讀取器的配置和使用數量則依實際的需求而定。

供應硬體的廠商眾多且其功能和使用方式皆有所不同。爲了提高標

籤的讀取率，不僅硬體之間需要相互搭配，控制這些硬體的系統也需要整合，表 4-8 中所列的系統服務大多針對硬體系統的整合。

表 4-8 RFID硬體系統整合業者及其特色

系統整合構面	整合業者	系統特色
硬體整合	美商NCR公司	標籤與讀取器系統整合。
	美商奈訊科技公司	應用於貨櫃監控之低價位被動式電子封條（E-seal），能夠在高速及長距離讀取的環境中使用，管控貨櫃場進出及貨櫃運轉。
	阿丹電子	無線主動式射頻辨識系統（ACTIVE RFID），具有資訊容量大、保密防偽性強、長效省電等特性，一般可用於庫存管理，物流管理，門禁考勤系統，醫院設備或人員管制系統，停車場進出管理和產線管理等。

資料來源：本研究整理自江美欣（2005）。

4.9.2 軟體整合（建構資料處理平臺）

微軟、IBM、昇陽、甲骨文等國際軟體大廠，因看好 RFID 可能取代條碼成為重要的貨品辨識技術，紛紛投入 RFID 相關解決方案的研發。這些軟體業者最主要投入的領域是資料處理，即 RFID 晶片上的資料讀取之後，與後端電腦系統的整合及處理等領域；當資料讀進資料庫，要如何辨識資料編碼，如何運用中介軟體及協同商用軟體，將這些資料與企業內部資料整合起來，並與企業內部的供應鏈及企業資源規劃軟體連結，這是軟體業者想要搶攻的商機。此類型的系統整合業者如：微軟將 RFID 技術整合到公

司內部的企業資源規劃管理（ERP）系統、弋揚科技則結合 GPS、GPRS 等無線通訊技術，開發出適用於保全、機電等企業客製化的安全管理資訊系統。

表 4-9 RFID 軟體系統整合業者及其特色

系統整合構面	整合業者	系統特色
軟體整合	微軟、IBM、昇陽、甲骨文	資料處理。即RFID晶片資料讀取，與後端電腦系統整合處理等領域。例如：微軟的BizTalk軟體可以讓前端消費資料及後端的資料庫爲整合。
	弋揚科技	結合GPS、GPRS、RFID等無線通訊技術，開發出適用於保全、機電等企業客製化的安全管理資訊系統。
	仁科（PeopleSoft）	遵循國際化的標準，並且配和公司的工作流程來導入，協助供應商達到Wal-Mart及美國國防部近期所公佈的貨物裝載所要求的標準。
	光寶、燦坤集團、奈訊科技及資策會	光寶e事業群與燦坤集團、光寶科技、奈訊科技及資策會，共同成立「3C產業RFID中介軟體技術聯盟」鎖定3C產業工作流程，規劃合用的Middleware，以降低建置成本與時間。該項中介軟體可提供軟體公司及系統整合商開發各項應用。未來可再複製該模式，開發其他產業別的中介軟體。

資料來源：本研究整理自江美欣（2005）。

4.9.3 企業應用整合（提升內部作業效率）

除了硬體系統的整合與軟體系統的整合之外，企業在運用 RFID 系統相關的硬體和軟體的時候，並非單純地、個別地使用硬體或軟體而已。也

就是說，在企業組織內各功能部門間的應用也需要整合，若是在 A 部門使用 RFID，但是到了 B 部門卻無法使用，則此一系統並不完整，綜效也將大打折扣。尤其是當一個企業的佈局擴及到全球各地時，此一整合的需要將更被突顯出來。這一類的系統整合業者如惠普與微軟公司提供整合前端進貨部門及倉儲部門的系統；昇陽電腦結合資策會、凌昂資訊等合作建構新一代的醫院防疫系統（表 4-10）。

表 4-10 RFID企業系統應用整合業者及其特色

系統整合構面	整合業者	系統特色
企業應用整合	惠普與微軟公司	串連前端貨物倉儲控管與後端ERP系統，減少以往大量人力管理貨物進出的時間，並降低人為作業的錯誤比例，提供倉儲管理的即時狀況，協助客戶實現供應鏈流程資料交換零時差之願景。
	昇陽電腦結合資策會、凌昂資訊與台大電機系	合作建構新一代的醫院防疫系統，此合作計畫中包括：醫院感染管制、廢棄物管制、院內分區隔離、以及社區隔離等四大系統。

資料來源：本研究整理自江美欣（2005）。

4.9.4 跨行業、跨領域整合（創造多元應用商機）

自從全球零售連鎖巨擘 Wal-Mart 要求其主要供應商要在 2005 年起開始使用 RFID 之後，對許多產業而言，這個舉動意味著 RFID 技術將對供應鏈造成革命性的影響。尤其是對供應商及零售業者來說，首先必須在資料庫、應用軟體及硬體之間進行整合。另外，在供應鏈中還會涉及跨行業、跨領域的整合，因而在這部份的困難度將更高，能夠提供此類服務的

系統整合業者，多屬國際級的大型企業，如：惠普公司（HP）、美商 NCR 公司、美商 SAVI 公司等（表 4-11）。

表 4-11 RFID 跨行業、跨領域的系統整合業者及其系統特色

系統整合構面	系統整合業者	系統特色
跨領域、跨行業整合	惠普公司	提供零售業和製造業者，端對端（End to End）的整合，從一開始的生產線就可以開始執行分類和控管，前端可掌握庫存資料，減少進貨的時間及避免庫存過多的風險，當有異常狀況發生時，就以警告訊號提醒倉庫管理人員。
	美商NCR	零售系統- Retail Logical Data Model 4.0 可支援RFID無線射頻辨識系統，該模型可整合零售業客戶端的產品、型錄、還可以與其他合作夥伴的資料做整合。
	美商SAVI	美國國防部自1994年起採該公司之RFID系統應用於軍事上。於2003年的伊拉克戰爭中，美軍使用SAVI的RFID技術系統，將標籤及條碼貼在每一項戰略物資上，並經由RFID的偵測、追蹤，即時掌握所有物資的使用狀況，比波灣戰爭至少省下50億美元的後勤作業費用。

資料來源：本研究整理自江美欣（2005）。

RFID 系統可應用的產業及其範疇仍有許多待發揮的空間，並非僅限於商品物流與通路的應用。因此，在電子標籤及讀取設備等硬體系統方面，仍有許多重點技術在開發當中；另在資訊系統整合方面，業者應專注於如何將企業現有系統如企業資源規劃（ERP）、顧客關係管理（CRM）與供應鏈管理（SCM）等系統，與RFID系統予以整合等重要的議題。

第五章 扶植創新密集服務業之創新政策

5.1 RFID 產業創新密集服務平臺

　　本書於第三章研究模式建構中已歸納整理出創新密集服務業之一般分析架構，不過由於各個產業有其特殊性，爲能有效探討各個產業所需之服務價值活動及外部資源涵量，故在研究中需考量並加入其產業特性，以提昇研究模式在實證研究中之準確性及可應用性。

　　爲此，本書在實證研究中，將台灣 RFID 產業所具有之特殊產業特性納入考量，先運用表 2-3 所定義之創新密集服務定位矩陣，透過專家在 IIS 策略矩陣上之 RFID 整合服務策略定位（圖 5-1），並依據陳威寰（2005）運用表 3-5 所示之「六大服務價值活動構面及其關鍵成功因素表」與表 3-7 所示之「七大外部資源構面及其關鍵成功因素」所歸納之研究成果，得到 RFID 整合商所需之服務價值活動及外部資源涵量成功要素（分別列於表 5-1 與表 5-2），藉此做爲獲得 RFID 產業創新系統構面的依據（問卷請參見附錄一）。

	U 專屬服務	S 選擇服務	R 特定服務	G 一般服務
P1 產品創新		目　前 策略定位		
P2 製程創新				
O 組織創新				
S 結構創新				未　來 策略定位
M 市場創新				

資料來源：本書整理自王毓箴（2005）。

圖 5-1 RFID 系統整合服務策略定位圖

表 5-1 RFID 整合商所需之服務價值活動

服務價值活動構面	顯著差異關鍵成功要素
設計　（C1）	掌握規格與創新技術 服務設計整合能力 解析市場與客製化能力
測試認證　（C2）	彈性服務效率的掌握 與技術部門的互動
行銷　（C3）	掌握目標與潛在市場能力 顧客需求回應能力
配銷　（C4）	服務傳遞能力
售後服務　（C5）	售後服務的價格、速度與品質 通路商服務能力
支援活動　（C6）	資訊科技整合能力

資料來源：本書整理自陳威寰（2005）。

表 5-2 RFID 整合商所需之外部資源涵量

外部資源涵量構面	顯著差異關鍵成功要素
互補資源提供者（E1）	國家政策資源應用能力 基礎建設充足程度
研發／科學 （E2）	研發知識擴散能力
技術 （E3）	技術商品化能力 引進技術與資源搭配程度
製造 （E4）	價值鏈整合能力 與供應商關係 整合外部製造資源能力
服務 （E5）	整合內外部服務活動能力 委外服務掌握程度
市場 （E6）	消費者特性 產業供應鏈整合能力 顧客關係管理
其他使用者 （E7）	多元與潛在顧客群 相關支援產業

資料來源：本書整理自陳威寰（2005）。

5.2 產業創新系統

本書於第三章研究模式建構中已整理出適用於創新密集服務業之國家創新系統一般分析架構，不過由於各個產業有其特殊性，為能有效探討政策工具於塑造產業環境及形成技術系統中所扮演之角色，故在研究中需考量並加入產業特性，以提昇研究模式在實證研究中之準確性及可應用性。

因此，本書在實證研究中，依據王毓箴（2005）的研究成果，首先找出 RFID 產業創新系統（含產業環境及技術系統）與服務價值活動及外部資源涵量之連結關係（分別列於表 5-3 與表 5-4），並依此獲得發展 RFID 所需之產業創新系統各構面及其細項（分別列於表 5-5 與表 5-6），以符合實證之真實性。

表 5-3　RFID 產業創新系統與服務價值活動之連結

服務價值構面	關鍵成功要素	相關之產業環境	相關之技術系統
設計（C1）	掌握規格與創新技術	■ 生產要素 ■ 需求條件	■ 知識本質與擴散機制 ■ 技術接收能力 ■ 多元化創新機制
	服務設計整合能力		
	解析市場與客製化能力		
測試認證（C2）	彈性服務效率的掌握		■ 知識本質與擴散機制
	與技術部門的互動		
行銷（C3）	掌握目標與潛在市場能力	■ 需求條件 ■ 企業策略、結構與競爭程度	■ 網路連結性 ■ 多元化創新機制
	顧客需求回應能力		
配銷（C4）	服務傳遞能力	■ 生產要素	■ 網路連結性
售後服務（C5）	售後服務的價格、速度與品質	■ 需求條件 ■ 企業策略、結構與競爭程度	■ 網路連結性
	通路商服務能力		
支援活動（C6）	資訊科技整合能力	■ 企業策略、結構與競爭程度	

資料來源：本書整理自王毓箴（2005）。

表 5-4　RFID 產業創新系統與外部資源涵量之連結

外部資源涵量構面	關鍵成功要素	相關之產業環境	相關之技術系統
互補資源提供者（E1）	國家政策資源應用能力	■ 生產要素 ■ 相關及支援性產業	■ 技術接收能力
	基礎建設充足程度		
研發／科學（E2）	研發知識擴散能力	■ 生產要素	■ 知識本質與擴散機制 ■ 技術接收能力 ■ 多元化創新機制
技術（E3）	技術商品化能力	■ 生產要素	■ 知識本質與擴散機制 ■ 技術接收能力 ■ 網路連結性 ■ 多元化創新機制
	引進技術與資源搭配程度		
製造（E4）	價值鏈整合能力	■ 生產要素 ■ 相關及支援性產業	■ 技術接收能力 ■ 網路連結性
	與供應商關係		
	整合外部製造資源能力		
服務（E5）	整合內外部服務活動能力	■ 需求條件 ■ 企業策略、結構與競爭程度	■ 網路連結性
	委外服務掌握程度		
市場（E6）	消費者特性	■ 需求條件 ■ 企業策略、結構與競爭程度	■ 網路連結性
	產業供應鏈整合能力		
	顧客關係管理		

表 5-4　RFID 產業創新系統與外部資源涵量之連結（續）

外部資源涵量構面	關鍵成功要素	相關之產業環境	相關之技術系統
其他使用者（E7）	多元與潛在顧客群 相關支援產業	■ 相關及支援性產業	■ 多元化創新機制

資料來源：本書整理自王毓箴（2005）。

表 5-5　RFID 產業環境構面之分析因子

生產要素	需求條件	相關及支援性產業	企業策略、結構及競爭程度
■ 人力資源 　人力成本 　人力素質 　勞動人口 ■ 天然資源 　電力供應 　原物料資源 　水力資源 ■ 知識資源 　大學院校 　政府研究機構 　市場研究機構 　同業工會 ■ 資本資源 　資本市場 　金融機構 ■ 基礎建設 　運輸系統 　通訊系統	■ 國內市場的性質 　RFID產業國內客戶需求型態和特質 　RFID產業國內市場的需求區域 ■ 國內市場的需求規模和成長速度 　RFID產業國內市場規模 　RFID產業國內市場需求成長 ■ 國內市場需求國際化情形 　RFID產業國外需求規模及型態	■ RFID支援性產業 ■ RFID相關性產業	■ RFID產業內企業所採之策略 ■ RFID產業內企業之組織型態 ■ RFID產業內企業之規模 ■ RFID產業內競爭程度

資料來源：本書整理自王毓箴（2005）。

表 5-6　RFID 產業技術系統之分析因子

知識本質和 擴散機制	技術接收能力	產業網路連結性	多樣化創新機制
■ RFID產業相關 　之知識系統 ■ RFID產業知識 　擴散機制	■ 國家教育與訓 　練系統 ■ RFID產業相關 　研發組織 ■ RFID產業內創 　業家精神	■ RFID產業相關 　技術流通網路 　結構 ■ RFID產業上中 　下游之連結程 　度 ■ 國內RFID產業 　與國際間之合 　作連結程度	■ RFID產業內廠 　商之經營型態 ■ RFID產業進入 　與退出障礙 ■ RFID產業國際 　間之衝擊 ■ RFID產業相關 　政策所扮演之 　角色

資料來源：本書整理自王毓箴（2005）。

5.3 政策工具與產業創新系統關聯性分析

在確定台灣 RFID 產業之產業創新系統各構面及其細項後，本節即探討 12 項政策工具對產業創新系統之作用情形。本書參考 Rothwell 與 Zegveld 所提出政策工具分類及概念（Rothwell and Zegveld, 1981），經由專家訪查，逐項探討 12 項政策工具與產業創新系統之關係，並將之彙整於表 5-7 至表 5-14。

此政策工具與產業創新系統為整個實證研究結果之關鍵，為求嚴謹，本書實地訪查多位產業界專家及學者，將諸位專家及學者之意見匯總。諸位專家分別來自工業技術研究院系統與航太技術發展中心、台灣積體電路公司、艾迪訊科技、信邦電子、經濟部技術處、聯陽半導體、永康元科技等 RFID 產業相關單位，以求問卷結果兼具廣度及深度。

本書將政策工具與產業創新系統（包括生產要素、需求條件、相關及支援性產業、企業策略、企業結構及競爭程度、知識本質與擴散機制、

技術接收能力、網路連結性及多元化創新機制等八構面）分列於矩陣的兩軸，以進行政策工具對產業創新系統之影響研究。在定義連結時，本書將此連結定義爲直接相關，對於間接相關者，則不在本書的討論範圍內。透過此連結，本書將可獲得發展 RFID 產業時，政府政策工具對產業環境構面及技術系統構面之影響作用。

　　本書分爲兩個階段，第一階段經由問卷找出政策工具與產業創新系統的關聯性，有效回收問卷 19 份。第二階段經由深度專家訪談探討各關聯的意義以及政策細部實施細節，深度專家訪查 5 人。

表 5-7 生產要素與政策工具之關聯性探討

政策工具　　生產要素	I、供給面政策				II、環境面政策				III、需求面政策			
	1.公營事業	2.科學與技術發展	3.教育與訓練	4.資訊服務	5.財務金融	6.租稅優惠	7.法規及管制	8.政策性策略	9.政府採購	10.公共服務	11.貿易管制	12.海外機構
人力成本		◎[4]	◎[10]	◎[16]								
人力素質		◎[5]	◎[11]	◎[17]								
勞動人口			◎[12]					◎[32]		◎[43]		
電力供應	◎[1]							◎[33]				
原物料資源								◎[34]	◎[42]		◎[46]	
水力資源	◎[2]							◎[35]				
大學院校		◎[6]	◎[13]	◎[18]								
政府研究機構		◎[7]	◎[14]	◎[19]				◎[36]				
市場研究機構			◎[15]	◎[20]			◎[27]	◎[37]				

表 5-7 生產要素與政策工具之關聯性探討（續）

政策工具 生產要素	I、供給面政策				II、環境面政策				III、需求面政策			
	1. 公營事業	2. 科學與技術發	3. 教育與訓練	4. 資訊服務	5. 財務金融	6. 租稅優惠	7. 法規及管制	8. 政策性策略	9. 政府採購	10. 公共服務	11. 貿易管制	12. 海外機構
同業公會		◎8		◎21				◎28	◎38			
資本市場					◎23	◎25	◎29	◎39				
金融機構					◎24	◎26	◎30					
運輸系統	◎3							◎40		◎44		
通訊系統		◎9		◎22			◎31	◎41		◎45		

資料來源：本書整理自王毓箴（2005）。

1、2、3　水、電力資源、國家運輸屬於國家基礎建設，開發中國家常以公營事業型態經營，期望此些基礎建設不會受到私人單位所壟斷；水、電力資源與國家運輸深受公營事業影響，惟其影響對象為國內所有產業，是一通常性政策需求，非 RFID 產業之特殊政策需求。

4、5、6、7　政府藉由投入 RFID 科學基礎研究及技術開發，可以培養出大量的科學家及工程師，因此能增加國內高級人力之供應及降低高級人力之人力成本。若能將此部份之人力經由適當的擴散，可有效提昇國家整體人力素質；目前政府投入的方向以被動式標籤、可重複讀寫式標籤及UHF讀取器為主，未來應多加強天線、長距離及多標籤（multi-tag）讀取器技術，以及後端軟體之人才。

8、　RFID 相關科學與技術發展活動將有助於產業的發展，進而促進公會的成立及規模的增加；反之，公會的成立也會促進 RFID 產業的資訊交流，進而促進科技的發展。

9、　RFID 產業屬於通訊產業的一環，故政府投入無線通訊系統及射頻相關技術的發展將有助於 RFID 產業技術的成熟。

10、11、12、13　普及及完整的 RFID 與無線通訊技術教育體系，可有效提昇人力素質

及勞動供給量。另一方面,當勞動供給增加、且人力需求未大幅變化時,將有助於勞動成本之降低。

14、15 完整的教育與訓練體系包含技術與市場兩部分教育訓練,推行 RFID 軟硬體相關技術教育訓練有助於提高政府研究機構的技術水準,除此之外,培養市場行銷相關人才也有助於市場研究機構的發展。

16、17、18、19、20 由於 RFID 產業仍處於初步發展之階段,故政府相關之資訊服務將可有效地增加 RFID 產業內人才之技術與市場知識,以提昇產業人力素質、提供大學院校及研發單位研發方向,並且傳遞適當的資訊予市場調查單位。

21、同業公會可藉由政府所提供之資訊服務,來增加其決策的參考資訊,以做出對於產業發展有助益之決定。

22、國內通訊系統受到頻寬、成本及涵蓋範圍的影響,健全的通訊系統可以促進資訊服務的品質及使用;資訊服務受到通訊系統的影響,惟其影響對象為國內所有產業,是一通常性政策需求,非 RFID 產業之特殊政策需求。

23、政府若以低利貸款、補貼等方式提供企業資金,企業會因排擠作用而減少對資本市場之資金需求;資本市場深受財務金融政策之影響,惟其影響對象為國內所有產業,是一通常性政策需求,非 RFID 產業之特殊政策需求。

24、政府若欲以低利貸款、補貼等方式提供企業資金,相對地政府必須給予金融機構利差上的補貼,以使金融機構能配合此政策,因此會對金融機構之機能及資金流向產生若干程度的影響;金融機構深受財務金融政策之影響,惟其影響對象為國內所有產業,是一通常性政策需求,非 RFID 產業之特殊政策需求。

25、26 政府給予資本市場及金融機構之各項租稅優惠,會影響該體系之資金流向及發展情形。如給予創投租稅上之優惠,將增加其投資 RFID 產業的意願。

27、市場調查的結果將影響法規與管制的制定,以協助市場機能更加健全。

28、法規及管制措施會影響產業公會的運作情形。

29、30 政府對於資本市場及金融機構之各項規範及管制,會影響該體系之發展情形;資本市場及金融機構深受法規與管制之影響,惟其影響對象為國內所有產業,是一通常性政策措施,非 RFID 產業之特殊政策需求。

31、由於通訊產業牽涉國防安全,故政府會限制通訊產業頻率開放的區段;UHF頻率開放區段受到手機頻率範圍的影響,因此使得目前 RFID 產業在各國間難有統一的頻率區段。

32、政府對於 RFID 產業所實施之人才培植措施,可有效增加 RFID 產業勞動供給量。

33、35 政府因特定政策性計劃所規劃之水電供應計畫,可即時因應某些產業發展,有

效增加可用之水、電資源供給；水電供應深受政策性策略之影響，惟其影響對象為國內所有產業，是一通常性政策措施，非 RFID 產業之特殊政策需求。

34、政府可藉由科技專案的方式，投入關鍵原料、元件及應用技術的發展，以降低前端成本，並增加 RFID 系統整合商解決方案的多元性。

36、37　政府政策性地對 RFID 產業進行規劃，將會影響國內產業的型態，進而影響政府研究機構的研發方向，以及市場研究機構的研究領域。

38、政府政策性地培植 RFID 產業之相關產業公會，可刺激更多的廠商加入產業公會。

39、政府為因應 RFID 產業發展，而在資本市場所設置專以 RFID 為投資標的發展基金（如節稅等誘因），將影響該體系之發展及健全程度。

40、41　政府政策性考量，集中發展產業所需之運輸及通訊等系統，將會影響運輸及通訊等系統之供給狀況；運輸與通訊深受政府政策性策略影響，惟其影響對象為國內所有產業，是一通常性政策需求，非 RFID 產業之特殊政策需求。

42、政府採購及合約研究將擴大原物料資源的需求量。

43、政府提供 RFID 相關之公共服務可以增加產業勞動人口。

44、45　若干國家基礎建設如運輸及通訊系統等，因其投入資本大、且回收期長之特性，導致一般企業無能力或普遍不願投資，因此政府需以公共財之概念來建設此類基礎建設；運輸與通訊系統深受公共服務政策之影響，惟其影響對象為國內所有產業，是一通常性政策需求，非 RFID 產業之特殊政策需求。

46、貿易管制將影響 RFID 產業原物料資源的進出口數量，進而影響原物料之價格及國內原物料廠商之企業型態。

表 5-8 需求要素與政策工具之關聯性探討

政策工具 \ 需求要素	I、供給面政策				II、環境面政策				III、需求面政策			
	1.公營事業	2.科學與技術發展	3.教育與訓練	4.資訊服務	5.財務金融	6.租稅優惠	7.法規及管制	8.政策性策略	9.政府採購	10.公共服務	11.貿易管制	12.海外機構
RFID產業國內客戶需求型態和特質		◎[2]		◎[4]			◎[7]	◎[9]	◎[12]		◎[15]	
RFID產業國內市場規模	◎[1]	◎[3]		◎[5]			◎[8]	◎[10]	◎[13]	◎[14]	◎[16]	
RFID產業國外需求規模及型態				◎[6]				◎[11]				◎[17]

資料來源：本書整理自陳威寰（2005）。

1　公營事業建構相關之 RFID 設備可創造市場需求。如海關建置物流運輸設備等。

2、3　目前國內客戶需求型態主要分開放系統與封閉系統兩種，兩者需求型態略有不同，惟降低成本及提高 RFID 讀取效能皆為其採用的重要考量之一（開放系統尤其重視），故政府於科學與技術發展上，應投入標籤、讀取器及相關應用技術，以降低標籤的體積、干擾及成本，並增加讀取器的讀取效率，與擴大應用市場範圍。

4、5　完備的資訊服務平臺可以增加 RFID 系統整合商之市場資訊，進而瞭解使用者之流程，以增加導入成功的機會。

6、資訊服務平臺能提供廠商更多的市場及技術資訊，因而使廠商更有能力掌握國外需求。

7、8　政府開放頻率的區段及標準的規定將影響 RFID 系統整合商的解決方案，進而影響國內客戶需求型態及市場規模。

9、政府可藉由訂定產業計劃、科技專案等方式，影響國內客戶需求型態。

10、政府可藉由訂定產業計劃、組成產業聯盟、建構示範性 RFID 系統等方式，擴大 RFID 國內市場。

11、國外需求規模及型態將會影響政策性策略的制定，以符合產業發展之趨勢。

12、13 目前政府各個部門採購規格各異，沒有一共通的標準，故在標籤的晶圓代工下單上，將提高其單位成本。因此政府應鼓勵部門採購並統一其採購規格，以擴大市場應用面及市場規模，同時降低系統整合商的整合難度。

14、政府積極建構 RFID 讀取器、IT系統等基礎建設，以擴大 RFID 應用範圍，進而增加開放系統之國內市場規模；政府引進 RFID 進入部份公共服務，將擴大國內 RFID 市場規模。

15、16 政府所實施之貿易政策，無論是管制或是開放，皆會影響國外廠商進入的意願，進而改變國內市場需求型態及規模。

17、海外機構能協助廠商取得海外市場之資訊、政府標案、非商業障礙等資訊。

表 5-9 相關及支援性產業與政策工具之關聯性探討

政策工具 相關及 支援性產業	I、供給面政策				II、環境面政策				III、需求面政策			
	1.公營事業	2.科學與技術發展	3.教育與訓練	4.資訊服務	5.財務金融	6.租稅優惠	7.法規及管制	8.政策性策略	9.政府採購	10.公共服務	11.貿易管制	12.海外機構
RFID支援性產業*	◎[1]	◎[3]	◎[5]	◎[7]			◎[10]	◎[12]				
RFID相關性產業**	◎[2]	◎[4]	◎[6]	◎[8]	◎[9]		◎[11]	◎[13]	◎[14]	◎[15]		

資料來源：本書整理自陳威寰（2005）。

*支援性產業係指在原產業提供服務過程中扮演支援性角色之產業。本書所定義 RFID 產業之支援性產業包括晶圓製造、封裝材料、軟硬體設計工具等產業。

**相關性產業係指不同產業卻可共同使用價值鏈中某些功能或者彼此間能移轉共通技能。本書所定義 RFID 產業之相關性產業係指航太、藥品、物流運籌等產業。

1、2　公營事業對於國內產業具普遍性之影響。

3、目前 RFID 支援性產業欠缺封裝、材料、天線、後端軟體及軟硬體設計工具之相關技術，惟此些技術皆非國內廠商所擅長，若政府有意願進行此些領域之科學與技術發展，應投入某特定領域，集中資源，方有成功的可能（如進入難度較材料為低的後端軟體應用）。

4、目前由於標籤的電波易受金屬或液體干擾，且成本過高（含標籤及其附著成本），故 RFID 應用之領域多應用於產品之紙箱或高單價之產品。另外，讀取器的讀取效率不彰，也局限 RFID 之應用範圍。故若政府致力於基礎及應用技術之發展，將可增加其讀取效率，並擴大其應用之範圍。

5、6　政府投入教育訓練於 RFID 相關及支援性產業，將可提高人才之知識，使 RFID 產業的供給端更具效率，並擴大需求端之需求量，進而擴大 RFID 整合商之市場。

7、8　政府增加其資訊服務，將可提高 RFID 相關及支援產業人才之知識，進而促進 RFID 產業的供給端更具效率，並擴大需求端之需求量，進而擴大 RFID 整合商之市場。

9、由於條碼成本低、且相關設備已建構完整，故使用開放系統的廠商並無更換 RFID 設備的誘因。政府可以給予其財務優惠，以降低其設備成本，增加 RFID 的使用。

10、11　對於開放系統之系統整合商而言，由於各國所採用的頻率區段尚未統一，因此導致零組件規格眾多、 RFID 整合商整合難度增加。另外，資料的安全性也是影響相關產業採用意願的重要因素。

12、13　政府利用產業規劃、獎勵策略聯盟、科技專案等方式，可促進 RFID 產業內上下游的溝通協調，並擴大 RFID 產業的應用範圍。如工研院所成立之 RFID 研發及應用產業聯盟將促進 RFID 整合商與其上下游廠商的合作、減少其整合之難度，並增加水平市場整合、擴大其規模。

14、15　政府採購及公共服務採用 RFID 產品將擴大 RFID 相關產業之需求，並健全 RFID 支援性產業之發展。

表 5-10 企業策略、企業結構及競爭程度與政策工具之關聯性探討

政策工具\企業策略、企業結構及競爭程度	I、供給面政策				II、環境面政策				III、需求面政策			
	1.公營事業	2.科學與技術發展	3.教育與訓練	4.資訊服務	5.財務金融	6.租稅優惠	7.法規及管制	8.政策性策略	9.政府採購	10.公共服務	11.貿易管制	12.海外機構
RFID產業內企業所採策略+		◎[1]					◎[4]	◎[8]	◎[12]		◎[15]	
RFID產業內企業組織型態							◎[5]	◎[9]	◎[13]			
RFID產業內企業之規模							◎[6]	◎[10]			◎[16]	
RFID產業內競爭程度	◎[2]			◎[3]			◎[7]	◎[11]	◎[14]		◎[17]	

資料來源：本書整理自陳威寰（2005）。

1、政府投入科學與技術發展的方向，將會影響國內 RFID 企業之型態，進而影響國內 RFID 系統整合商的策略。目前政府投入的方向以被動式標籤、可重複讀寫式標籤及UHF讀取器為主，藉此可降低標籤的成本並提高讀取的效率，以增加 RFID 系統整合商解決方案的彈性。

2、科學與技術開發及教育與訓練體系，可提昇國民知識水準，使國民具備較多創業所需知識，進而導致新進入產業者增多，促使產業競爭程度加劇。

3、在資訊服務充足的環境下，產業內之廠商因為市場資訊充足，競爭將更加激烈。而產業外之企業將因資訊的透明化，而增加進入 RFID 產業的意願。

4、5 政府採用之頻率區段若與其他主要國家不同，將會影響國內 RFID 企業之發展策略（如投入封閉或地區市場）及組織型態。

6、政府對於企業規模的相關法規限制（如公平交易法），將會影響國內 RFID 企業之

規模。

7、政府對於產業的調節措施，將會影響產業內企業規模及競爭程度。

8、9、10、11　政府藉由規劃、合併、產業聯盟等政策性的策略，將會改變企業的組織型態、規模與競爭程度。

12、13　RFID 產業屬初步發展階段，由於政府採購通常屬於大規模採購，因此會吸引某些企業為爭取政府採購而改變策略及企業型態，以發展合適之產品，滿足政府之需求。

14、政府採購規模若多樣且規模大時，能培植較大型公司及吸引較多競爭者加入，促使企業規模擴大並使產業競爭加劇。

15、16、17　政府與他國的貿易協定及關稅政策，會影響國外對本國產品的需求及國內對國外產品需求，因此對企業策略、組織型態、企業規模及產業競爭程度均會造成某種程度的影響。其中關稅保護措施，會降低外來產品對本國的衝擊，因此會降低國內產業競爭程度。

表 5-11 知識本質及擴散機制與政策工具之關聯性探討

政策工具　　　　知識本質及擴散機制	I、供給面政策				II、環境面政策				III、需求面政策			
	1.公營事業	2.科學與技術發展	3.教育與訓練	4.資訊服務	5.財務金融	6.租稅優惠	7.法規及管制	8.政策性策略	9.政府採購	10.公共服務	11.貿易管制	12.海外機構
RFID產業相關之知識系統		◎[1]	◎[3]	◎[5]		◎[7]		◎[9]				◎[10]
RFID產業知識擴散機制		◎[2]	◎[4]	◎[6]			◎[8]					◎[11]

資料來源：本書整理自陳咸寰（2005）。

1、3　政府可利用科學與技術開發、教育訓練政策，主導產業相關技術之發展方向，進而影響該產業所需之科學與技術知識種類；RFID 的應用與系統整合知識屬內隱知識，故應投入應用技術之發展與教育訓練，以強化 RFID 系統整合商之技術競爭力。

2、4、6　科學與技術研究體系、教育與訓練體系及資訊中心，均在國家技術開發過程中扮演重要知識傳播及擴散機制。目前 RFID 市場端較欠缺資訊，故應著重應用端資訊的擴展，增加整合商之市場需求。

5、　RFID 的應用與系統整合知識屬內隱知識，故應增加市場資訊平臺，以增加 RFID 系統整合商之市場資訊，並讓市場端瞭解 RFID 可應用之範圍，進而強化市場與整合商的溝通。

7、政府給予企業研發活動相關之租稅減免措施，能加強廠商對於產業相關知識與技術之創造。

8、法規與規定可以建構良好的知識擴散環境，增加知識流通的效率。

9、　RFID 的應用與系統整合知識屬內隱知識，因此政府需藉由產業規劃、策略聯盟等方式將 RFID 相關知識擴散至市場，以增加相關之應用需求。如工研院所成立之 RFID 研發及應用產業聯盟。

10、政府在海外設置據點，可有效接收海外 RFID 知識、規格及技術最新發展訊息，以提昇國內產業相關知識及技術之發展。

11、政府自設或鼓勵民間設立海外分支機構的措施，會在國外知識及技術擴散至國內產業的過程中，扮演催化及支援之角色。

表 5-12 技術接收能力與政策工具之關聯性探討

政策工具　技術接收能力	I、供給面政策				II、環境面政策				III、需求面政策			
	1.公營事業	2.科學與技術發展	3.教育與訓練	4.資訊服務	5.財務金融	6.租稅優惠	7.法規及管制	8.政策性策略	9.政府採購	10.公共服務	11.貿易管制	12.海外機構
國家教育與訓練系統		◎[1]	◎[4]	◎[7]				◎[12]				
RFID 產業相關研發組織		◎[2]	◎[5]		◎[9]	◎[10]		◎[13]				
RFID 產業內創業家精神		◎[3]	◎[6]	◎[8]			◎[11]	◎[14]				

資料來源：本書整理自陳戚霙（2005）。

1、4　國家科學單位檢視海外技術後，引進特定技術並投入科學與技術發展、教育與訓練活動，將提昇國內教育體系及訓練系統之水準，並增加國內產業之國際競爭力。

2、5　科學與技術發展、教育與訓練相關措施，會影響公共及企業內部研發組織之設立及其研究素質，進而影響其技術接收能力。

3、6　科學與技術研究、教育與訓練會提昇國內整體技術水準，進而能培養一群擁有技術的創業家。

7、若國內資訊接收管道充足且精確，除可迅速接收海外 RFID 相關知識外，亦將促進國家教育與訓練系統接收合適的發展方向。

8、海外 RFID 相關知識充足，將降低技術引進的不確定性，促使創業家進行創業活動。

9、10　政府對企業研發投入之補貼、低利貸款或租稅減免優惠，會影響企業導入國外技術之意願。

11、若政府對引進海外技術管制過多，將導致引進技術減少，進而減緩國內的創業活

動。

12、政府的部份產業計劃（如技術引進、國內外技術聯盟等）將引進海外技術，若將此些技術導入教育與訓練體系，將使得國內教育與訓練系統更加健全。

13、14　政府政策性的產業規劃（如技術引進、國內外技術聯盟等），能鼓舞更多人投入研發及創業之列。

表 5-13 網路連結性與政策工具之關聯性探討

政策工具　　　　　　網路連結性	Ⅰ、供給面政策				Ⅱ、環境面政策				Ⅲ、需求面政策			
	1.公營事業	2.科學與技術發展	3.教育與訓練	4.資訊服務	5.財務金融	6.租稅優惠	7.法規及管制	8.政策性策略	9.政府採購	10.公共服務	11.貿易管制	12.海外機構
RFID產業相關技術流通網路結構		◎[1]	◎[3]	◎[4]			◎[7]	◎[9]				
RFID產業上中下游之連結程度		◎[2]		◎[5]			◎[8]	◎[10]			◎[13]	
國內RFID產業與國際間之合作連結程度				◎[6]			◎[11]		◎[12]		◎[14]	◎[15]

資料來源：本書整理自陳威寰（2005）。

1、3　科學技術開發與教育訓練政策，能建構國家層面之研發體系，並影響 RFID 各研發機構間之連結程度。惟目前國內 RFID 產業欠缺一有效且通盤性的規劃，各體系連結程度有待加強。

2、有計劃性的研發體系將促進 RFID 產業上下游的連結，一同進行具策略性之研究發展。

4、5、6 國內市場與技術資訊充分與否，足以影響各機構間的交易成本，進而影響技術流通之順暢程度、上中下游合作意願及與國際間合作之能力及意願；工研院成立之 RFID 研發及產業應用聯盟，或是台北市電腦公會所成立的 RFID 產業促進協會，皆有資訊媒介的功能。

7、目前 RFID 產業應用端欠缺統一之標準，政府可以透過法規與規定規定之，以促進技術流通網路的運作，增加其流通的效率。

8、政府制定 RFID 產業之應用標準，將可促進上下游之間的合作及連結程度。

9、10 政府利用政策性措施，可有效鼓勵並加強技術流通體系之連結及產業上中下游的合作。如工研院所成立之 RFID 研發及應用產業聯盟，便促進上下游廠商的技術交流與連結。

11、政府可利用吸引國外大廠來台投資等政策性策略，增加國內廠商與國際廠商之合作程度。

12、由於採購專案牽涉領域廣泛，故可將國內產業不足的部分委由國外廠商、國內產業強項的部分委由國內廠商的方式，藉由專案形成的合作平臺，將國內外廠商連結起來。

13、政府所實施之貿易政策，無論管制或開放，皆會影響國外廠商進入的意願，進而改變國內上下游間合作之程度。

14、與他國之貿易協定或相關關稅優惠政策，會吸引國外廠商至國內設廠或國內廠商至國外設廠，進而增加國際間的合作交流程度。

15、政府自設或鼓勵民間設立之海外機構，若能有效地替國內研究機構或廠商尋求合適的合作伙伴（如供應鏈管理廠商、IT 系統廠商等），將能提高國內廠商與國際間合作之程度。

表 5-14 多元化創新機制與政策工具之關聯性探討

政策工具　　　　　　　多元化創新機制	I、供給面政策				II、環境面政策				III、需求面政策			
	1.公營事業	2.科學與技術發展	3.教育與訓練	4.資訊服務	5.財務金融	6.租稅優惠	7.法規及管制	8.政策性策略	9.政府採購	10.公共服務	11.貿易管制	12.海外機構
RFID產業內廠商之經營型態		◎[1]		◎[4]			◎[7]	◎[11]	◎[15]		◎[18]	
RFID產業進入與退出障礙					◎[6]		◎[8]	◎[12]	◎[16]			
RFID產業國際間之衝擊		◎[2]					◎[9]	◎[13]			◎[19]	◎[20]
RFID產業相關政策所扮演之角色		◎[3]		◎[5]			◎[10]	◎[14]	◎[17]			◎[21]

資料來源：本書整理自陳威寰（2005）。

1、國家科學與技術能力將影響廠商之經營型態。目前國內 RFID 產業技術發展多以標籤及讀取器為主，相較之下，相較之下，材料、應用技術、後端整合軟體人才較為缺乏。

2、台灣 RFID 產業缺乏材料、天線、封裝、後端整合軟體等技術，因此必須仰賴國外廠商提供。若要面對產業國際之衝擊，必須投入以上技術的發展。惟台灣資源不足，故政府需選定某幾部份集中發展，以增加成功機會。

3、政策扮演的角色主要為產業提供人才、技術與資金。由於材料等技術需要投入大量資源，故政府可選擇 RFID 應用技術為國內發展之方向，增加國內 RFID 整合商之多元性。

4、資訊服務有助於 RFID 系統整合商獲得國內外產業之各種資訊，以協助其策略之決

定,進而改變其經營型態,使得經營模式更加多元。

5、政府可成立法人或獨立單位,協助推廣 RFID 相關知識,以擴大其應用領域,進而擴大產業之規模。

6、政府給予 RFID 應用技術或系統整合商補貼或低利貸款,將可降低其進入障礙,並刺激國內 RFID 產業多元化。

7、8 法規及管制會影響產業技術來源、市場需求及產業結構,進而影響企業經營型態之多元性及產業進入及退出障礙(如頻率區段的開放)。此外,健全的專利相關制度及營業秘密保護,可促使產業內廠商進行更多研發活動,利於產業的多元化。

9、13 產業國際間之衝擊將會影響政府之法規及管制、政策性策略之制定及修正。

10 大方向的政策將促使部份法規及管制進行改變。

11、12 政府藉由產業聯盟、科技專案等政策性策略,以促進市場與 RFID 系統整合商之溝通、降低其進入障礙,進而促使系統整合商經營型態更加多元。

14、政府可藉由產業計劃等政策性策略,將國內 RFID 的資源做有效率地整合

15、18 政府採購需求型態將改變廠商的策略。故若政府採購之部門多元化,將增加 RFID 系統整合商之多元程度。

16、由於目前 RFID 產業屬初步發展階段,市場需求量小,故政府若能制定應用端之標準與規範,可降低系統整合商之進入障礙。

17、由於目前 RFID 產業屬初步發展階段,市場需求量小,故政府採購可擴大封閉系統市場的規模,進而扶植國內 RFID 系統整合商成長。

18、19 政府所實施之貿易政策,無論是管制或是開放,皆會影響國外廠商進入的意願,進而影響國內市場之多元性。

20、21 國內廠商可藉由政府設立之海外機構獲得市場資訊、他國政府標案,並減少許多海外的非商業障礙,以促進國內 RFID 產業的多元化;目前國貿局已著手計劃協助國內 RFID 廠商搜集海外市場的資訊與機會,以增加國內 RFID 產業的多元性。

5.4 綜合討論

5.4.1 台灣 RFID 系統整合業遇到之問題

　　RFID 系統整合商所面對的市場可概分為兩種：封閉系統（close system）與開放系統（open system）；封閉系統係指使用於特定區域的 RFID 系統，使用者僅能在此區域內使用識別系統，離開此特定區域，識別系統便無法使用，如圖書館、悠遊卡、企業內部識別證等系統皆是。封閉系統主要用在不需要與外界交換資訊的環境，或是識別資料需要保密的系統。

　　專家指出，目前 RFID 系統整合商在封閉系統市場遇到下列幾項問題：

■ 欠缺應用市場資訊；

■ 缺乏導入企業的流程知識；

■ 市場無一具共識的規格與標準，導致整合商必須準備許多不同的規格與標準，無法快速擴大市場；

■ 標籤與讀取器的效能仍待加強，此外，標籤的成本也不具優勢；

■ 封閉系統的各個專案規模遠較開放市場小，且如第三點所言，規格各異並無統一，因此就晶圓代工下單而言，有實質上的困難。

■ 開放系統係指沒有特定區域限制的 RFID 系統，使用者在一共同的規範下，便可進行資訊的交換，如海關的貨物識別、物流運籌等系統。開放系統主要用在需要與外界交換資訊的環境，資訊在一共同的保密機制下，進行交換。

■ 專家指出，目前 RFID 系統整合商在開放系統市場遇到下列幾項問題：

■ 標籤成本過高、UHF標籤體積過大，且標籤易受干擾；

■ 讀取器效率不彰，多標籤（multi-tag）讀取精確度不足；

■ 就取代條碼市場而言,其標籤成本遠大於條碼,且各個廠商的條碼設備
　已建構完整,沒有誘因更換 RFID 標籤設備;

■ 各國開放 RFID 頻率區段並未統一,且開放的頻率區段牽涉手機頻率區
　段,故短時間內難以解決跨國運輸的問題;

■ 標籤有其成本,不若無成本的條碼,故標籤之成本究竟如何分擔(供應
　商或是通路商),決定各廠商採用的速率。

5.4.2 台灣 RFID 產業專家訪談所需政策工具比重分析

　　分析專家訪談之結果,本書將所需之政策工具比重結果(統計資料列
於附錄三)表示於圖 5-2,而政策工具影響產業創新系統各構面之比例表
示於表 5-15。其中,所需之政策工具以政策性策略比重最高,約佔 19.2
%,科學與技術發展及資訊服務次之,各佔 14.1%。

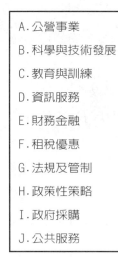

A. 公營事業
B. 科學與技術發展
C. 教育與訓練
D. 資訊服務
E. 財務金融
F. 租稅優惠
G. 法規及管制
H. 政策性策略
I. 政府採購
J. 公共服務

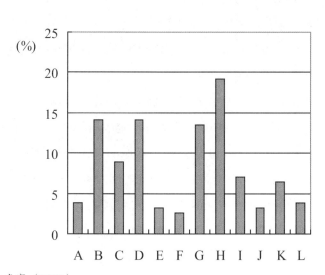

資料來源:本書整理自陳威寰(2005)。

圖 5-2 專家訪談政策工具之比重分配

由 5.4.1 可知，目前 RFID 系統整合商最需要前端技術的突破與後端市場的應用資訊。圖 14 顯示目前國內最需要的政策為政策性策略（扶植新興產業）、科學與技術發展（前端技術），以及資訊服務（市場應用資訊），其結果與目前 RFID 系統整合商所需之政策完全相同，故證明本分析模式可以以一套有系統性的方式，有效找出發展創新密集服務業所需之政策工具。

表 5-15 政策工具影響產業創新系統各構面之比例

	公營事業	科學與技術發展	教育與訓練	資訊服務	財務金融	租稅優惠	法規及管制	政策性策略	政府採購	公共服務	貿易管制	海外機構
生產要素	50.0	27.3	42.9	31.8	40.0	50.0	23.8	33.3	9.1	60.0	10.0	0.0
需求條件	16.7	9.1	0.0	13.6	0.0	0.0	9.5	10.0	18.2	20.0	20.0	16.7
相關及支援性產業	33.3	9.1	14.3	9.1	20.0	0.0	9.5	6.7	9.1	20.0	0.0	0.0
企業策略、企業結構及競爭程度	0.0	9.1	0.0	4.6	0.0	0.0	19.1	13.3	27.3	0.0	30.0	0.0
知識本質與擴散機制	0.0	9.1	14.3	9.1	0.0	25.0	4.8	3.3	0.0	0.0	0.0	33.3
技術接收能力	0.0	13.6	21.4	9.1	20.0	25.0	4.8	10.0	0.0	0.0	0.0	0.0
網路連結性	0.0	9.1	7.1	13.6	0.0	0.0	9.5	10.0	9.1	0.0	20.0	16.7
多元化創新機制	0.0	13.6	0.0	9.1	20.0	0.0	19.1	13.3	27.3	0.0	20.0	33.3

資料來源：本書整理自陳威寰（2005）。

5.4.3 台灣 RFID 產業專家訪談政策工具對產業創新系統作用分析

分析專家訪談之結果，本書將政策工具對產業創新系統影響之結果表示於圖 5-3。其中，政策工具對生產構面影響最大，約佔 29.5％，多元化創新機制構面其次，約佔 13.5％。此一結果可顯示政策工具對產業創新系統各構面之影響。

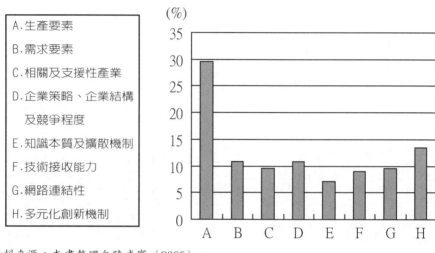

A.生產要素

B.需求要素

C.相關及支援性產業

D.企業策略、企業結構
　及競爭程度

E.知識本質及擴散機制

F.技術接收能力

G.網路連結性

H.多元化創新機制

資料來源：本書整理自陳威寰（2005）。

圖 5-3專家訪談政策工具對產業創新系統影響之比重

5.5 台灣 RFID 供給面政策工具分析

5.5.1 公營事業

公營事業係指政府所實施與公營事業成立、營運及管理等相關之各項措施。由於政府掌握公營事業的發展方向，故政府可藉由公有事業的創新、公營事業引進新興技術、參與民營企業等方法，來促進產業技術或市場的發展、加速產業成熟。然而，若是政府投資不當，或是公營事業發展

方向錯誤，不但造成公帑的浪費，對於產業亦無幫助，更有甚者，甚至會與民爭利、阻礙產業的發展。故正確的公營事業投資方向對產業發展有一定的影響。

透過專家訪談，在 RFID 產業中，公營事業最主要影響生產要素構面，其次為相關及支援性產業，第三為需求條件構面（可見表 5-15）；其中，生產要素係指水、電資源與國家運輸。此三種生產要素屬於國家基礎建設，開發中國家常以公營事業型態經營，期望此些基礎建設不會受到私人單位所壟斷。惟其影響對象為國內所有產業，是一通常性政策需求，非 RFID 產業之特殊政策需求。

公營事業對國內產業具普遍性之影響，故其對於 RFID 相關及支援性產業之影響不可忽略。公營事業對 RFID 相關設備之採購會擴大 RFID 國內市場之規模，如機場、港口、國立之各級圖書館及高速公路 RFID 收費系統等，因此能創造產業需求；表 5-16為公營事業對產業創新系統之影響及施行所需之細部政策匯總。

表 5-16 公營事業對產業創新系統之影響及施行所需之細部政策

影響之產業創新系統構面	政策之影響及細部政策
電力供應	產業普遍之需求。
水力資源	
運輸系統	
RFID支援性產業	公營事業對國內產業具普遍性之影響。
RFID相關性產業	
RFID產業國內市場規模	由於RFID屬一未成熟之產業，故公營事業的採購可以擴大RFID國內市場及國內廠商之規模，進而增加國內廠商之競爭力。

資料來源：本書整理自陳咸震（2005）。

註：表 5-16 至表 5-27 灰色部份表示受該政策工具影響較多的產業創新系統構面。

5.5.2 科學與技術發展

　　科學與技術發展係指政府直接或間接鼓勵各項科學與技術發展之作為。由於政府掌握許多資金及資源，故可以投資並發展許多未成熟的產業技術。政府可藉由投資研究實驗室、支援研究單位、學術性團體、專業協會、研究特許等方式，增加產業對基礎科學的瞭解與促進產業新興技術的發展，之後藉由適當的機制，將成果釋放給民間，以刺激民間企業的設立及加速產業的成熟。因此，科學與技術發展對處在萌芽期的產業特別重要，其具有新技術的前瞻者、開發者及接收者等角色，影響新興產業發展甚鉅。

　　專家訪談的結果顯示， RFID 產業中，科學與技術發展最主要影響生產要素構面，其次為技術接收能力與多元化創新機制構面（可見表5-15）；以生產要素構面而言， RFID 之科學與技術發展可以有效提高國內 RFID 產業之人力、大學及政府研究單位之素質，進而降低對國外 RFID 人才的倚賴，並且促進國內 RFID 市場的蓬勃及同業公會的發展。目前國內 RFID 的發展以技術方面投入較多，尤以半導體技術的延伸（如標籤設計、標籤製造）為主。至於科學的部份（如封裝材料等）投入較少，並且落後先進國家有一段距離。而後端軟體技術的部份，國內的中介軟體及應用軟體能力不差，惟多半侷限於封閉的系統，開放系統的部份，國內並無軟體商有足夠的規模可以進行開發。

　　至於技術接收能力的部份，由於國內 RFID 產業在部份技術上必須仰賴國外廠商，故國家科學單位於檢視海外技術後，引進特定技術並投入科學與技術的發展，不但可提昇國內教育體系及訓練系統於該領域之水準，並且影響國內創業的型態。除此之外，科學與技術發展的方向也將影響RFID 產業相關研發組織對於某些領域的技術接收能力。

　　目前政府投入的方向以被動式標籤、可重複讀寫式標籤及UHF讀取器為主，期望藉此降低成本，以刺激市場的需求。就 RFID 系統整合商而言，目前遇到的問題主要有二，一者為前端技術的突破、以將成本降低至各 RFID 相關性產業皆可接受的範圍，並且提高其運作之效率。二者為市場資訊及應用技術的開發、以有效找尋並提供客戶合適的解決方案；就前者而言，目前國內 RFID 支援性產業欠缺封裝、天線等相關技術，惟此些技術皆非國內廠商所擅長，因此若政府有意願進行此些領域之科學與技術發展，應投入某特定領域，集中資源，方有成功的可能；就後者而言，目前 RFID 相關性產業由於標籤封裝技術及多標籤讀取技術仍未完全成熟（標籤封裝材料影響訊號的強弱、讀取器技術影響多標籤讀取的效率），故應用上仍有其限制。另外，標籤仍有其他問題，如前述的價格問題，以及標籤附著標的物的二次成本，都將限制其最終價格，進而侷限 RFID 系統整合商之應用範圍。

　　綜合上述，政府除既有的發展方向外，尚可選擇發展標籤附著技術、天線技術、多標籤及長距離讀取技術，以及 RFID 應用技術。另外，政府應加強軟體人才的教育，以彌補產業所需人才之缺口。

表 5-17 科學與技術發展對產業創新系統之影響及施行所需之細部政策

影響之產業創新系統構面	政策之影響及細部政策
人力成本	政府藉由投入RFID科學基礎研究及技術開發，可以培養出大量的科學家及工程師，因此能增加國內高級人力之供應及降低高級人力之人力成本。若能將此部份之人力適當地擴散，可有效提昇國家整體人力素質；目前政府投入的方向以被動式標籤、可重複讀寫式標籤及UHF讀取器為主，未來應多加強天線技術、長距離及多標籤（multi-tag）讀取器技術，以及後端軟體之人才。
人力素質	
大學院校	
政府研究機構	

表 5-17 科學與技術發展對產業創新系統之影響及施行所需之細部政策（續）

影響之產業創新系統構面	政策之影響及細部政策
同業公會	RFID相關科學與技術發展活動將有助於產業的發展，進而促進公會的成立及規模的增加；反之，公會的成立也會促進RFID產業的資訊交流，進而促進科技的發展。
通訊系統	RFID產業屬於通訊產業的一環，故政府投入無線通訊系統及射頻相關技術的發展將有助於RFID產業技術的成熟。
RFID產業國內客戶需求型態和特質	目前國內客戶需求型態主要分開放系統與封閉系統兩種，兩者需求型態略有不同，惟降低成本及提高RFID讀取效能皆為其採用的重要考量之一（開放系統尤其重視），故政
RFID產業國內市場規模	府於科學與技術發展上，應投入標籤、讀取器及相關應用技術，以降低標籤的體積、干擾及成本，並增加讀取器的讀取效率，與擴大應用市場範圍。
RFID支援性產業	目前RFID支援性產業欠缺封裝、材料、天線、後端軟體及軟硬體設計工具之相關技術，惟此些技術皆非國內廠商所擅長，若政府有意願進行此些領域之科學與技術發展，應投入某特定領域，集中資源，方有成功的可能（如進入難度較材料為低的後端軟體應用）。
RFID相關性產業	目前由於標籤的電波易受金屬或液體干擾，且成本過高（含標籤及其附著成本），故RFID應用之領域多應用於產品之紙箱或高單價之產品。另外，讀取器的讀取效率不彰，也局限RFID之應用範圍。故若政府致力於基礎及應用技術之發展，將可增加其讀取效率，並擴大其應用之範圍。
RFID產業內企業所採之策略	政府投入科學與技術發展的方向，將會影響國內RFID企業之型態，進而影響國內RFID系統整合商的策略。目前政府投入的方向以被動式標籤、可重複讀寫式標籤及UHF讀取器為主，藉此可降低標籤的成本並提高讀取的效率，以增加RFID系統整合商解決方案的彈性。

表 5-17 科學與技術發展對產業創新系統之影響及施行所需之細部政策（續）

影響之產業創新系統構面	政策之影響及細部政策
RFID產業內競爭程度	科學與技術開發及教育與訓練體系，可提昇國民知識水準，使國民具備較多創業所需知識，進而增加新進入者，促使產業競爭程度加劇。
RFID產業相關之知識系統	RFID的應用與系統整合知識屬內隱知識，故應投入應用技術之發展，以強化RFID系統整合商之技術競爭力。
RFID產業知識擴散機制	科學與技術研究體系、教育與訓練體系及資訊中心，均在國家技術開發過程中扮演重要知識傳播及擴散機制。目前RFID市場端較欠缺資訊，故應著重應用端資訊的擴展，增加整合商之市場需求。
國家教育與訓練系統	國家科學單位檢視海外技術後，引進特定技術並投入科學與技術發展、教育與訓練活動，將提昇國內教育體系及訓練系統之水準，並增加國內產業之國際競爭力。
RFID產業相關研發組織	科學與技術發展、教育與訓練相關措施，會影響公共及企業內部研發組織之設立及其研究素質，進而影響其技術接收能力。
RFID產業內創業家精神	科學與技術研究、教育與訓練會提昇國內整體技術水準，進而能培養一群擁有技術的創業家。
RFID產業相關技術流通網路結構	科學技術開發與教育訓練政策，能建構國家層面之研發體系，並影響RFID各研發機構間之連結程度。惟目前國內RFID產業欠缺一有效且通盤性的規劃，各體系連結程度有待加強。
RFID產業上中下游之連結程度	有計劃性的研發體系將促進RFID產業上下游的連結，一同進行具策略性之研究發展。
RFID產業內廠商之經營型態	國家科學與技術能力將影響廠商之經營型態。目前國內RFID產業技術發展多以標籤及讀取器為主，相較之下，相較之下，材料、應用技術、後端整合軟體人才較為缺乏。

表 5-17 科學與技術發展對產業創新系統之影響及施行所需之細部政策（續）

影響之產業創 新系統構面	政策之影響及細部政策
RFID產業國際間之衝擊	台灣RFID產業缺乏材料、天線、封裝、後端整合軟體等技術，因此必須仰賴國外廠商提供。若要面對產業國際之衝擊，必須投入以上技術的發展。惟台灣資源不足，故政府需選定某幾部份集中發展，以增加成功機會。
RFID產業相關政策所扮演之角色	政策扮演的角色主要為產業提供人才、技術與資金。由於材料等技術需要投入大量資源，故政府可選擇RFID應用技術為國內發展之方向，增加國內RFID整合商之多元性。

資料來源：本書整理自陳咸寰（2005）。

5.5.3 教育與訓練

　　教育與訓練係指政府針對教育體制及訓練體系之各項政策。由於政府主導整個國家教育與訓練發展之方向，故若要發展產業相關技術與知識，勢必需要政府政策的配合。政府可藉由投資大學教育、技職教育、見習計劃、高深教育、再訓練等方式，擴大產業所需之人才。由於萌芽期的產業缺乏足夠的產業知識及產業人才，因此適當的教育與訓練體系殊為重要。在民間普遍皆對產業缺乏認識的情況下，政府的人才培育計劃可塑造未來產業所需的企業領導人才，如當年的RCA計劃，便造就現在台灣半導體產業的蓬勃發展。

　　專家訪談的結果顯示，RFID 產業中，教育與訓練最主要影響生產要素構面，其次為技術接收能力，之後為相關及支援性產業與知識本質與擴散機制（表 5-15）；以生產要素構面而言，RFID 相關教育訓練可以提高人力素質及勞動供給量，進而降低人力的成本。完整的教育與訓練體系包含技術與市場兩部分教育訓練，因此教育訓練的方向除了 5.5.2 所述之各

項 RFID 相關技術之外，也應培養市場行銷相關人才。唯有技術與市場兩端人才的配合，才能促進 RFID 系統整合商提出具成本競爭力、且符合客戶確切需求的服務。

　　至於技術接收能力的部份，由於國內 RFID 產業在部份技術上必須仰賴國外的研發單位，故國家科學單位於檢視海外技術後，引進特定技術進入國內教育與訓練體系，不但可提昇國內教育體系及訓練系統於該領域之水準，並且影響國內創業的型態。除此之外，教育與訓練的方向影響國內人力的知識背景，進而影響 RFID 產業相關研發組織對於某些領域的技術接收能力。

　　目前國內 RFID 產業介在萌芽期及成長期階段間，許多技術仍屬內隱知識（如讀取器接收、 RFID 應用技術等），其中應用技術最欠缺知識，故影響 RFID 市場端之應用，也影響其相關及支援性產業的發展。因此目前國內 RFID 的教育與訓練政策應著重於5.5.2節所述之領域，並藉由教育與訓練體系培養大量具 RFID 知識之人才進入各個產業服務，以擴大相關產業應用的範圍；科學技術開發與教育訓練政策，能建構國家層面之研發體系，並影響 RFID 各研發機構間之連結程度。惟目前國內 RFID 教育訓練體系欠缺一有效且通盤性的規劃，以致缺乏共同之發展目標，並減緩產業之發展速度。

表 5-18 教育與訓練對產業創新系統之影響及施行所需之細部政策

影響之產業創新系統構面	政策之影響及細部政策
人力成本	普及及完整的RFID與無線通訊技術教育體系，可有效提昇人力素質及勞動供給量。另一方面，當勞動供給增加、且人力需求未大幅變化時，將有助於勞動成本之降低。
人力素質	
勞動人口	
大學院校	

表 5-18 教育與訓練對產業創新系統之影響及施行所需之細部政策（續）

影響之產業創新系統構面	政策之影響及細部政策
政府研究機構 市場研究機構	完整的教育與訓練體系包含技術與市場兩部分教育訓練。推行RFID軟硬體相關技術教育訓練有助於提高政府研究機構的技術水準，而培養市場行銷相關人才則助於市場研究機構的發展。
RFID支援性產業 RFID相關性產業	政府投入教育訓練於RFID相關及支援性產業，將可提高人才之知識，使RFID產業的供給端更具效率，並擴大需求端之需求量，進而擴大RFID整合商之市場。
RFID產業相關之知識系統	RFID的應用與系統整合知識屬內隱知識，故應投入應用技術之教育訓練，以強化RFID系統整合商之技術競爭力。
RFID產業知識擴散機制	科學與技術研究體系、教育與訓練體系及資訊中心，均在國家技術開發過程中扮演重要知識傳播及擴散機制。目前RFID市場端較欠缺資訊，故應著重應用端資訊的擴展，增加整合商之市場需求。
國家教育與訓練系統	國家科學單位檢視海外技術後，引進特定技術並投入科學與技術發展、教育與訓練活動，將提昇國內教育體系及訓練系統之水準，並增加國內產業之國際競爭力。
RFID產業相關研發組織	教育與訓練相關措施，會影響公共及企業內部研發組織之設立及其研究素質，進而影響其技術接收能力。
RFID產業內創業家精神	科學與技術研究、教育與訓練會提昇國內整體技術水準，進而能培養一群擁有技術的創業家。
RFID產業相關技術流通網路結構	教育訓練政策，能建構國家層面之研發體系，並影響RFID各研發機構間之連結程度。惟目前國內RFID產業欠缺一有效且通盤性的規劃，各體系連結程度有待加強。

資料來源：本書整理自陳感寰（2005）。

5.5.4 資訊服務

　　資訊服務係指政府以直接或間接方式鼓勵技術及市場資訊流通之作為。政府以其豐富的資源，將技術與市場資訊藉由資訊平臺的方式，使之透明化，以增進民間對於產業的瞭解，進而促進投資。另外，資訊平臺也可將其他國家產業的發展資訊帶回給國內產業界，以做為企業在策略發展時參考的依據。政府可以透過建構資訊網路中心、圖書館、顧問與諮詢服務、資料庫、聯絡服務等方式，來提供產業所需的資訊服務。

　　專家訪談的結果顯示，RFID 產業中，資訊服務對 RFID 系統整合商之產業環境與技術系統各構面皆有影響，最主要影響為生產要素構面，其次為需求條件與網路連結性（可見表 5-15）；以生產要素構面而言，由於目前 RFID 產業屬於初步發展階段，故整個科學與技術發展、教育與訓練體系及同業公會欠缺技術與市場資訊，以致不易找出具效率的發展方向，因此需要政府以法人或獨立單位的方式，推動產業所需之資訊平臺，以利產業的研發系統能掌握正確的研發資訊。

　　需求要素方面，完備的資訊服務平臺可以增加 RFID 系統整合商之市場資訊，進而瞭解使用者之流程，以增加導入成功的機會。此外，資訊服務平臺能提供廠商更多的市場及技術資訊，因而使廠商更有能力掌握海外之需求；至於網路連結性的部份，國內市場與技術資訊充分與否，將影響各機構間的交易成本，進而影響技術流通之順暢程度、上中下游合作之意願與國際間合作之能力。

　　就 RFID 系統整合商的角度而言，市場資訊與技術開發同等重要，而RFID 的應用與系統整合知識屬內隱知識，故更需要政策上的配合。由於市場端往往不瞭解導入 RFID 系統對於其公司之益處，因此系統整合商便要透過資訊平臺，將 RFID 的優勢傳達給市場端，並藉著資訊平臺，分析市場端無法導入 RFID 的原因，進而提出適切的解決方案。此外，除了應用領域的資訊外，導入所需的資訊也十分重要。系統整合商若對導入 RFID 之使

用者的企業內部流程瞭解不足，在導入的過程中將出現難以解決的問題。

表 5-19 資訊服務對產業創新系統之影響及施行所需之細部政策

影響之產業創新系統構面	政策之影響及細部政策
人力成本	由於RFID產業仍處於初步發展之階段，故政府相關之資訊服務將可有效地增加RFID產業內人才之技術與市場知識，以提昇產業人力素質、提供大學院校及研發單位研發方向，並且傳遞適當的資訊予市場調查單位。
人力素質	
大學院校	
政府研究機構	
市場研究機構	
同業公會	同業公會可藉由政府所提供之資訊服務，來增加其決策的參考資訊，以做出對於產業發展有助益之決定。
通訊系統	國內通訊系統受到頻寬、成本及涵蓋範圍的影響，健全的通訊系統可以促進資訊服務的品質及使用；資訊服務受到通訊系統的影響，惟其影響對象為國內所有產業，是一通常性政策需求，非RFID產業之特殊政策需求。
RFID產業國內客戶需求型態和特質	完備的資訊服務平臺可以增加RFID系統整合商之市場資訊，進而瞭解使用者之流程，以增加導入成功的機會。
RFID產業國內市場規模	
RFID產業國外需求規模及型態	資訊服務平臺能提供廠商更多的市場及技術資訊，因而使廠商更有能力掌握國外需求。
RFID支援性產業	政府增加其資訊服務，將可提高RFID相關及支援產業人才之知識，進而促進RFID產業的供給端更具效率，並擴大需求端之需求量，進而擴大RFID整合商之市場。
RFID相關性產業	
RFID產業內競爭程度	在資訊服務充足的環境下，產業內之廠商因為市場資訊充足，競爭將更加激烈。而產業外之企業將因資訊的透明化，而增加進入RFID產業的意願。
RFID產業相關之知識系統	RFID的應用與系統整合知識屬內隱知識，故應增加市場資訊平臺，以增加RFID系統整合商之市場資訊，並讓市場端瞭解RFID可應用之範圍，進而強化市場與整合商的溝通。

表 5-19 資訊服務對產業創新系統之影響及施行所需之細部政策（續）

影響之產業創新系統構面	政策之影響及細部政策
RFID產業知識擴散機制	科學與技術研究體系、教育與訓練體系及資訊中心，均在國家技術開發過程中扮演重要知識傳播及擴散機制。目前RFID應用端較欠缺資訊，故應著重應用端知識的擴展，增加整合商之市場需求。
國家教育與訓練系統	若國內資訊接收管道充足且精確，除可迅速接收海外RFID相關知識外，亦將促進國家教育與訓練系統接收合適的發展方向。
RFID產業內創業家精神	海外RFID相關知識充足，將降低技術引進的不確定性，促使創業家進行創業活動。
RFID產業相關技術流通網路結構	國內市場與技術資訊充分與否，足以影響各機構間的交易成本，進而影響技術流通之順暢程度、上中下游合作意願及與國際間合作之能力及意願；工研院成立之RFID研發及產業應用聯盟，或是台北市電腦公會所成立的RFID產業促進協會，皆有資訊媒介的功能。
RFID產業上中下游之連結程度	
國內RFID產業與國際間之合作連結程度	
RFID產業內廠商之經營型態	資訊服務有助於RFID系統整合商獲得國內外產業之各種資訊，以協助其策略之決定，進而改變其經營型態，使得經營模式更加多元。
RFID產業相關政策所扮演之角色	政府可成立法人或獨立單位，協助推廣RFID相關知識，以擴大其應用領域，進而擴大產業之規模。

資料來源：本書整理自陳威寰（2005）。

5.6 台灣 RFID 環境面政策工具分析

5.6.1 財務金融

　　財務金融係指政府直接或間接給予企業之各項財務支援。政府可以以國家發展計劃等政策，透過貸款、補助金、財務分配安排、設備提供、建物或服務、貸款保證、出口信用貸款等財務金融方式，減輕企業的財務負擔。由於萌生期的產業普遍欠缺資金，故一個開放且健全的財務金融體系有助於企業的投資，進而促進產業的發展。

　　專家訪談的結果顯示，財務金融最主要影響生產要素構面，其次為相關及支援性產業、技術接收能力，以及多元化創新機制（可見表 5-15）；就生產要素而言，政府的各項財務金融政策都將影響資本市場與金融機構的運作。惟其影響對象為國內所有產業，是一通常性政策需求，非 RFID 產業之特殊政策需求。

　　政府對於產業的各項財務金融補助，將降低其進入障礙，並影響國外廠商進入國內投資的意願； RFID 系統整合商的市場可略分為封閉系統與開放系統兩種，其中，採用開放系統的使用者多半為製造業業者，其採用 RFID 系統的目的是為了取代目前所使用的條碼系統，故能否降低成本是其決策的重要考量因素之一。然而目前條碼成本低廉、且相關設備的建置也十分完整，因此若要推動該使用者採用 RFID 相關系統，除了標籤成本的降低及讀取效率的提昇外，政府可以財務金融方面的優惠，增加其更換設備的意願。

表 5-20 財務金融對產業創新系統之影響及施行所需之細部政策

影響之產業創新系統構面	政策之影響及細部政策
資本市場	政府若以低利貸款、補貼等方式提供企業資金,企業會因排擠作用而減少對資本市場之資金需求;資本市場深受財務金融政策之影響,惟其影響對象為國內所有產業,是一通常性政策需求,非RFID產業之特殊政策需求。
金融機構	政府若欲以低利貸款、補貼等方式提供企業資金,相對地政府必須給予金融機構利差上的補貼,以使金融機構能配合此政策,因此會對金融機構之機能及資金流向產生若干程度的影響;金融機構深受財務金融政策之影響,惟其影響對象為國內所有產業,是一通常性政策需求,非RFID產業之特殊政策需求。
RFID相關性產業	由於條碼成本低、且相關設備已建構完整,故使用開放系統的廠商並無更換RFID設備的誘因。政府可以給予其財務優惠,以降低其設備成本,增加RFID的使用。
RFID產業相關研發組織	政府對企業研發投入之補貼、低利貸款或租稅減免優惠,會影響企業導入國外技術之意願。
RFID產業進入與退出障礙	政府給予RFID應用技術或系統整合商補貼或低利貸款,將可降低其進入障礙,並刺激國內RFID產業多元化。

資料來源:本書整理自陳威寰(2005)。

5.6.2 租稅優惠

　　租稅優惠係指政府給予企業各項稅賦上的減免。由於萌芽期的產業產品需求量較小,故企業時常面對收支無法平衡的情況。此時政府若提供財務金融上的協助,並給予企業適切的租稅減免,不但可以減輕企業發展的負擔,並且還能有效刺激民間資金投入產業之發展;政府於這方面可運用的政策有公司稅減免、個人所得稅減免、間接和薪資稅、租稅扣抵等方式。

專家訪談的結果表示，租稅優惠最主要影響生產要素構面，其次為知識本質與擴散機制及技術接收能力（可見表 5-15）；就生產要素而言，政府給予資本市場及金融機構之各項租稅優惠，將影響該體系之資金流向及發展情形。如給予創投租稅上之優惠，將可增加其投資 RFID 產業的意願。

此外，政府給予廠商研發租稅之優惠，可以增加廠商投入技術發展的意願。惟過多的租稅優惠雖然可以刺激國內廠商的發展，然而卻會抑制國外廠商在國內的投資，減少國外先進技術進入國內產業的機會。

表 5-21 租稅優惠對產業創新系統之影響及施行所需之細部政策

影響之產業創新系統構面	政策之影響及細部政策
資本市場	政府給予資本市場及金融機構之各項租稅優惠，會影響該體系之資金流向及發展情形。如給予創投租稅上之優惠，增加其投資RFID產業的意願。
金融機構	
RFID產業相關之知識系統	政府給予企業研發活動相關之租稅減免措施，能加強廠商對於產業相關知識與技術之創造。
RFID產業相關研發組織	政府對企業研發投入之補貼、低利貸款或租稅減免優惠，會影響企業導入國外技術之意願。

資料來源：本書整理自陳威寰（2005）。

5.6.3 法規及管制

法規及管制係指政府為規範市場秩序所實施的各項措施。由於萌芽期產業缺乏市場規範，因此需要政府在法規上予以配合，如此產業內的企業方有遵守的依據，民間的資金才願意投入產業的發展。法規及管制不但可以消極地排除市場失序的行為，還可以積極的方式，制定適合國內廠商發展的產業標準，以創造國內企業發展的有利條件；政府於這方面可運用的

政策有專利權的制定、環境和健康規定、公平交易規範、市場標準的制定等方式。

專家訪談的結果表示，法規與管制對產業創新系統各構面皆有影響，最主要影響為生產要素構面，其次為企業策略、企業結構及競爭程度及多元化創新機制構面（可見表 5-15）；就生產要素而言，對 RFID 產業影響最大的管制為頻率區段的開放，不過目前國內頻率區段除微波外，幾乎已全數開放，因此目前國內並無特別限制 RFID 產業發展之管制措施。然而以開放系統的使用者而言，目前遭遇到的問題在於各國開放的超高頻頻率區段並不相同，並且由於各國手機使用的頻率區段也不相同，因此短期內難以見到全球超高頻頻率區段的統一，這也將限制 RFID 開放系統市場的規模及使用者導入的意願。

法規與管制會限制企業的經營型態，進而影響其策略（如頻率開放的區段）。而國內專利權制度及營業秘密相關法規健全與否，也將影響國內廠商投入研究發展的意願。若一個國家對於國內產業限制過多、且專利及營業相關制度不完全，將導致國內企業策略受限、研發意願低落，進而影響國內產業的多元化程度。

此外，合適的法規與管制將可建構良好的知識擴散機制，進而增加產業知識擴散的效率。最後，由於目前 RFID 產業應用標準繁多，因此若政府制定統一之應用標準，將可促進上下游之間的合作及連結程度。

表 5-22 法規與管制對產業創新系統之影響及施行所需之細部政策

影響之產業創新系統構面	政策之影響及細部政策
市場研究機構	市場調查的結果將影響法規與管制的制定，以協助市場機能更加健全。
同業公會	法規及管制措施會影響產業公會的運作情形。
資本市場 金融機構	政府對於資本市場及金融機構之各項規範及管制，會影響該體系之發展情形；資本市場及金融機構深受法規與管制之影響，惟其影響對象為國內所有產業，是一通常性政策措施，非RFID產業之特殊政策需求。
通訊系統	由於通訊產業牽涉國防安全，故政府會限制通訊產業頻率開放的區段；UHF頻率開放區段受到手機頻率範圍的影響，因此使得目前RFID產業在各國間難有統一的頻率區段。
RFID產業國內客戶需求型態和特質 RFID產業國內市場規模	政府開放頻率的區段及標準的規定將影響RFID整合商的解決方案，進而影響國內客戶需求型態及市場規模。
RFID支援性產業 RFID相關性產業	對於開放系統之系統整合商而言，由於各國所採用的頻率區段尚未統一，因此導致零組件規格眾多、RFID整合商整合難度增加。另外，資料的安全性也是影響相關產業採用意願的重要因素。
RFID產業內企業所採之策略 RFID產業內企業之組織型態	政府採用之頻率區段若與其他主要國家不同，將會影響國內RFID企業之發展策略（如投入封閉或地區市場）及組織型態，進而影響國內RFID企業之規模。
RFID產業內企業之規模	政府對於企業規模的相關法規限制（如公平交易法），將會影響國內RFID企業之規模。
RFID產業內競爭程度	政府對於產業的調節措施，將會影響產業內企業規模及競爭程度。

表 5-22 法規與管制對產業創新系統之影響及施行所需之細部政策（續）

影響之產業創新系統構面	政策之影響及細部政策
RFID產業知識擴散機制	法規與規定可以建構良好的知識擴散環境，增加知識流通的效率。
RFID產業內創業家精神	若政府對引進海外技術管制過多，將導致引進技術減少，進而減緩國內的創業活動。
RFID產業相關技術流通網路結構	目前RFID產業應用端欠缺統一之標準，政府可以透過法規與規定規定之，以促進技術流通網路的運作，增加其流通的效率。
RFID產業上中下游之連結程度	政府制定RFID產業之應用標準，將可促進上下游之間的合作及連結程度。
RFID產業內廠商之經營型態	法規及管制會影響產業技術來源、市場需求及產業結構，進而影響企業經營型態之多元性及產業進入及退出障礙（如頻率區段的開放）。此外，健全的專利相關制度及營業秘密保護，可促使產業內廠商進行更多研發活動，利於產業的多元化。
RFID產業進入與退出障礙	
RFID產業國際間之衝擊	產業國際間之衝擊將會影響政府之法規及管制、政策性策略之制定及修正。
RFID產業相關政策所扮演之角色	大方向的政策將促使部份法規及管制進行改變。

資料來源：本書整理自陳威寰（2005）。

5.6.4 政策性策略

　　政策性策略係指政府基於協助產業發展所制訂之各項策略性措施，包括產業規劃、區域政策、獎勵創新、鼓勵企業合作或聯盟、公共諮詢與輔導等方式。由於產業於成長期容易形成產業群眾分工的產業形態，故於

產業之萌芽期時，政府便應積極塑造產業投資環境及規劃產業未來發展方向。待產業進入成熟期後，政府轉向進行產業的上下游整合，或是擴展異業聯盟等相關政策，以降低企業成本或擴大市場的需求。

專家訪談的結果表示，政策性策略對產業創新系統各構面皆有影響，最主要影響爲生產要素構面，其次爲企業策略、企業結構及競爭程度及多元化創新機制構面（可見表 5-15）；就生產要素而言，政府可藉由產業計劃、科技專案、區域計劃等政策性措施，以增加 RFID 產業的就業人口、基礎建設（如水、電、運輸、通訊等）、 RFID 產業所需的政府及市場研究機構，以及一切 RFID 產業發展所需之各種機構與單位。

由於 RFID 的應用與系統整合相關知識屬於內隱知識，故需要政府以產業計劃、產業聯盟、建構示範性 RFID 系統等政策性措施來推廣之，並藉此加強 RFID 上下游的溝通與相互的瞭解，進而擴大產業的應用領域，並增加市場端的需求；目前國內主要以工研院所推動的「 RFID 研發及應用產業聯盟」爲上下游知識流通的平臺，而台北市電腦公會所成立之「 RFID 產業促進會」也定期舉辦研討會，進行 RFID 相關知識的散佈。此外，目前經濟部技術處「 RFID 推動辦公室」以科技專案的方式促進 RFID 技術發展，並建構示範性 RFID 系統，以向市場端推廣 RFID 系統之應用。

表 5-23 政策性策略對產業創新系統之影響及施行所需之細部政策

影響之產業創新系統構面	政策之影響及細部政策
勞動人口	政府對於RFID產業所實施之人才培植措施，可有效增加RFID產業勞動供給量。
電力供應	政府因特定政策性計劃所規劃之水電供應計畫，可即時因應某些產業發展，有效增加可用之水、電資源供給；惟其非RFID產業特殊需求。
水力資源	

表 5-23 政策性策略對產業創新系統之影響及施行所需之細部政策（續）

影響之產業創新系統構面	政策之影響及細部政策
原物料資源	政府可藉由科技專案的方式，投入關鍵原料、元件及應用技術的發展，以降低前端成本，並增加RFID系統整合商解決方案的多元性。
政府研究機構 市場研究機構	政府政策性地對RFID產業進行規劃，將會影響國內產業的型態，進而影響政府研究機構的研發方向，以及市場研究機構的研究領域。
同業公會	政府政策性地培植RFID產業之相關產業公會，可刺激更多的廠商加入產業公會。
資本市場	政府為因應RFID產業發展，而在資本市場所設置專以RFID為投資標的發展基金（如節稅等誘因），將影響該體系之發展及健全程度。
運輸系統 通訊系統	政府政策性考量，集中發展產業所需之運輸及通訊等系統，將會影響運輸及通訊等系統之供給狀況；運輸與通訊深受政府政策性策略影響，惟其影響對象為國內所有產業，是一通常性政策需求，非RFID產業之特殊政策需求。
RFID產業國內客戶需求型態和特質	政府可藉由訂定產業計劃、科技專案等方式，影響國內客戶需求型態。
RFID產業國內市場規模	政府可藉由訂定產業計劃、組成產業聯盟、建構示範性RFID系統等方式，擴大RFID國內市場。
RFID產業國外需求規模及型態	國外需求規模及型態將會影響政策性策略的制定，以符合產業發展之趨勢。
RFID支援性產業 RFID相關性產業	政府利用產業規劃、獎勵策略聯盟、科技專案等方式，促進RFID產業內上下游的溝通協調，並擴大RFID產業的應用範圍。如工研院所成立之RFID研發及應用產業聯盟將促進RFID整合商與其上下游廠商的合作、減少其整合之難度，並增加水平市場整合、擴大其規模。

表 5-23 政策性策略對產業創新系統之影響及施行所需之細部政策（續）

影響之產業創新系統構面	政策之影響及細部政策
RFID產業內企業所採之策略	
RFID產業內企業之組織型態	政府藉由規劃、合併、產業聯盟等政策性的策略，將會改變企業的組織型態、規模與競爭程度。
RFID產業內企業之規模	
RFID產業內競爭程度	
RFID產業相關之知識系統	RFID的應用與系統整合知識屬內隱知識，因此政府需藉由產業規劃、策略聯盟等方式將RFID相關知識擴散至市場，以增加相關之應用需求。如工研院所成立之RFID研發及應用產業聯盟。
國家教育與訓練系統	政府的部份產業計劃（如技術引進、國內外技術聯盟等）將引進海外技術，若將此些技術導入教育與訓練體系，將使得國內教育與訓練系統更加健全。
RFID產業相關研發組織	政府政策性的產業規劃（如技術引進、國內外技術聯盟等），能鼓舞更多人投入研發及創業之列。
RFID產業內創業家精神	
RFID產業相關技術流通網路結構	政府利用政策性措施，可有效鼓勵並加強技術流通體系之連結及產業上中下游的合作。如工研院所成立之RFID研發及應用產業聯盟，便促進上下游廠商的技術交流與連結。
RFID產業上中下游之連結程度	
國內RFID產業與國際間之合作連結程度	政府可利用吸引國外大廠來台投資等政策性策略，增加國內廠商與國際廠商之合作程度。

表 5-23 政策性策略對產業創新系統之影響及施行所需之細部政策（續）

影響之產業創新系統構面	政策之影響及細部政策
RFID產業內廠商之經營型態	政府藉由產業聯盟、科技專案等政策性策略，以促進市場與RFID系統整合商之溝通、降低其進入障礙，進而促使系統整合商經營型態更加多元。
RFID產業進入與退出障礙	
RFID產業國際間之衝擊	產業國際間之衝擊將會影響政府之法規及管制、政策性策略之制定及修正。
RFID產業相關政策所扮演之角色	政府可藉由產業計劃等政策性策略，將國內RFID的資源做有效率地整合。

資料來源：本書整理自陳咸寰（2005）。

5.7 台灣 RFID 需求面政策工具分析

5.7.1 政府採購

　　政府採購係指中央政府及地方政府各項採購之規定。由於產業於萌芽期時，市場需求量少，故需要政府的大量採購、擴大需求，以促進產業順利渡過萌芽期並逐步茁壯。政府的採購可以透過多種形式進行，像是中央或地方政府的採購、公營事業之採購、R&D合約研究、原型採購等，皆是政府採購的方式。以半導體產業為例，半導體產業在發展初期便是透過美國軍事採購（且採多元採購來源的採購政策），擴大需求，進而促進半導體產業的成熟。

　　專家訪談的結果顯示，政府採購主要影響企業策略、企業結構及競爭程度與多元化創新機制兩構面，其次為需求條件構面（可見表 5-15）；就

企業策略、企業結構及競爭程度而言，由於目前 RFID 產業介於萌芽期與成長期之間， RFID 市場規模仍小，故政府採購便成為市場上具影響力的買方勢力。政府採購多半屬封閉系統，因此可以擴大封閉系統的市場需求量，進而改變部份廠商的策略及結構。

政府採購的範圍很廣，自海關、機場，到公有圖書館或是道路系統，皆屬可能採購的範圍。惟目前各個部門採購規格各異，沒有一共通的標準，雖然此舉可以促進產業的多元化，不過由於目前市場規模仍小，不同規格的採購將導致各規格的標籤數量減少，在晶圓代工的下單上，將提高其單位成本。因此政府採購應統一其規格及標準，以此快速擴大市場，並鼓勵各部門進行採購，以增加產業應用端的多元性；此外，政府可藉著合約研究，與民間部門一同提高國內 RFID 的技術水準。

表 5-24 政府採購對產業創新系統之影響及施行所需之細部政策

影響之產業創新系統構面	政策之影響及細部政策
原物料資源	政府採購及合約研究將擴大原物料資源之需求。
RFID產業國內客戶需求型態和特質	目前政府各個部門採購規格各異，沒有一共通的標準，故在標籤的晶圓代工下單上，將提高其單位成本。因此政府應鼓勵部門採購並統一其採購規格，以擴大市場應用面及市場規模，同時降低系統整合商的整合難度。
RFID產業國內市場規模	
RFID相關性產業	政府採購及公共服務採用RFID產品將擴大RFID相關產業之需求，並健全RFID支援性產業之發展。
RFID產業內企業所採之策略	RFID產業屬初步發展階段，由於政府採購通常屬於大規模採購，因此會吸引某些企業為爭取政府採購而改變策略及企業型態，以發展合適之產品，滿足政府之需求。
RFID產業內企業之組織型態	

表 5-24 政府採購對產業創新系統之影響及施行所需之細部政策（續）

影響之產業創新系統構面	政策之影響及細部政策
RFID產業內競爭程度	政府採購規模若多樣且規模大時，能培植較大型公司及吸引較多競爭者加入，促使企業規模擴大並使產業競爭加劇。
國內RFID產業與國際間之合作連結程度	由於採購專案牽涉領域廣泛，故可將國內產業不足的部分委由國外廠商、國內產業強項的部分委由國內廠商的方式，藉由專案形成的合作平臺，將國內外廠商連結起來。
RFID產業內廠商之經營型態	政府採購需求型態將改變廠商的策略。故若政府採購之部門多元化，將增加RFID系統整合商之多元程度。
RFID產業進入與退出障礙	由於目前RFID產業屬初步發展階段，市場需求量小，故政府若能制定應用端之標準與規範，可降低系統整合商之進入障礙。
RFID產業相關政策所扮演之角色	由於目前RFID產業屬初步發展階段，市場需求量小，故政府採購可擴大封閉系統市場的規模，進而扶植國內RFID系統整合商成長。

資料來源：本書整理自陳威震（2005）。

5.7.2 公共服務

公共服務係指有關解決社會問題之各項服務性措施，1970 年代的十大建設便是此類型政策之代表。產業無論處在何種階段，皆需要基礎公共建設與服務，故政府若要發展產業經濟，則必須將國內的各種基礎公共建設與服務建構完整，方能增加企業投資意願；相關的政策包含健康服務、公共建築物、建設、運輸、電信等。

專家訪談的結果表示，公共服務主要影響生產要素構面，其次為需求條件及相關及支援性產業構面（可見表 5-15）；就生產要素而言，國內產業發展的先決條件便是公共服務的完整程度，因此各個以發展產業經濟為

目標的政府，皆會投入若干國家基礎建設如運輸及通訊系統等，以減少國內產業發展的不利因素。惟其影響對象為國內所有產業，是一通常性政策需求，非 RFID 產業之特殊政策需求。

表 5-25 公共服務對產業創新系統之影響及施行所需之細部政策

影響之產業創新系統構面	政策之影響及細部政策
勞動人口	政府提供RFID相關之公共服務可以增加產業勞動人口。
運輸系統	若干國家基礎建設如運輸及通訊系統等，因其投入資本大，且回收期長之特性，導致一般企業無能力或普遍不願投資，因此政府需以公共財之概念來建設此類基礎建設；運輸與通訊系統深受公共服務政策之影響，惟其影響對象為國內所有產業，是一通常性政策需求，非RFID產業之特殊政策需求。
通訊系統	
RFID產業國內市場規模	政府積極建構RFID讀取器、IT系統等基礎建設，以擴大RFID應用範圍，進而增加開放系統之國內市場規模；政府引進RFID進入部份公共服務，將擴大國內RFID市場規模。
RFID相關性產業	政府採購及公共服務採用RFID產品將擴大RFID相關產業之需求，並健全RFID支援性產業之發展。

資料來源：本書整理自陳威霖（2005）。

　　未來政府可藉由引進 RFID 進入部份公共服務的方式，擴大國內 RFID 封閉系統市場規模，如悠遊卡系統等。或是積極建構 RFID 讀取器、IT系統等基礎建設，以擴大 RFID 應用範圍，進而增加開放系統之國內市場規模，如海關貨物通關系統等。

5.7.3 貿易管制

　　貿易管制係指政府各項進出口管制措施。貿易管制可以消極地保護國

內幼稚產業及黃昏產業，或可積極地以此做為與其他貿易國談判的籌碼。除此之外，也可以做為抑制國內通貨膨脹或活絡國內資金市場的手段之一。雖然近年來各國在世界貿易組織（WTO）的架構下，許多關稅的限制已逐步解除，然而吾人可以發現，各國的貿易管制措施仍舊有一定的規模，更有甚者，甚至提高層級，以區域體與區域體間貿易壁壘（歐盟、東協等區域性組織的成立）、或產業內普遍接受的妥協（如紡織品配額）等形式出現。因此，貿易管制至今仍是頗具影響力，應把其視為產業發展的重要影響因素之一；貿易管制相關的政策包括貿易協定、關稅、貨幣調節等。

專家訪談的結果表示，貿易管制主要影響企業策略、企業結構及競爭程度構面，其次為需求條件、網路連結性及多元化創新機制構面（可見表5-15）；目前國內並無 RFID 相關貿易管制。在缺乏國內市場、且未加入任何區域貿易組織的情況下，台灣確實也無實施貿易管制的條件。

表 5-26 貿易管制對產業創新系統之影響及施行所需之細部政策

影響之產業創新系統構面	政策之影響及細部政策
原物料資源	貿易管制將影響RFID產業原物料資源的進出口數量，進而影響原物料之價格及國內原物料廠商之企業型態。
RFID產業國內客戶需求型態和特質	政府所實施之貿易政策，無論是管制或是開放，皆會影響國外廠商進入的意願，進而改變國內市場需求型態及規模。
RFID產業國內市場規模	
RFID產業內企業所採之策略	政府與他國的貿易協定及關稅政策，會影響國外對本國產品的需求及國內對國外產品需求，因此對企業策略、組織型態、企業規模及產業競爭程度均會造成某種程度的影響。其中關稅保護措施，會降低外來產品對本國的衝擊，因此會降低國內產業競爭程度。
RFID產業內企業之規模	
RFID產業內競爭程度	

表 5-26 貿易管制對產業創新系統之影響及施行所需之細部政策（續）

影響之產業創 新系統構面	政策之影響及細部政策
RFID產業上中下游之 連結程度	政府所實施之貿易政策，無論管制或開放，皆會影響國外廠 商進入的意願，進而改變國內上下游間合作之程度。
國內RFID產業與國際 間之合作連結程度	與他國之貿易協定或相關關稅優惠政策，會吸引國外廠商至 國內設廠或國內廠商至國外設廠，進而增加國際間的合作交 流程度。
RFID產業內廠商之經 營型態	政府所實施之貿易政策，無論是管制或是開放，皆會影響國 外廠商進入的意願，進而影響國內市場之多元性。
RFID產業國際間之衝 擊	

資料來源：本書整理自陳威寰（2005）。

5.7.4 海外機構

　　海外機構係指政府直接設立或間接協助企業海外設立各種分支機構之作為，主要目的為協助企業取得海外市場資訊、獲得海外政府標案，以及減少海外非商業的障礙；相關的政策為設立海外貿易組織等。

　　專家訪談的結果表示，海外機構主要影響知識本質與擴散機制及多元化創新機制兩構面，其次為需求條件及網路連結性構面（可見表 5-15）；目前 RFID 系統整合商最需要市場應用端的資訊，尤其是開放系統的發展，更與國外 RFID 產業息息相關。目前國貿局已著手計劃協助國內 RFID 廠商搜集海外市場的資訊與機會，以協助國內廠商與國外廠商進行合作，進而增加國內 RFID 產業的多元性。

表 5-27 海外機構對產業創新系統之影響及施行所需之細部政策

影響之產業創新系統構面	政策之影響及細部政策
RFID產業國外需求規模及型態	海外機構能協助廠商取得海外市場之資訊、政府標案、非商業障礙等資訊。
RFID產業相關之知識系統	政府在海外設置據點,可有效接收海外RFID知識、規格及技術最新發展訊息,以提昇國內產業相關知識及技術之發展。
RFID產業知識擴散機制	政府自設或鼓勵民間設立海外分支機構的措施,會在國外知識及技術擴散至國內產業的過程中,扮演催化及支援之角色。
國內RFID產業與國際間之合作連結程度	政府自設或鼓勵民間設立之海外機構,若能有效地替國內研究機構或廠商尋求合適的合作伙伴(如供應鏈管理廠商、IT系統廠商等),將能提高國內廠商與國際間合作之程度。
RFID產業國際間之衝擊	國內廠商可藉由政府設立之海外機構獲得市場資訊、他國政府標案,並減少許多海外的非商業障礙,以促進國內RFID產業的多元化;目前國貿局已著手計劃協助國內RFID廠商搜集海外市場的資訊與機會,以增加國內RFID產業的多元性。
RFID產業相關政策所扮演之角色	

資料來源:本書整理自陳威寰(2005)。

第六章　創新密集服務業之產業創新系統

6.1 RFID 產業之產業創新系統

　　本書在第三章研究模式建構中已歸納整理出國家創新系統之一般分析架構，但在實證研究分析過程中需將特定產業之產業特性納入考量，以提昇研究模式在實証過程中之準確性及可行性。故本書在實証過程中特將 RFID 產業所具有之特殊產業特性納入考量後，配合專家問卷（請參見附錄二）結果，將原第三章表 3-5 及表 3-6 針對一般分析架構所設計之產業創新系統（包含產業環境構面及技術系統構面），修正如表 5-5 及表 5-6 所示，以符合本書實証分析之需求。以下將就 RFID 整體產業之創新系統分析要素進行探討，而在 6.3 節將針對 RFID 系統服務商進行進一步的產業創新系統需求探討。

6.1.1 生產要素

6.1.1.1 人力成本

　　台灣之所以能夠發展為一新興工業化國家，人力薪資成本低於已開發國家是原因之一，在一定程度的人力素質保證下，較低的人力成本有助於整體產業競爭力的提升；表 6-1 為台灣與其他各國之勞工薪資比較表；整體而言台灣薪資水平仍不及美日西歐等已開發中國家，也較同為新興工業化國家的韓國為低。

表 6-1製造業員工每月名目薪資（折合美元）

	台灣	韓國	新加坡	香港 (1)	日本	美國 (2)	加拿大 (3)	德國 (3)	英國 (3)	中國大陸
1995	1229.42	1457.20	1522.01	1090.06	4152.67	2208.45	2030.88	2957.22	2265.99	51.58
1996	1234.92	1567.74	1645.04	1164.46	3687.26	2281.83	2095.97	2794.85	2330.90	56.55
1997	1238.38	1394.15	1674.77	1263.95	3411.85	2374.40	2124.61	2458.16	2542.52	59.64
1998	1092.88	916.54	1622.85	1313.20	3115.12	2412.93	1988.43	2485.77	2730.35	71.10
1999	1173.91	1241.15	1653.69	1308.66	3503.64	2484.69	2021.85	2431.32	2754.86	78.46
2000	1251.36	1416.03	1761.02	1305.84	3773.78	2562.80	2076.01	2152.08	2681.75	88.08
2001	1141.60	1318.64	1739.69	1332.50	3341.56	2577.59	2023.28	2113.64	2703.57	98.40
2002	1115.24	1524.35	1761.64	1268.33	3202.01	2683.40	2062.18	2257.09	2955.33	110.76
2003	1150.00	1740.51	1874.07	1255.09	3543.52	2755.55	2370.11	2782.40	3310.56	N.A.
2004	1215.17	1990.47	1982.25	1262.79	3880.21	2855.32	2602.93	N.A.	N.A.	N.A.
2005	1297.82	2400.35	2105.42	1087.79	3811.30	2920.63	2826.92	N.A.	N.A.	N.A.

資料來源：行政院勞工委員會（2006）。

註：（1）香港為（日薪×7×52／12）÷（對美元平均匯率）。

（2）美國為（時薪×週工時×52／12）。

（3）加拿大、德國、英國為（時薪×週工時×52／12）÷（對美元平均匯率）。

（4） N.A.：無資料。

6.1.1.2 人力素質

　　分析台灣 2006 年中、高等教育學校校數及畢業生人數（如表 6-2），大學院校共計 145 所（ 大學 94 間，學院 53 間，專科學校 16 間），前一（2005）年培養出學士 219919 人、碩士佔 45736 人、博士佔 2614 人。專科學校共計 16 所，培養出 56837 名專科畢業生；職業學校及高級中學共計 474 所，培養 230023 名中等教育人才。比較相關數據，可得知台灣的整體人力素質正在不斷的提升中，有助於產業競爭力之提升。

表 6-2 2006年台灣中、高等教育學校校數及當年畢業生人數

項目	高中	高職	專科學校	學院	大學
學校數目	318	156	16	53	94
畢業生人數 [1] [2]	132,673	97,350	56,837	48,436	219833

資料來源：教育部統計處（2007）。

註： (1) 2005年畢業。

   (2) 其中學士佔219919人、碩士佔45736人、博士佔2614人。

6.1.1.3 勞動人口

依據行政院勞工委員會 （2006） 的統計，2005 年台灣就業人數為 994 萬 2 千人，較上年增加 1.6%，其中服務業部門就業人數增加 9.5 萬人，工業部門增 11.2 萬人，農業則減 5.1 萬人。各大行業就業人數所占比重分別為：製造業占 27.42%，批發、零售業（17.37%）及住宿餐飲業（6.32%）合占 23.69%，社會服務及個人服務業占 21.59%（含教育服務業 5.55%、醫療保健及社會福利業 3.23%、文化運動及休閒業 1.95%、其他服務業 7.33%、公共行政業 3.53%）。

若與世界主要國家比較，台灣製造業就業人口所占比重，較亞洲之韓國、日本、新加坡等高出 6～9 個百分點，且較美國高出 16 個百分點，較德、義高出 5～6 個百分點，在批發、零售及住宿餐飲業方面，台灣與加拿大及日本相當，在社會服務及個人服務業（含公共行政業）就業人數所占比重，台灣低於世界主要先進國家。由圖 6-1 顯示各已開發國家服務業所創造之就業人口已超過半數以上，而中國大陸之就業人口結構與其他各國有明顯不同，其 2002 年農林漁牧業就業人口占 44.06%，製造業占 11.27%。台灣與美國及亞洲國家之失業率比較圖亦附於圖 6-2 供讀者參考。

　　再分析台灣近年來失業率（表 6-3），受產業結構持續調整影響，結構性失業逐漸顯現，加以 2001 年以來台灣內外景氣趨緩，就業者因工作場所歇業或業務緊縮而失業者明顯增加，致失業率劇升，至 2002 年爲 5.17%，爲歷年來最高水準，自 2003 年下半年經濟復甦加速，復以政府持續推動多項擴大就業方案，失業情勢漸趨改善，2005 年失業率降爲 4.13%。如按學歷別觀察，2004 年大學以上學歷平均失業率爲 4.11%，雖較總失業率爲低，但與過去相比仍然偏高，且與總失業率相比差距已縮小；這顯示台灣失業率逐年升高的同時，高學歷不再是就業的保證，一方面顯示台灣高等教育素質必須再提升，一方面也顯示台灣的的確確走在產業轉型的十字路口。

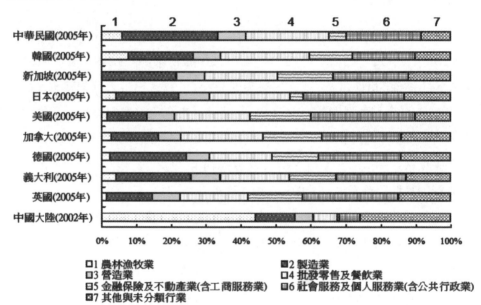

資料來源：行政院勞工委員會 （2006）。

圖 6-1 台灣與全球主要國家之就業者行業結構

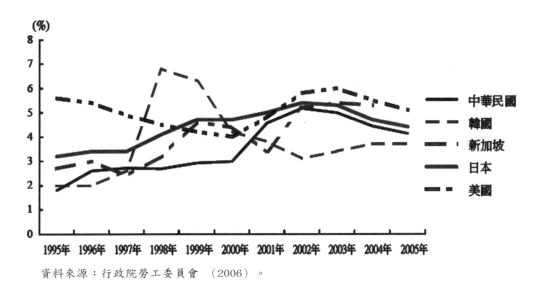

資料來源：行政院勞工委員會　（2006）。

圖 6-2　台灣與美國及亞洲國家之失業率比較圖

表 6-3　失業率－按教育程度區分

年度＼教育	合計	國小及以下	國中	高中	高職	專科	大學以上
2000	2.99	2.05	3.50	2.96	3.48	2.90	2.67
2001	4.57	3.56	5.75	4.86	5.21	4.03	3.32
2002	5.17	3.87	6.28	5.55	6.04	4.60	3.89
2003	4.99	4.10	6.11	5.28	5.71	4.32	3.82
2004	4.44	3.35	5.13	4.52	4.98	4.02	4.11
2005	4.13	2.71	4.61	4.44	4.57	3.78	4.23

資料來源：行政院主計處，http://www.stat.gov.tw。

6.1.1.4 電力供應

台灣電力市場結構，除由台電公司負責開發、生產、輸配及銷售，民間企業亦在台灣政府積極鼓勵下，發展汽電共生系統，並將剩餘電力躉售予台電公司統一調度。近年來，由於電源開發迭遭阻擾，致使電力系統之備用容量率自民國 79 年以來，皆在 10% 左右，不及合理的 15% 至 20%。為穩定電力供應，台灣經濟部乃開放發電業讓民營發電廠加入市場競爭，分別於 1995 年 1 月及 8 月、1999 年 1 月及 2006 年 6 月分四階段開放民營電廠。此外，為放寬外人投資之限制，於民國 2002 年 1 月取消外資限制，改由經濟部審核並陳報行政院核准（經濟部能源局，2007）。

依台灣經濟部能源局（2007）的統計，台灣的電力概況如下：

至 2006 年底台電公司計有發電廠74座，其中水力 39 座，火力 27 座，核能 3 座，風力 5 座，台電公司總裝置容量為 3,005 萬瓩，其中水力占 15%，燃煤占 31%，燃油占 12%，燃氣占 25%，核能占 17%，風力占 0%，而台電系統最高負載為 3,206 萬瓩，平均負載為 2,187 萬瓩，分別較上（94）年增加 3.6% 及 3.5%。2006 年年台電公司總發電量為 1,560 億度，其中水力占 5%，燃煤占 47%，燃油占 7%，燃氣占 15%，核能占 26%，風力占 0%。此外，汽電共生總裝置容量為 771 萬瓩，發電量為 422 億度，2006 年民營電廠總裝置容量為 722 萬瓩，總發電量為368億度。總計台灣地區總裝置容量為 4,509 萬瓩，總發電量為 2,353 億度。台灣地區總用電量達 2,214 億度，較上（2005）年增加 3.4%，其中工業占 58%，住宅占 19%，商業占 10%，農業及運輸占 2%，其他占 11%（經濟部能源局，2007）。

近年來台灣電力公司受電售價一直維持每度電 2.39 元，工業用電電價為每度電 1.83 元，相較於日本韓國等國算是較低，但台灣電力品質則較差且被用容量低，導致限電次數較其他國家多，無預警的限電會導致工業上的損失嚴重。

6.1.1.5 政府與市場研究機構

　　台灣廠商資源有限，投入於研發領域的資源普遍不足；此時政府所主導成立的研究機構便扮演重要角色，提供研發能量給予一般企業，協助產業提升整體競爭力。目前政府研究機構包括中央研究院、工業技術研究院、國家實驗研究院、中山科學研究院等機構，現階段 RFID 相關技術與應用研究以工業技術研究院為主，在系統中心主導下進行 RFID 相關技術研究，協助產業提升整體競爭實力。

　　現階段除國外大型市場研究機構來台設立之分支機構外，台灣其餘本土市場研究機構大多都由政府主導成立，包括 ITIS（產業技術資訊服務推廣計畫）、MIC（資訊市場情報中心）、STIC（科學技術資料中心）等；非官方成立的則有拓璞產研、CNET 等，進行相關市場資訊研究分析。

6.1.1.6 同業公會

　　RFID 產業與技術之發展與規格的制定有密切關聯，因此同業公會在產業發展中也扮演重要的角色。台灣 RFID 產業最重要的產業公會為工研院系統中心所成立的 RFID 研發與產業應用發展聯盟，分為 RFID 研發聯盟與 RFID 應用聯盟，研發聯盟下設製程設備及材料群組、設計及製造群組以及系統整合群組三個研究群組。應用聯盟下設標準推廣與驗證群組、測試與驗證群組、 RFID 產業應用群組與 STARS 小組這四個工作群組，共計有一百多家廠商加入。

　　此外針對 RFID 各種不同的應用，產業內廠商也紛紛成立相關的應用聯盟，包括新竹竹北的東元醫院與工研院合作進行「 RFID 醫療院所接觸史追蹤管制系統」；光寶集團亦結合燦坤、資策會、辰皓電子和圓準企業，成立了台灣第一個的「3C 產業 RFID 中介軟體技術聯盟」；此外，EPC（Electronic Product Code，產品電子編碼） 為物件之標準編碼，適合

以 RFID 標籤來承載，結合網際網路與資訊科技，創造價值，為 RFID 相關之重要產業公會。

6.1.1.7 資本市場

　　台灣歷年證券市場股價指數暨上市公司現金增資金額（如表 6-4），在歷經政黨輪替、國際大環境不景氣等相關因素影響下，台灣股市反而有衰退的情形，但上市仍為公司重要集資手段， RFID 產業目前仍在萌芽成長階段，在產業成長至一定規模後，將會有更多相關公司上市上櫃，透過資本市場的方式募資。

表 6-4 台灣歷年證券市場股價指數暨上市公司現金增資金額

	1998	1999	2000	2001	2002	2003	2004	2005	2006
上 市公 司（ 家 ）	437	462	531	584	638	669	697	691	688
發行量加權股價指數	7737.68	7426.69	7847.21	4907.43	5225.61	5161.9	6033.78	6092.27	6842.04
上市總股 數	26.97	30.57	36.30	40.64	44.10	47.06	50.31	53.90	54.95
上 市 股份 面 值總 額	269.67	305.65	363.02	406.40	441.04	470.55	503.13	539.00	549.49

表 6-4 台灣歷年證券市場股價指數暨上市公司現金增資金額（續）

	1998	1999	2000	2001	2002	2003	2004	2005	2006
上市股份市值總額（註）	839.26	1180.35	819.15	1024.76	909.49	1286.91	1398.91	1563.39	1937.70
成交總股數	61.20	67.81	63.09	60.64	85.62	91.76	98.76	66.35	73.25
成交總金額	2961.90	2929.15	3052.66	1835.49	2187.40	2033.32	2387.54	1881.89	2390.04
增資總金額	45.66	32.61	38.88	38.74	25.92	23.25	33.33	34.73	22.94

資料來源：台灣證券交易所 （2007）。

註：期終日市值總額

6.1.1.8 金融機構

至 2007 年 5 月為止，台灣地區金融機構之總機構共計 423 家，分支機構共計 53548 家；其中，本國一般銀行總行 43 家，分行 3296 家；外國銀行在台分行總行 32 家，分行 63 家；表 6-5 為台灣地區金融機構統計表，而向銀行貸款同樣為廠商拓展業務集資的方式之一。

6.1.1.9 風險性基金

80年代起台灣勞力密集產業逐漸喪失競爭優勢，為因應產業結構轉型至高附加價值科技事業之需求，政府遂於 1982 年核定實施「創業投資事業管理規則」，財政部為主審機關，並於 1987 年成立「創業投資事業審議小組」，專則審查創投業設立案件。

　　從風險性基金（創投）募資情形來看（如表 6-6），2004 年新成立創投基金有 19 個，規模達新台幣 127.9 億元，較 2003 年新成立23個創投基金及新台幣 204.2 億元的規模呈小幅衰退。自 2001 年以後，募資困難成為台灣創投業最主要的發展瓶頸，如果無法彰顯其差異性的投資策略，則新設創投越來越難尋找到適足的資金支助，當然也就影響其後續投資活動的進行。雖然如此，對成長中的新興產業而言，創投資金仍為重要資金來源（經濟部中小企業處，2005）。

6.1.1.10 運輸系統

　　台灣現階段運輸系統可區分為港埠、空運、公路、鐵路及都會捷運等五個子系統，其各系統概況彙總如表 6-7 所示

表 6-5 台灣地區金融機構統計表

金融機構類別	地區	總機構	OBU	分行 分公司	辦事處 收支處	兼營 證券商	子公司	分支機構 合計
本國銀行	國內	43	39	3296	38	100	0	3473
本國銀行	國外		0	82	38	0	19	139
外國銀行	國內	（32）	27	63	0	9	0	99
信託投資公司	國內	2	0	20	0	2	0	22
信用合作社	國內	28	0	289	0	0	0	289
農會信用部	國內	256	0	816	0	0	0	816
漁會信用部	國內	25	0	40	0	0	0	40
票券金融公司	國內	12	0	35	0	46	0	81
證券金融公司	國內	4	0	4	0	4	0	8
本國人壽保險公司	國內	22	0	135	0	0	0	135

表 6-5 台灣地區金融機構統計表（續）

金融機構類別	地區	總機構	OBU	分行 分公司	辦事處 收支處	兼營 證券商	子公司	分支機構 合計
本國人壽保險公司	國外		0	0	15	0	3	18
本國產物保險公司	國內	15	0	175	0	0	0	175
本國產物保險公司	國外		0	0	26	0	1	27
產物保險合作社	國內	1	0	0	2	0	0	2
本國再保險公司	國內	1	0	0	0	0	0	0
外國人壽保險公司	國內	(7)	0	7	0	0	0	7
外國產物保險公司	國內	(8)	0	8	0	0	0	8
外國再保險公司	國內	(2)	0	2	0	0	0	2
外銀代表人辦事處	國內	(13)	0	0	13	0	0	13
金融控股公司	國內	14	0	0	0	0	0	0
合　計	國內	423	66	4890	53	161	0	5170
合　計	國外	(62)	0	82	79	0	23	184
總　　計		423	66	4972	132	161	23	5354

資料來源：中央銀行，http://www.cbc.gov.tw/bankexam/cbc/browser/finlist_03_1.asp 。

註：1.中央銀行、中央存款保險公司及信用卡公司不納入統計。

　　2.郵局部分,臺灣郵政公司儲匯處納入本國銀行;臺灣郵政公司壽險處納入本國人壽
　　　保險公司;其餘分支單位不納入統計。

　　3.保險公司均不包括通訊處。

　　4.總機構欄（ ）內數字為外國金融機構之總家數。

　　5.金融控股公司子公司及其分支機構如係金融機構，則納入各該類金融機構統計。

229

表 6-6　台灣創投事業歷年家數及資本額統計表

年 家數分析	1997	1998	1999	2000	2001	2002	2003	2004
年度創業投資公司總數	76	114	160	192	199	217	240	259
新設立家數	28	38	46	32	7	18	23	19
當年度更名改業家數	3	3	0	0	4	1	3	4
累計更名改業家數	4	7	7	7	11	12	15	19
未成立或暫緩成立家數	0	0	0	15	12	11	11	11
實際營運家數	72	107	153	170	176	194	214	229
新設家數成長率	100.00%	35.70%	21.10%	-30.40%	-78.10%	157.10%	27.80%	-17.40%
當年度基金管理公司家數	38	59	70	74	79	86	93	101
平均每管理公司所管理創投家數	1.89	1.81	2.19	2.3	2.23	2.26	2.3	2.27
資本額分析	1997	1998	1999	2000	2001	2002	2003	2004
當年度實收資本額（新台幣億元）	426.3	729.3	1034.3	1280.8	1341.1	1512.9	1717.1	1845

表 6-6台灣創投事業歷年家數及資本額統計表（續）

年\家數分析	1997	1998	1999	2000	2001	2002	2003	2004
當年度新增資本額（新台幣億元）	171.7	303	304.9	246.5	60.3	171.8	204.2	127.9
新增資本額成長率	154.00%	76.50%	0.60%	-19.20%	-75.50%	184.90%	18.90%	-37.40%
平均每家創投資本額（新台幣億元）	5.92	6.82	6.76	7.53	7.62	7.8	8.02	8.06

資料來源：經濟部中小企業處（2005）。

表 6-7 台灣現階段運輸系統概況

種類	概　　　況
港埠	台灣地區現有基隆、高雄、花蓮、台中、蘇澳等五個國際港，每年進出台灣地區各港的船舶約有6萬艘次，在經濟發展上扮演了極重要的角色。基隆、高雄、台中三大國際港之港埠設施，台中港港區總面積居各港之冠，且其所擁有之陸域面積較大，具備較良好的發展潛力；基隆港因受地形所限，陸域面積甚至小於水域面積，此為基隆港發展上之不利條件；高雄港建港至今已130 餘年，雖不及台中港擁有廣大的後線土地，但其海象條件優良，發展規模已居三大國際港之最。目前三大港口中，高雄港之裝卸機具設備最多，基隆港次之，而台中港最少。三大港口之倉儲容量，以高雄港為最高，台中港次之，而基隆港之倉儲容量最低。

表 6-7 台灣現階段運輸系統概況（續）

種類	概　　況
空運	目前台灣計有中正、高雄二個國際機場及松山、花蓮、台東、馬公、台中、台南、嘉義、七美、望安、蘭嶼、綠島、金門、馬祖及屏東等十四個國內機場。2003年台灣地區民航機場設施與能量，起降架次總計504,862架，總旅客人數44,116,510人；其中，國內航線客機飛機起降329,632架次，旅客人數20,995,227人；國際航線客機飛機起降175,230架次，旅客人數44,116,510人；在貨運方面，93年貨運量總計1,823,138.556噸，其中國際航線共1,254,890.255噸，國內航線共40,623.1噸，轉口共527,625.201噸。
公路	台灣地區的公路建設，可分為國道、省道、縣道、鄉道、專用公路等，台灣地區國道總計872公里；省道總計4,621公里；縣道總計3,426公里；鄉道總計11,613公里；專用公路16,395公里。
鐵路	台灣鐵路路網全長1,107.7公里，大致可分三大系統，包括西幹線系統全長662.7公里；東幹線系統全長342.2公里及其他支線系統合計102.8公里。
都會捷運	發展都會大眾捷運系統是台灣重要運輸政策之一，台北都會捷運系統已完成階段建構，目前已通車路段計全長73.5公里。高雄都會區大眾捷運系統第一期發展計畫已規劃完成，其中紅、橘線（含延伸路網）共長42.7公里，列為第一期第一階段辦理。桃園、新竹、台中及台南等都會大眾捷運系統現亦正進行規劃中。

資料來源：王毓箴（2005）。

6.1.1.11 通訊系統

　　數據通訊市場方面，台灣無論在固網、行動通信或寬頻網路服務，在亞太地區均屬於高度發展之電信市場。根據交通部 2006 年 5 月的統計，台灣市內電話每百人普及率達 59.5%、行動電話每百人普及率達 85.3%；寬頻用戶達 4,521 千戶。寬頻用戶中以DSL為上網主流， ADSL 用戶佔寬頻

用戶比例達約 86%，較去年同期成長 18%；ADSL 的使用於寬頻網際網路接續市場中雖仍呈現快速成長的趨勢，然其成長速度呈現趨緩。中華電信的 HiNet 為 ADSL 市場的主要服務供應商，用戶數達 3,650 千戶，市佔率達 85.3%。除了「升級不加價」 等促銷活動外，2006 年亦相繼推出 8Mbps 與12Mbps 的 ADSL 服務方案，也將使得寬頻用戶大幅成長 （資策會資訊市場情報中心，2006）。

寬頻網路的普及，進一步促進影像電話、串流影像、互動式網路遊戲、數位學習、隨選視訊等加值服務的需求成長，數位化和「Everything over IP」成為產業發展主流，寬頻網路將持續朝向有線及無線、雙網服務、語音數據、視訊及網際網的整合架構發展。而公眾無線區域網路（Public WirelessLocal Area Network，簡稱 PWLAN）則自 2005 年初開始激增，2005 年 6 月，AP 數達 4.4 萬個，分布在咖啡廳、機場、台北市捷運站等地。然 PWLAN 由於營運模式尚未明朗，因此用戶數近一年呈現緩步下降態勢，惟 2006 年下半年將因行動台灣的推廣及台北等無線城市的逐漸興起，用戶預計仍將繼續成長 （資策會資訊市場情報中心，2006）。

行動通訊服務市場部分，台灣 3G 發展至今雖已屆一年，但眾望所歸的 killer application 卻未曾浮現，目前僅有鈴聲下載及來電答鈴較被市場所接受，而這樣的情況亦是全球普遍面臨到的瓶頸，其主要原因為營運模式尚未明朗、行動上網的消費模式有待建立及內容型態有待市場考驗等 （資策會資訊市場情報中心，2006）。

最後，在行動電話市場方面，2006年上半年台灣行動電話銷售量約365萬支，雖較2005年同期成長，但其 ASP 並未有明顯的提昇，其主要原因為卡債效應延燒、手機大打價格戰與持有 3G 手機比例低等 （資策會資訊市場情報中心，2006）。

6.1.2 需求條件

6.1.2.1 RFID 產業國內客戶需求型態和特質

RIFD市場依所使用頻率的不同，會有不同的客戶需求型態和特質，茲整理如表6-8所示：

表 6-8 RFID 需求型態與特質

頻段	LF 30~300KHz	HF 3~30MHz	VHF 300~955MHz
常用頻率	125KHz	13.56MHz	868~915MHz
最大／典型讀取距離（被動標籤）	2m／1cm~1.5m	1m／1cm~0.7m	100m／1~3m
特性說明	1.標籤價格相當昂貴（即使在大量生產方面） 2.需搭配較長且昂貴的銅質天線 3.由於距離短，較不受干擾	1.較LF標籤價格便宜 2.傳輸距離及速率不及UHF標籤 3.相當適合距離有限，且多標籤之辨識	1.由於IC設計進步，將協助UHF標籤有相當大的潛力，促使其較LF及HF標籤成本便宜 2.在辨識多標籤情境下，其提供較適中的辨識效能
標籤電力來源	1.屬被動式標籤 2.電力取得來源採取電感式耦合	1.屬被動式標籤 2.電力取得可為電感或電容	1.主動式標籤備有整合式電池 2.被動標籤則採用電容式耦合（Capacitive, E-field Coupling）
數據傳輸速度	1~10Kbps	1~3Kbps	1~20Kbps
抗干擾能力	差		

表 6-8 RFID 需求型態與特質（續）

頻段	LF 30~300KHz	HF 3~30MHz	VHF 300~955MHz
抗電磁干擾能力	大		
被動標籤大小	大		
典型的應用	1.存取控制 2.動物身份標籤 3.POS應用（快速結帳）	1.智慧卡 2.物品追蹤	1卸貨貨盤追蹤 2.道路自動收費 3.包裹追蹤
附註	由於低頻感應式的發射機技術相當成熟，故此項應用相當普及	智慧卡的普及，促使此項應用推廣迅速	

頻段	UHF 300M~1GHz	Microwave 1GHz
常用頻率		2.45GHz&5.8GHz
最大／典型讀取距離（被動標籤）	100m／1~3m	300m／1~10m
特性說明	使用頻段與微波相近,容易受干擾	特性近似UHF標籤,但傳輸速度較快
標籤電力來源	1.主動標籤備有整合式電池 2.被動標籤則採用電容式耦合（Capacitive,E-field Coupling）	1.主動標籤備有整合式電池 2.被動標籤則採用電容式耦合（Capacitive,E-field Coupling）
數據傳輸速度	1K~10Mbps	1K~10M+ps

表 6-8 RFID 需求型態與特質（續）

頻段	UHF 300M~1GHz	Microwave 1GHz
抗干擾能力		佳
抗電磁干擾能力		小
被動標籤大小		小
典型的應用	1.供應鏈管理 2.電子通行費收費 3.包裹追蹤	1.供應鏈管理 2.電子通行費收費

資料來源：林曉盈（2004）。

6.1.2.2 RFID 產業國內市場需求區隔

目前 RFID 技術因成本及市場應用考量可依資料傳送方式區分為兩種不同的類型：主動式標籤（Active Tag）與被動式標籤（Passive Tag），形成 RFID 的市場區隔；主動式（Active Tag）是使用電磁波傳導耦合技術，需配備電池，傳輸距離較遠，但有壽命限制，成本較高；以市場區隔角度而言，較適合大型貨物與開放空間使用，例如貨櫃追蹤系統、高速公路的收費系統等，但是價格相對昂貴，比平均被動式標籤高上數十倍。被動式（Passive Tag）則是利用電感耦合感應方式作動，不需電池，無壽命限制，成本低，但傳輸距離短，但具有成本優勢，可望取代 Bar Code 附在任意商品上，應用比主動式標籤來的廣泛，受到零售經銷商及物流業的歡迎，若成為市場的推手，則有取代條碼（Bar Code）的商機。詳細的比較如表 6-9所示：

表 6-9 主被動式標籤比較

	體積	讀寫距離	電源	成本
主動式（Active Tag）	大	遠	加電池	較高
被動式（Passive Tag）	小	近	無源	較低

資料來源：王毓箴（2005）

6.1.2.3 RFID 產業國內市場規模與需求成長

　　根據市調機構 IC Insignt（Mc Clean et. al 2004）之估計顯示 2008 年全球 RFID 的產值將達到 66.7 億美金，預測 RFID 產業將有高速的成長。台灣由於過往半導體與資訊產業的優勢，有利於 RFID 市場需求之發展，將吸引國內外廠商競相投入。

6.1.2.4 RFID 產業國外需求規模及型態

　　RFID 全球市場需求規模與型態可從 RFID 技術／應用成熟度及對 RFID 認知需求兩個構面來分析，零售業（含消費者包裝物品）、汽車業和高科技製造業對 RFID 有最高的需求存在，將成為帶動 RFID 起飛的三大產業。根據 IC Insignt（Mc Clean et. al 2004）在 2004 年所做的研究（請參見圖 4-6）顯示，全球 RFID 的產值從 2003 年至 2008 年的 CAGR 高達 28%，其中又以標籤所佔的產值最高，再來分別是讀取器及軟體系統。

6.1.3 相關及支援性產業

RFID 產業的發展除了 RFID 本身技術與廠商外，相關性產業與支援性產業的配合也扮演著重要的角色。 RFID 的支援性產業包括有電池技術業、電源／無線技術業者、讀卡機終端系統業者、 RFID 標籤與晶片相關半導體製造業者、軟體業者等；這些業者對於 RFID 產業之發展扮演著支援性角色，可協助整體產業上下游價值鏈更加完整，提升整體 RFID 產業競爭力。台灣在半導體的製造上擁有一定的優勢，在支援性產業的帶動下，也有助於提升台灣產業在 RFID 領域上的競爭實力。

在相關性產業方面，由於 RFID 應用領域相當廣泛（請參照表4-3），包括門禁管制、回收資源、貨物管理、物料處理、廢物處理、醫療應用、交通運輸、防盜應用、動物監控、自動控制、聯合票證等等；可帶動包括物流運籌、交通運輸、汽車、零售、資訊、通訊等產業，且由於RFID 可協助企業進行資訊與物料的管理，協助企業進行管理上的變革，同時也會帶動諸如管理顧問公司等知識服務業的發展，影響相當廣泛。

6.1.4 企業策略、結構和競爭程度

6.1.4.1 RFID 產業內企業所採之策略

RFID 產業依經營區塊的不同，可分元件商或是系統整合商，元件商包括晶片的設計與製造、天線、讀取頭等廠商；系統整合商包括軟硬體的整合，提供完整解決方案給予顧客，包括系統整合廠、軟體商等；Porter將策略差異化、低成本、集中三種策略類型思考；其中，目前由於 RFID 仍有一些相關技術有待克服，成本仍舊無法壓低到理想水準，因此元件業者多以低成本作為其策略考量；而系統服務業者的考量點在於滿足顧客的需求，因此在發展初期會選擇某一塊立基市場進入，以集中策略在市場上站

穩腳跟；待產業各方面條件更加成熟後進行差異化策略搶佔市場，擊敗競爭對手。

6.1.4.2 RFID 產業內企業之組織型態與規模

RFID 產業內企業之組織型態與規模，就目前產業生態而言，經營系統的 RFID 廠商，像是系統整合、軟硬體整合業者在市場上仍是坐擁龐大資源的國際大廠所把持，其規模大多屬於營業額超過千億美金的國際級大企業，如 HP、IBM、Microsoft 等，這些大規模的國際大廠同時也擁有較多資源可投入於相關技術研發上，在組織運作上會成立 RFID 相關技術或研發中心作為市場發展的競爭基礎。相較起來，台灣目前在 RFID 產業多投入在元件上，包括晶片、標籤、天線製造等，廠商規模相對而言小了很多，在組織型態上也較具彈性。

6.1.4.3 RFID 產業內競爭程度

RFID 目前仍處於成長階段，多數廠商雖看好此一市場發展前景，但由於技術、規格、獲利運作模式等相關議題尚待克服，廠商間的競爭還停留在投入研發資源與策略佈局階段，市場競爭尚不明顯；但隨著產業逐漸成長成熟，市場競爭程度將會提升，也會進一步刺激創新，並促使成本進一步下降。

6.1.5 知識本質與擴散機制

6.1.5.1 RFID 產業相關之知識與技術

RFID 產業相關知識與技術可分為 RFID 標籤、 RFID 讀寫器以及 RFID 應用技術作探討：

1. RFID 標籤技術：如下表 6-10。

表 6-10 標籤相關元件與技術

元　件	功　　能
天線	用來接收由讀寫器送過來之訊號，並將所要求的資料傳回
AC to DC電路	把由讀寫器送過來的射頻訊號轉換成DC電源，並經大電容儲存能量，再經穩壓電路以提供IC穩定的電源
解調變電路	把載波去除以取出真正的調變訊號
微處理器	把讀卡機所送過來的訊號解碼，並依其要求回送資料給讀寫機，若為有加密的系統還必需做加解密動作
記憶體	做為系統運作及存放識別資料的位置
調變電路	微處理器所送出的資訊經由調變電路調變後載到天線送出給讀卡機

資料來源：林禹臣　（2003）

2. RFID 讀寫器技術：如下表6-11。

表 6-11 讀寫器相關元件與技術

元　件	功　　能
天線	用來發送無線信號給標籤，並把由標籤回應回來的資料接收回來
系統頻率產生器	產生系統的工作頻率
相位鎖位迴路	產生射頻所需的載波訊號
調變電路	把要送給標籤的訊號載在載波送給射頻功率晶體送出
微處理器	產生要送給標籤訊號給調變電路，並同時把標籤回送回來的訊號解碼，將所得的資料回傳給資料庫電腦，若為有加密的系統還必需做加解密動作
記憶體	做為系統運作及存放識別資料的位置
解調變電路	把標籤送過來的微弱訊號解調回數位訊號，再送給微處理器處理
RS-232界面	與電腦連線

資料來源：林禹臣（2003）。

3. RFID 應用技術：

　　RFID 技術應用相當廣泛，以台灣 RFID 的應用來說，最早為動物晶片的應用；台北市目前所使用的悠游卡也是使用 RFID 技術。其他包括一般門禁的管制、汽車晶片防盜器、航空包裹及行李的識別、感應式電子標籤、文檔追蹤管理、生產線自動化、停車場管制、商店防盜、後勤管理、移動商務、產品防偽、物料管理等。受到 IC 設計和晶體電路技術的改善，RFID 電子標籤的價格下滑幅度將更為明顯，特別是 EPC Gen2 標準已經被 ISO 所認可，在 Gen2 標準之下，RFID 電子標籤成本已經可以降至 10 美分（陳美玲，2007）。

6.1.5.2 RFID 產業知識擴散機制

知識擴散攸關產業是否能順利發展；為促使台灣 RFID 專業知識與技術在產業內可相互擴散產生綜效，工研院系統中心成立「 RFID 研發及產業應用聯盟」（圖 4-11），目前加入廠商共計 146 家，聯盟下設7個專業群，各自專注於不同專業領域的開發。此聯盟成立之目的在於產、官、學、研等各界知識、技術、應用能力的整合，可強化 RFID 相關產業之技術研究、設備開發、產業應用與合作交流，同時針對新進廠商提供必要之服務，提升台灣 RFID 產業之整體競爭實力。 RFID 研發及產業應用聯盟目前為 RFID 產業內最重要的知識擴散平臺，扮演著知識與技術擴散的重要角色。同時成立 RFID 整合驗測實驗室，該實驗室將掌握電子標籤、讀取器和標準檢測的技術，目地在為台灣產業建立 RFID 驗測標準與架構。

6.1.6 技術接收能力

6.1.6.1 國家教育與訓練系統

台灣現行教育制度可區分教育行政機關、社會教育機構與學校制度三大類，其中，在中央的教育行政機關為教育部，在地方為直轄市教育局及縣市政府教育廳；社會教育機構則包括各級圖書館、藝術館與博物館等；台灣的學校制度可分為幼稚教育、國民教育、中等教育、高等教育、技職教育、補習教育等。表 6-12 顯示台灣歷年來教育經費分配情形，2005 年台灣教育經費支出達新台幣 6,761 億元，佔國民生產毛額之 5.91%。

表 6-12 台灣教育經費佔國民生產毛額比率

年度 項目	1998	1999	2000	2001	2002	2003	2004	2005
教育經費支出（新台幣億）	5503.1	5815.4	5589.1	6011.4	6260.3	6399.5	6536.1	6761.4
佔國民生產毛額比重	6.08%	6.09%	5.49%	5.98%	6.00%	6.01%	5.86%	5.91%

資料來源：教育部 （2006）。

　　產業訓練體系則包括公共訓練體系與企業訓練體系，公共訓練體系廣義而言，凡以不特定之社會大眾為對象所實施之訓練即屬之，狹義而言則指由政府負擔經費而於公共職訓機構所實施之訓練。其種類訓練體系包括養成訓練、進修訓練、轉業訓練與第二專長訓練及特案訓練等。企業訓練則泛指企業因應其發展所需，所施予員工之各項訓練，包括新進員工的養成訓練（職前訓練）、在職員工的進修訓練、員工的第二專長訓練、員工的轉業訓練與建教合作訓練。

6.1.6.2 RFID 產業相關研發組織

　　台灣研究發展工作除政府各部會負責規畫推動外，實際執行機構可區分為三類：學校、政府部門、財團法人。學校主要從事學術性基礎研究與應用科學的研究工作；政府部門附屬之研究機構則以從事應用研究為主；財團法人研究機構則主要從事產業科技應用發展研究；公民營企業研究部門則從事企業內部進行的技術發展與產品商業化研究。

　　RFID 研發及產業應用聯盟及其所屬的 RFID 整合驗測實驗室目前仍為台灣 RFID 產業中最重要的研發組織，許多國內外廠商同時也擁有各自

的 RFID 相關研發組織，國際大廠包括昇陽、IBM、微軟等也紛紛在台灣成立研發中心，成為 RFID 產業研發能量的重要來源。

6.1.6.3 RFID 產業內創業家精神與創新機制

RFID 為成長階段的新興高科技產業，具未來發展潛力，但受限於資源，目前台灣市場上仍以國外大廠分公司或轉投資為主；本土廠商以硬體製造為主，包括 RFID 設計技術的盛群、晨星、聯暘、韋僑、凌航、華邦等；終端機系統 POS 現有飛捷、欣技資訊、伍豐科技等；天線方面則有永豐餘。由於 RFID 技術被多數專家學者認為是能夠改變未來的十大新興技術之一，因此現階段市場上投入 RFID 之廠商皆為由其他相關領域跨領域經營，純粹經營 RFID 起家的公司目前仍相當有限，較受矚目者為艾迪訊科技股份有限公司 （ClarIDy Solutions, Inc.）為透過工業技術研究院系統中心，運用經濟部科技專案經費所成立之 RFID 公司；但此類以 RFID 為核心經營項目之企業在 RFID 市場需求不斷提升下將逐漸增加，將形成市場上的另一股力量。

6.1.7 網路連接性

6.1.7.1 RFID 產業相關技術流通網路結構

前述之「 RFID 研發及產業應用聯盟」除了為 RFID 產業知識擴散的重要平臺外，同時在 RFID 產業相關技術流通上也扮演重要角色。 RFID 研發及產業應用聯盟分為 RFID 研發聯盟與 RFID 應用聯盟，研發聯盟下設製程設備及材料群組、設計及製造群組以及系統整合群組三個研究群組。應用聯盟下設標準推廣與驗證群組、測試與驗證群組、 RFID 產業應用群組與STARS小組這四個工作群組，共計有一百多家廠商加入。製程設備及材

料群組致力於下世代 RFID 生產技術之研究與規劃；設計及製造群組在推動 RFID 核心與生產技術之發展；系統整合群組致力於發展 RFID 系統所需之關鍵硬體介面及規劃整合營運業者間共同軟體規範。測試與驗證 SIG 建立測試程序，協助聯盟會員進行測試及產品品質之認證；標準推廣與驗證群組爲新設之群組，必須具備 EPC Global 會員資格； RFID 產業應用群組爲供應鏈群組與產業資訊群組所合併，強調產業標準化的需求格式與提供產業市場和技術資訊，STARS 小組爲新成立之群組，由 System、Tag、Antenna、Reader、Software 等廠商組成，此小組除進行廠商相互交流合作外，全力協助 RFID 產業應用群組推動之需求。 RFID 研發與產業應用聯盟之架構如圖 4-11 所示。

6.1.7.2 RFID 產業上中下游連結程度

　　RFID 產業之產業價值鏈如圖 4-9 所示，從最上游的 RFID 標準制定、晶片設計、電池技術，到中游的生產製造，到下游的 RFID 系統整合；以全球市場而言，其產業供應鍊如表 4-5 所示。台灣 RFID 產業在晶片研發上有瑛茂、日晶、天鈺、凌航等廠商；在晶圓製造則有台積電與聯電兩大晶圓代工廠；讀取器有億威、瑛茂、日晶等廠商，產品與系統則有宏碁、永豐餘、光寶等廠商投入（請參照表 4-7）；簡而言之，台灣 RFID 產業之供應鍊仍不完整，尤其缺乏具服務業性質的系統整合業者，將影響 RFID 之整體產業之競爭實力。

6.1.7.3 RFID 國內 RFID 產業與國際間之合作連結程度

　　由於台灣具有資訊與通訊製造業之優勢，在發展 RFID 產業相對而言擁有一定優勢，可吸引國外大廠來台灣進行 RFID 研發活動，進行策略佈局，其相關資訊如表 6-13 所示。

表 6-13　RFID 國際大廠來台投資概況

廠商	來台投資概況
HP	HP於2004年4月13日在台灣成立亞洲第一座 RFID 應用推廣中心。該中心將針對高科技製造、零售與汽車等產業提供客製化系統模擬與解決方案，同時與工研院合作推動國際標準與技術交流。宣布成立的同時，廣達電腦也表示將與惠普攜手共建 RFID 出貨系統。
Sun Microsystems	昇陽電腦在台灣設置國際研發中心，並與工研院合作，主要任務在於提供 RFID 的整合及測試，並贈送三千萬的相關軟體與技術支援，與工研院系統中心共同創立台灣第一座 RFID 整合與測試中心（Integration and Testing Center），為台灣建立起完整的 RFID 系統模擬測試與驗證能量，有效降低國內業界遠赴海外進行驗證的時間與經費等成本，目前積極發展 RFID 應用項目的永豐餘、大同、裕隆等企業將可望成為首批參與驗證的客戶。 昇陽電腦在大中華區 RFID 的推廣計劃將針對零售業、製造業、醫療產業與配銷產業，作法將是先行為企業評估各種不同的組態，並協助其進行 RFID 解決方案測試，以確保符合 RFID 標準規範，並能夠結合昇陽電腦的服務、硬體與軟體，展現最佳效能。
Microsoft	微軟十分看好 RFID 的前景，但在投入 RFID 產業經營的同時微軟強調不會去碰觸 RFID 晶片設計和製造領域；微軟的重點在於資訊軟體系統，企業只要導入 RFID 系統，不論是前端電腦或是後端系統，都會牽涉到複雜的資訊系統架構。台灣微軟技術中心希望針對這一部份深入研發，並將廣邀台灣的硬體合作夥伴共同加入，進而成立 RFID 研發實驗室。微軟技術中心成立 RFID 研發實驗室，準備投入 RFID 前後端資訊系統架構的研發，同時也可以就近提供相關技術支援給台灣的硬體合作夥伴。

表 6-13　RFID 國際大廠來台投資概況（續）

廠商	來台投資概況
IBM	IBM公司與飛利浦公司共同發表一項重大計畫，決定聯手開發 RFID 與智慧卡應用程式的客戶系統，IBM對此市場十分投入且希望藉由此一解決方案，減少營運成本、增加獲利能力，並為顧客提升競爭優勢，該計畫將致力於產品的追蹤與存貨控制，同時在公司的商業流程中使用 RFID 與智慧卡的技術。 首先，IBM與飛利浦公司進行這項計畫的地點是選在飛利浦半導體位於台灣的高雄楠梓加工區製造總廠與香港的配送中心，進行貼附標籤的作業和系統測試。該專案計畫已於2003年11月開始進行，相關作業將在2004年陸續完成。

資料來源：本書整理自白忠哲（2004）。

6.1.8 多元化創新機制

6.1.8.1 RFID 產業內廠商之經營型態

　　RFID 產業內廠商之經營型態依經營領域之不同而異，以下，本書依元件商與系統商進行探討之。

1. 元件商

　　包括 RFID 晶片、讀取器等，RFID 晶片廠商包括瑛茂、日晶、天鈺、凌航等，讀取器則有讀取器有億威、瑛茂、日晶等廠商。台灣 RFID 產業目前仍以元件商為主要廠商，且由於台灣晶圓代工製造佔全球 70% 的市佔率，因此國際知名大廠選擇台灣廠商成為 RFID 策略合作夥伴之意願較強，台灣元件廠商也因此容易取得國外大廠的技術授權。

2. 系統商

包括軟體整合與系統服務整合，此部份台灣廠商較少，目前市場上仍以國際大廠爲主，諸如 IBM、HP、微軟等。系統整合業者的經營模式有別於成本導向的元件商，是以提供全系統給予顧客，並隨著未來技術的提升與成本的下降，結合系統資料，系統服務業者還可提升顧客客製化程度，提供顧客解決方案，乃是接近服務業思維之經營模式，創造較高的附加價值。

6.1.8.2 RFID 產業進入與退出障礙

依經營種類與型態之不同， RFID 產業之進入與退出障礙也各不相同。RFID 系統廠，包括軟硬體系統整合或系統整合服務商等廠商，由於目前市場與知識皆由國際大廠所把持，新進廠商要進入此市場必須投入大量資源，有很大的產業進入障礙。在元件方面，台灣許多元件廠商選擇與國外大廠技術移轉或策略聯盟，減少其進入障礙，同時相關的技術發展也較軟硬體整合技術成熟，相對而言進入障礙較系統業者爲低。

6.1.8.3 RFID 產業國際間之衝擊

RFID 產業最早由美國零售通路業龍頭 Wal-mart 與美國國防部共同推動，Wal-Mart 憑其強大的市場佔有率，宣布在 2006 年起，該公司前100 大供應商必須在貨物上加貼 RFID 標籤，從此 RFID 聲勢也跟著水漲船高；但隨著測試認證與成本等問題伴隨發生，事實證明 RFID 仍有許多技術尚待克服。台灣 RFID 產業受國際影響可分成產業標準、市場與技術三個面向來觀察。

就 RFID 產業標準而言，如表 4-1 所示，包括資料傳輸、頻寬等協定都尚未統一，市場規格的分歧也限制了產業的發展，其中還包含中國欲挾

其世界工廠的優勢，於 2004 年時宣布要推出本身的 RFID 規格。也由於規格遲遲無法底定，除對產業發展造成不確定性影響外，亦間接不利於成本的降低；但依目前發展態勢，在 Wal-Mart 及美國國防部於相繼宣佈使用 EPC 協定後，在有機會於應用面上實際接受大量驗證的情況下，EPC 協定應有可能脫穎而出，成為最終底定的規格。

國際市場規模則是另一會衝擊產業之影響因素，包括零售業、汽車業、高科技製造業等皆為帶動國際市場規模成長之驅動力。但無論是追求成本導向的元件商或是顧客導向的系統服務商，台灣本土市場規模並不足以支撐起台灣 RFID 產業，在克服產業標準等相關問題後進入國際市場隨著其成長帶動產業之成長即成為產業發展的必要策略。

最後就技術面而言，台灣由於有過往半導體與資訊產業的製造優勢，就元件部份而言技術具有一定競爭力，唯部份關鍵技術仍掌握在國外大廠手中，台灣廠商仍必須取得其技術授權，支付其權利金；且技術仍未達到消費者可以接受之成本範圍的情況下，仍有待持續投入研發資源突破。軟硬體系統整合的相關技術則為台灣廠商的弱勢，目前市場仍由國外大廠所把持，包括 IBM、HP、Microsoft 等，除非獲得其技術授權或與其進行策略聯盟，否則台灣 RFID 產業在系統整合服務區塊上仍將處於被動情況，無法創造其高附加價值。

6.1.8.4 RFID 產業相關政策所扮演之角色

RFID 屬於新興產業，仍處於萌芽階段；產業相關政策在此扮演資源整合的角色，協助產、官、學、研的研發與應用資源之整合，在最有限的資源運用下協助產業創造最大價值；同時擬定相關需求政策，協助企業在市場開發初期站穩腳步。

目前主管台灣 RFID 產業相關事宜的政府單位為經濟部商業司、技術處和工業局。商業司和工業局專司 RFID 標籤的產業推廣及應用，技術處則

負責 RFID 技術方面的研發，三個部門自 2003 年底陸續展開 RFID 研討會、輔導業者進行 RFID 可行性的測試活動等。2004 年 3 月由技術處協助工研院成立「無線射頻識別系統研發及產業應用聯盟」，結合產、官、學、研的力量，強化台灣 RFID 相關產品設計、開發、量產及系統應用的能力，促進台灣 RFID 產業與國際技術接軌。

6.2 RFID 系統服務商策略分析

RFID 系統整合涵蓋四大層面，系統整合主要是指「依據企業客戶的需求，提供硬體、軟體與服務之整體解決方案」。因此 RFID 的系統整合服務便涵蓋了電子標籤（Tag）／讀取器（Reader）等硬體設備之選擇、中介軟體的搭配、系統導入顧問服務、人員教育訓練和整體建置方案規劃等範疇。在產業類別上符合創新密集服務業之特點，因此在實證上，本書將就 RFID 產業中之系統整合服務商作為研究對象。

經由企業深入訪談的方式，可得知目前 RFID 的系統整合服務廠商在創新密集服務矩陣上之定位為產品創新之選擇型服務； RFID 相關技術與規格仍在發展階段，而在發展初期，系統整合服務業受限於資源只能將焦點鎖定在特定顧客，進行較為客製化的服務；未來則隨著技術的成熟與共同標準的制定，同時進行商業模式（ business model ）上的創新，改變產業結構，同時可大量生產製造，在創新密集服務業的矩陣定位為結構創新的一般型服務（請參照圖 5-1）。

在經由創新密集服務業分析模式後，可以得知廠商在目前定位下，需要投入資源加強掌握程度的服務價值活動關鍵成功要素為：（C1-1）掌握規格與創新技術、（C1-4）服務設計整合能力、（C1-6）解析市場與客製化能力、（C3-2）掌握目標與潛在市場能力、（C3-4）顧客需求回應能力、（E2-1）研發知識擴散能力、（E3-2）技術商品化能力、（E3-5）引

進技術與資源搭配程度、（E4-1）價值鏈整合能力、（E4-4）與供應商關係、（E4-5）整合外部製造資源能力、（E5-2）整合內外部服務活動能力、（E5-4）委外服務掌握程度、（E7-2）多元與潛在顧客群、（E7-3）相關支援產業。

　　若欲達到未來定位，則需要投入資源加強掌握程度的服務價值活動關鍵成功要素為：（C1-1）掌握規格與創新技術、（C1-4）服務設計整合能力、（C1-6）解析市場與客製化能力、（C2-2）彈性服務效率的掌握、（C2-3）與技術部門的互動、（C3-2）掌握目標與潛在市場能力、（C3-4）顧客需求回應能力、（C4-3）服務傳遞能力、（C5-4）售後服務的價格、速度與品質、（C5-5）通路商服務能力、（C6-4）資訊科技整合能力。而需要投入資源加強掌握程度的外部資源關鍵成功要素為：（E1-3）國家政策資源應用能力、（E1-4）基礎建設充足程度、（E5-2）整合內外部服務活動能力、（E5-4）委外服務掌握程度、（E6-2）消費者特性、（E6-3）產業供應鏈整合能力、（E6-7）顧客關係管理、（E7-2）多元與潛在顧客群、（E7-3）相關支援產業。

6.3 RFID 系統服務商產業創新系統需求

　　在進行創新密集服務業之企業層級策略分析後，本書將針對企業層級之分析研究結果進行產業層級的產業創新系統推導，同時配合 6.1 節的 RFID 產業創新系統的內容細節，建構 RFID 系統服務廠商在創新密集服務業思維下之產業創新系統。

6.3.1 RFID 系統服務廠商目前定位下之產業創新系統需求

　　RFID 系統服務廠商目前定位下之產業創新系統需求如圖 6-2 所示，

RFID 系統服務商目前的定位在於產品創新下之選擇型服務，在此定位下，跟據「創新密集服務業與產業創新系統整合模式」之分析，可協助廠商提升關鍵服務價值活動與外部資源的產業創新系統構面，影響程度最大的為產業環境構面之 IE1、「生產要素」與技術系統構面之 TS2、「技術接收能力」之 TS3、「網路連接性」與「多元化創新機制」之 TS4 等；以及未來產業環境構面之 IE2、「需求條件」、「企業策略、結構與競爭程度」之 IE4與技術系統構面之 TS1；「知識的本質與擴散機制」同樣對於企業之服務價值活動與外部資源之掌握程度提升有所幫助，但影響較小，較有侷限性。

	U 專屬服務	S 選擇服務	R 特定服務	G 一般服務
P1 產品創新		IE1, TS2, TS3, TS4		
P2 製程創新				
O 組織創新				
S 結構創新				IE2, IE4, TS1
M 市場創新				

資料來源：本書整理自王毓箴（2005）。

圖 6-3 台灣 RFID 系統整合服務商創新密集服務產業創新系統需求

表 6-14 RFID 系統服務廠商目前定位下之產業創新系統需求

產業創新系統構面			各構面分析要素
IE1	生產要素	人力資源	人力成本
			人力素質
			勞動人口
		天然資源	電力供應
		知識資源	政府研究機構
			市場研究機構
			同業公會
		資本資源	資本市場
			金融機構
			風險性基金
		基礎建設	運輸系統
			通訊系統
TS2	技術接收能力	國家教育與訓練系統	
		RFID 產業相關研發組織	
		RFID 產業內創業家精神與創新機制	
TS3	網路連結性	RFID 產業相關技術流通網路結構	
		RFID 產業上中下游連結程度	
		國內 RFID 產業與國際間之合作連結程度	
TS4	多元化創新機制	RFID 產業內廠商之經營型態	
		RFID 產業進入與退出障礙	
		RFID 產業國際間之衝擊	
		RFID 產業相關政策所扮演之角色	

資料來源：王毓箴（2005）。

6.3.2 RFID 系統服務廠商未來定位下之產業創新系統需求

RFID 系統服務商未來的定位將走到結構創新下之一般型服務，在此定位下，跟據「創新密集服務業與產業創新系統整合模式」之分析，可協助廠商提升關鍵服務價值活動與外部資源的產業創新系統構面，影響程度最大的為產業環境構面之 IE2「需求條件」、IE4「企業策略、結構與競爭程度」與技術系統構面之 TS3「網路連接性」；產業環境構面之 IE1「生產要素」、IE3「相關與支援性產業」；而技術系統構面之TS1「知識的本質與擴散機制」、TS2「技術接收能力」與 TS4「多元化創新機制」同樣對於企業之服務價值活動與外部資源之掌握程度提升有所幫助，但影響較小，較有侷限性。

6.3.3 RFID 系統服務廠商關鍵成功要素之產業創新系統需求

由企業層級之策略分析，可得知 RFID 系統服務廠商在定位下，現階段掌握程度與未來有所落差之關鍵成功要素如表 6-16 所示，其中 C1、C3、E5、E7 等構面在目前與未來定位同樣為重要之關鍵成功要素，而 E2、E3、E4 構面則是目前廠商在經營上扮演階段性任務，廠商同樣不能偏廢。由此推得可協助廠商提升服務價值活動與外部資源關鍵成功要素之產業創新系統構面，依影響因子的範圍的大小決定其重要性，如表 6-17 所示。

表 6-15 RFID 系統服務廠商目前定位下之產業創新系統需求

產業創新系統構面		各構面分析要素	
IE2	需求條件	國內市場的性質	RFID 產業國內客戶需求型態和特質
			RFID 產業國內市場的需求區隔
		國內市場的需求規模和成長速度	RFID 產業國內市場規模
			RFID 產業國內市場需求成長
		國內市場需求國際化情形	RFID 產業國外需求規模及型態
IE4	企業策略、結構與競爭程度	RFID 產業內企業所採之策略	
		RFID 產業內企業之組織型態	
		RFID 產業內企業之規模	
		RFID 產業內競爭程度	
TS3	網路連結性	RFID 產業相關技術流通網路結構	
		RFID 產業上中下游連結程度	
		國內 RFID 產業與國際間之合作連結程度	

資料來源：王毓箴（2005）。

表 6-16 關鍵成功要素創新系統構面需求統計表（ 目前 ）

關鍵成功要素		配合之產業創新系統
C1-1	掌握規格與創新技術	IE1,IE2,TS1,TS2,TS4
C1-4	服務設計整合能力	IE1,IE2,TS1,TS2,TS4
C1-6	解析市場與客製化能力	IE1,IE2,TS1,TS2,TS4
C3-2	掌握目標與潛在市場能力	IE2,IE4,TS3,TS4
C3-4	顧客需求回應能力	IE2,IE4,TS3,TS4
E2-1	研發知識擴散能力	IE1,TS1,TS2,TS4
E3-2	技術商品化能力	IE1,TS1,TS2,TS3,TS4
E3-5	引進技術與資源搭配程度	IE1,TS1,TS2,TS3,TS4
E4-1	價值鏈整合能力	IE1,IE3,TS2,TS3
E4-4	與供應商關係	IE1,IE3,TS2,TS3
E4-5	整合外部製造資源能力	IE1,IE3,TS2,TS3
E5-2	整合內外部服務活動能力	IE2,IE4,TS3
E5-4	委外服務掌握程度	IE2,IE4,TS3
E7-2	多元與潛在顧客群	IE3,TS4
E7-3	相關支援產業	IE3,TS4

資料來源：王毓箴（2005）。

表 6-17　產業創新系統構面重要程度（目前）

產業創新系統構面		重要程度
TS4	多元化創新機制	最重要
IE1	生產要素	重要
TS2	技術接收能力	
TS3	網路連接性	
IE2	需求條件	普通
TS1	知識的本質與擴散機制	
IE3	相關與支援性產業	最不重要
IE4	企業策略、結構與競爭程度	

資料來源：王毓箴（2005）。

　　同樣的，在透過企業層級之策略分析後，可以得知在 RFID 系統服務廠商欲達成未來定位下，必須提升掌握程度之關鍵成功因素如表 6-18，由此推得可協助廠商提升服務價值活動與外部資源關鍵成功要素之產業創新系統構面，依影響因子的範圍的大小決定其重要性，整理如表 6-19。

表 6-18 關鍵成功要素創新系統構面需求統計表（未來）

關鍵成功要素		配合之產業創新系統
C1-1	掌握規格與創新技術	IE1,IE2,TS1,TS2,TS4
C1-4	服務設計整合能力	IE1,IE2,TS1,TS2,TS4
C1-6	解析市場與客製化能力	IE1,IE2,TS1,TS2,TS4
C2-2	彈性服務效率的掌握	TS1
C2-3	與技術部門的互動	TS1
C3-2	掌握目標與潛在市場能力	IE2,IE4,TS3,TS4
C3-4	顧客需求回應能力	IE2,IE4,TS3,TS4
C4-3	服務傳遞能力	IE1,TS3
C5-4	售後服務的價格、速度與品質	IE2,IE4,TS3
C5-5	通路商服務能力	IE2,IE4,TS3
C6-4	資訊科技整合能力	IE4
E1-3	國家政策資源應用能力	IE1,IE3,TS2
E1-4	基礎建設充足程度	IE1,IE3,TS2
E5-2	整合內外部服務活動能力	IE2,IE4,TS3
E5-4	委外服務掌握程度	IE2,IE4,TS3
E6-2	消費者特性	IE2,IE4,TS3
E6-3	產業供應鍊整合能力	IE2,IE4,TS3
E6-7	顧客關係管理	IE2,IE4,TS3
E7-2	多元與潛在顧客群	IE3,TS4
E7-3	相關支援產業	IE3,TS4

資料來源：王毓箴（2005）。

表 6-19 產業創新系統構面重要程度（未來）

產業創新系統構面		重要程度
IE2	需求條件	最重要
IE4	企業策略、結構與競爭程度	重要
TS3	網路連接性	
IE1	生產要素	普通
TS4	多元化創新機制	
IE3	相關與支援性產業	最不重要
TS1	知識的本質與擴散機制	
TS2	技術接收能力	

資料來源：王毓箴（2005）。

其中，IE2「需求條件」為最重要的產業創新系統構面，可協助提升最多數的關鍵成功因素；其次為 IE4「企業策略、結構與競爭程度」與 TS3「網路連接性」，可協助提升多數的關鍵成功因素。

由於 RFID 系統服務業正處於萌芽成長階段，不論是服務價值活動與外部資源其關鍵成功要素現階段與未來之掌握程度普遍皆有落差，因此以「創新密集服務-產業創新系統矩陣」所推導出之產業創新系統需求與由企業層級策略分析關鍵成功要素所推導出之產業創新系統需求有一致的結果，落差不大。

6.3.4 實證意義

由以上實證可得知，TS3「網路連接性」不管在目前定位或未來定位下

皆為重要之產業創新系統構面。「網路連接性」之分析因素包括「RFID 產業相關技術流通網路結構」、「RFID 產業上中下游連結程度」與「國內 RFID 產業與國際關之合作連結程度」。

在目前定位下，IE1「生產要素」、TS2「技術接收能力」與 TS4「多元化創新機制」為重要之產業創新系統構面。「生產要素」之分析因素包括「人力成本」、「人力素質」、「勞動人口」、「電力供應」、「大學院校」、「政府研究機構」、「市場研究機構」、「同業公會」、「資本市場」、「金融機構」、「風險性基金」、「運輸系統」及「通訊系統」；「技術接收能力」之分析因素包括「國家教育與訓練系統」、「RFID 產業相關研發組織」及「RFID 產業內創業家精神」；「多元化創新機制」之分析因素包括「RFID 產業內廠商之經營型態」、「RFID 產業進入與退出障礙」、「RFID 產業國際間之衝擊」及「RFID 產業相關政策所扮演之角色」。

而在未來定位下，IE2「需求條件」與IE4「企業策略、結構與競爭程度」為重要之產業創新系統構面。就 RFID 產業而言，「需求條件」之分析因素包括「RFID 產業國內客戶需求型態和特質」、「RFID 產業國內市場的需求區隔」、「RFID 產業國內市場規模」、「RFID 產業國內市場需求成長」及「RFID 產業國外需求規模及型態」；「企業策略、結構與競爭程度」分析因素包括「RFID 產業內企業所採用之策略」、「RFID 產業內企業之組織型態」、「RFID 產業內企業之規模」及「RFID 產業內競爭程度」。

以 RFID 系統整合服務廠商的觀點而言，目前 RFID 未能在市場上獲得普及的應用，關鍵還在於技術與規格仍在發展階段，包括系統的準確性、穩定性與安全性仍未能得到百分之百的保證，成本也還沒能夠壓低到顧客所能接收之水準。因此現階段供給面的技術議題仍是系統整合服務廠商發展之關鍵，需要產業環境構面中生產要素以及技術系統中的技術接收

能力、網路的連結性、多元化創新機制的配合，協助廠商提升相關技術與規格的掌握程度。其中，生產要素構面的人力資源相關構面、天然資源相關構面、知識資源相關構面、資本資源相關構面、基礎建設相關構面等，皆為提供 RFID 系統整合服務商最為基礎的發展資源，協助其在較完善的產業發展環境下進行企業之經營。

在目前定位下技術系統扮演重要角色，包括技術接收能力、網路連結性、多元化創新機制等皆為現階段之重點。技術接收能力如國家教育與訓練系統、RFID 產業相關研發組織等強調的都是在產業發展初期，台灣 RFID 產業所擁有的知識、技術與研發能量，系統整合服務商若能完整利用這些相關資源，將既有的產業知識與技術加以整合，為現階段系統整合服務商最重要的經營課題之一。同時，在產業發展初期，多元化創新機制也有助於刺激技術之發展，協助創新的產生。多元化創新機制包括 RFID 產業內廠商不同的經營型態，系統整合服務廠商與元件商本身便有不同的經營型態，同時也會有不同的進入與退出障礙；因此所強調的技術發展重點將會不同，只要系統整合廠商同時在技術接收與網路連結構面的輔助下，扮演好資源整合者的角色，將可創新系統整合服務廠商之競爭優勢。技術與創新的刺激同時還會受到兩個面向的影響，包括外在國際面的影響以及相關政策所給予產業之幫助，同時可提升 RFID 系統整合服務廠商之多元研發能量。

此外 RFID 系統整合服務商相較於元件廠商而言更強調各元件的整合，在此條件下，就技術系統構面而言，「網路的連結性」對廠商之服務價值活動與外部資源掌握程度之提升影響程度最大，包括 RFID 技術流通網路系統的建構、RFID 上中下游廠商的整合、台灣廠商與國際廠商的策略聯盟合作等，此一技術環境構面對於對於目前與未來的系服務廠商而言至關重要；系統整合服務商必須整合內外部資源與相關軟硬體技術，提供顧客需要的解決方案，因此必須建構完整的技術流通系統與上下游關係；而

以目前台灣 RFID 系統服務整合廠商而言，軟硬體整合技術仍為台灣之弱勢，必須加強與國際大廠的合作，提升廠商之技術整合與應用能力。

　　就 RFID 系統整合服務廠商的觀點而言，在追求顧客導向的經營模式下，產業環境的「需求條件」對廠商之服務價值活動與外部資源掌握程度之提升將有很大的影響作用，包括 RFID 全球與國外未來市場的成長，以及 RFID 不同需求類型的區隔等，此一產業環境構面的掌握對於未來系統服務廠商而言至關重要；系統整合服務廠商的顧客與業務可在市場規模成長的帶動下一同成長，同時，確認顧客並選擇顧客區塊及客製化程度對於顧客導向的系統整合服務商而言為獲利成長的關鍵，必須確認國內外客戶的需求區域、型態與特質，都是廠商創新競爭優勢的來源。

　　RFID 產業目前市場仍處於萌芽階段，除了規格與技術仍不成熟外，系統服務廠商同時也還在不斷摸索市場營運獲利模式，由於 RFID 應用範圍廣泛，同時對現在的許多產品與技術會產生革命性的衝擊，包括汽車業、零售通路業等產業在市場與產業結構未來將會有重大的商業模式（Business Mode1）創新；產業環境的「企業策略、結構與競爭程度」構面對廠商之服務價值活動與外部資源掌握程度之提升將有很大的影響作用；在未來的競爭模式下， RFID 系統整合服務廠商未來最重要的策略思考即在於提出能在市場上獲利的商業模式，創造 RFID 產業競爭優勢。

第七章　創新密集服務業之策略分析

　　本章將以創新密集服務分析模式爲架構，針對 RFID 系統整合服務業在超高頻及微波頻段的市場應用，進行實証分析。分析內容主要包含：創新密集服務矩陣定位、服務價值活動評量與外部資源評量，藉由「服務價值活動」與「外部資源涵量」這兩大構面的專家訪談與評量，進而推導出創新密集服務實質優勢矩陣。再藉由創新密集服務實質優勢矩陣與創新密集服務矩陣定位的比較，找出 RFID 系統整合服務業重要且必須努力提昇之服務價值活動與外部資源，以及所需發展的關鍵成功因素。

7.1 創新密集服務矩陣

7.1.1 創新密集服務矩陣定位

　　在創新密集服務矩陣定位部分，此部分問卷目的係爲利用專家深度訪談的方式，藉由五項創新類型（產品創新、製程創新、組織創新、結構創新、市場創新）與四項客製化程度（一般型服務、特定型服務、選擇型服務、專屬型服務）所組成的創新密集服務矩陣定位，爲 RFID 系統整合服務業找出目前及未來的策略規劃定位與策略意圖走向。

　　本章係以目前技術水準可提供 RFID 系統整合服務爲例，經過模型解釋、問卷發放、問卷分析及深度訪談過後，找出 RFID 系統整合服務目前的營運型態主要以強調產品創新（即強調產品設計、功能改良、功能整合及產品製造的創新活動執行能力，完全以產品本身爲核心所衍生的各項創新應用）的選擇型服務（即屬於客製化程度次高的服務型態，部分的服務型態或產品模組是客製化而具備選擇彈性的，廠商提供數種可選擇的模式，

種類足供大部份顧客選擇）為主；未來的策略走向與意圖則試著朝向強調結構創新（即經營模式上的創新，重視策略產生與環境反應的能力）的一般型服務（即屬於客製化程度為最低的服務型態，絕大部分的服務型態都是標準化且固定的）為主。此項策略意圖可由創新密集服務矩陣定位（圖5-1）所示：未來選擇朝向以結構創新為主體的經營模式上的創新，提供標準化程度更高的一般型服務為努力的方向。

目前的定位為選擇服務（S）／產品創新（P1），根據創新密集服務分析模式，在不針對特定產業及企業分類下（即通用模式下），一般企業在此定位下，服務價值活動以「設計」及「行銷」為重要核心構面；外部資源則以「研發／科學」、「技術」、「製造」、「服務」及「其他使用者」為重要關鍵構面。未來在一般服務（G）／結構創新（S）的定位下，服務價值活動則是「設計」、「測試認證」、「行銷」、「配銷」、「售後服務」、「支援活動」等六大構面，皆為重要核心構面；外部資源則以「互補資源提供者」、「服務」、「市場」及「其他使用者」為重要關鍵構面。其它未提及的構面，並不代表無關緊要或是可以被忽視，而是在資源有限下，應以關鍵構面為主要投入項目，其它構面則應維持一定水準。創新密集服務矩陣在通用模式下的定位表，如表 7-1 所示。

表 7-1　創新密集服務矩陣在通用模式下的定位表

	U		S		R		G	
P1	C1、C3	E2、E3 E4、E5 E7	C1、C3	E2、E3 E4、E5 E7	C1、C3	E1、E2 E3、E4 E5、E7	C1、C3	E1、E4 E5、E6
P2	C2、C3 C4、C5 C6	E2、E3 E4、E7	C2、C3 C4、C5 C6	E3、E5	C2、C3 C4、C5 C6	E1、 E4、E6	C2、C3 C4、C5 C6	E1、E4 E6
O	C1、C2 C3、C4 C5、C6	E2、E3 E4、E5 E6、E7	C1、C2 C3、C4 C5、C6	E5、E6 E7	C1、C2 C3、C4 C5、C6	E5、E6	C1、C2 C3、C4 C5、C6	E5、E6
S	C1、C2 C3、C4 C5、C6	E2、E5 E7	C1、C2 C3、C4 C5、C6	E5、E7	C1、C2 C3、C4 C5、C6	E1、E5 E6、E7	C1、C2 C3、C4 C5、C6	E1、E5 E6、E7
M	C3、C4 C5	E5、E6 E7	C3、C4 C5	E5、E6 E7	C3、C4 C5	E1、E5 E6、E7	C3、C4 C5	E1、E5 E6、E7

資料來源：簡宏誼（2005）。

　　在找出策略定位後，根據第三章提出之研究方法與假設，將回收的問卷分為「目前掌握狀況」與「未來重要程度」兩大項目進行資料分析，於各自推導過程中，區分企業服務價值活動與外部資源涵量兩大構面分別進行，對各大構面的關鍵成功因素，就目前掌握程度與未來重要程度進行評量，以作為不臺策略定位分析之用，並進一步詮釋其結果。

7.1.2 服務價值活動目前掌握程度與未來重要程度

　　本章在分析過程中先對個別構面的關鍵成功因素，就其目前掌握程度與未來重要程度作卡方檢定。經由卡方檢定找出差異顯著之要素，得以確認產業環境對於極具重要性之服務價值活動與外部資源涵量的配合度是否有足夠或明顯的不足，並以此作爲 RFID 系統整合服務業在發展策略方向時需要配合掌握的關鍵成功因素之具體依據。此部分共回收有效專家問卷 30份，以 RFID 系統整合服務業「服務價值活動」來說，透過問卷調查，以及根據統計分析結果（未來重要程度與目前掌握程度間兩組樣本其 p-value小於 0.05 者判定爲顯著），其主要檢定結果及趨勢如下：

表 7-2 服務價值活動關鍵成功因素卡方檢定表

服務價值活動構面	因子代號	關鍵成功要素	卡方檢定 p-value	差異顯著
設計（C1）	C1-1	掌握規格與創新技術	0.022	●
	C1-2	研發資訊掌握能力	0.144	
	C1-3	智慧財產權的掌握	0.138	
	C1-4	服務設計整合能力	0.013	●
	C1-5	設計環境與文化	0.942	
	C1-6	解析市場與客製化能力	0.004	●
	C1-7	財務支援與規劃	0.142	

表 7-2 服務價值活動關鍵成功因素卡方檢定表（續）

服務價值 活動構面	因子 代號	關鍵成功要素	卡方檢定 p-value	差異 顯著
測試認證 （C2）	C2-1	模組化能力	0.942	
	C2-2	彈性服務效率的掌握	0.002	●
	C2-3	與技術部門的互動	0.026	●
行銷（C3）	C3-1	品牌與行銷能力	0.942	
	C3-2	掌握目標與潛在市場能力	0.002	●
	C3-3	顧客知識累積與運用能力	0.138	
	C3-4	顧客需求回應能力	0.007	●
	C3-5	整體方案之價格與品質	0.076	
配銷（C4）	C4-1	後勤支援與庫存管理	0.832	
	C4-2	通路掌握能力	0.125	
	C4-3	服務傳遞能力	0.003	●
售後服務 （C5）	C5-1	技術部門的支援	0.743	
	C5-2	建立市場回饋機制	0.942	
	C5-3	創新的售後服務	0.129	
	C5-4	售後服務的價格、速度與品質	0.001	●
	C5-5	通路商服務能力	0.036	●

表 7-2 服務價值活動關鍵成功因素卡方檢定表（續）

服務價值 活動構面	因子 代號	關鍵成功要素	卡方檢定 p-value	差異 顯著
支援活動 (C6)	C6-1	組織結構	0.113	
	C6-2	企業文化	0.947	
	C6-3	人事組織與教育訓練	0.098	
	C6-4	資訊科技整合能力	0.004	●
	C6-5	採購支援能力	0.942	
	C6-6	法律與智慧財產權之保護	0.138	
	C6-7	企業公關能力	0.734	
	C6-8	財務管理能力	0.129	
註：1. 關鍵成功因素其掌握差異程度之p-value值小於0.05者，判定為差異顯 著。 2. ● 代表該關鍵成功因素的差異顯著。				

資料來源：簡宏誼（2005）。

表 7-3 服務價值活動掌握程度顯著差異因子整理表

服務價值活動構面	顯著差異因子代號	顯著差異關鍵成功要素
設計 （C1）	C1-1	掌握規格與創新技術
	C1-4	服務設計整合能力
	C1-6	解析市場與客製化能力
測試認證 （C2）	C2-2	彈性服務效率的掌握
	C2-3	與技術部門的互動
行銷 （C3）	C3-2	掌握目標與潛在市場能力
	C3-4	顧客需求回應能力
配銷 （C4）	C4-3	服務傳遞能力
售後服務 （C5）	C5-4	售後服務的價格、速度與品質
	C5-5	通路商服務能力
支援活動（C6）	C6-4	資訊科技整合能力

資料來源：簡宏誼（2005）。

　　RFID 系統整合服務業在服務價值活動關鍵成功因素上，能力不足且必須加強掌握的部分共計有 11 項，分別是掌握規格與創新技術；服務設計整合能力；解析市場與客製化能力（設計）；彈性服務效率的掌握；與技術部門的互動（測試認證）；掌握目標與潛在市場能力；顧客需求回應能力（行銷）；服務傳遞能力（配銷）；售後服務的價格、速度與品質、通路商服務能力（售後服務）；資訊科技整合能力（支援活動）等。

7.1.3 外部資源目前掌握程度與未來重要程度

以 RFID 系統整合服務業「外部資源」來說，透過問卷調查，以及根據統計分析結果（未來重要程度與目前掌握程度間兩組樣本其 p-value 小於0.05 者判定爲顯著），其主要檢定結果及趨勢如下：

表 7-4 外部資源關鍵成功因素卡方檢定表

外部資源構面	因子代號	關鍵成功要素	卡方檢定 p-value	差異顯著
互補資源提供者（E1）	E1-1	組織利於外部資源接收	0.743	
	E1-2	人力資源素質	0.138	
	E1-3	國家政策資源應用能力	0.042	●
	E1-4	基礎建設充足程度	0.003	●
	E1-5	資本市場與金融環境支持度	0.129	
	E1-6	企業外在形象	0.942	
研發／科學（E2）	E2-1	研發知識擴散能力	0.003	●
	E2-2	創新知識涵量	0.198	
	E2-3	基礎科學研發能量	0.146	
技術（E3）	E3-1	技術移轉、擴散、接收能力	0.392	
	E3-2	技術商品化能力	0.002	●
	E3-3	外部單位技術優勢	0.143	
	E3-4	外部技術完整多元性	0.098	
	E3-5	引進技術與資源搭配程度	0.006	●

表 7-4 外部資源關鍵成功因素卡方檢定表（續）

外部資源構面	因子代號	關鍵成功要素	卡方檢定 p-value	差異顯著
製造（E4）	E4-1	價值鏈整合能力	0.036	●
	E4-2	製程規劃能力	0.142	
	E4-3	庫存管理能力	0.138	
	E4-4	與供應商關係	0.002	●
	E4-5	整合外部製造資源能力	0.001	●
服務（E5）	E5-1	客製化服務活動設計	0.743	
	E5-2	整合內外部服務活動能力	0.006	●
	E5-3	建立與顧客接觸介面	0.168	
	E5-4	委外服務掌握程度	0.003	●
	E5-5	企業服務品質與形象	0.942	
市場（E6）	E6-1	目標市場競爭結構	0.129	
	E6-2	消費者特性	0.004	●
	E6-3	產業供應鏈整合能力	0.015	●
	E6-4	通路管理能力	0.142	
	E6-5	市場資訊掌握能力	0.076	
	E6-6	支配市場與產品能力	0.058	
	E6-7	顧客關係管理	0.004	●

表 7-4 外部資源關鍵成功因素卡方檢定表（續）

外部資源構面	因子代號	關鍵成功要素	卡方檢定 p-value	差異顯著
其他使用者（E7）	E7-1	相關支援技術掌握	0.198	
	E7-2	多元與潛在顧客群	0.002	●
	E7-3	相關支援產業	0.013	●
註：1. 關鍵成功因素其掌握差異程度之p-value值小於0.05者，判定為差異顯著。 2. ●代表該關鍵成功因素的差異顯著。				

資料來源：簡宏誼（2005）。

表 7-5 外部資源掌握程度顯著差異因子整理表

外部資源構面	顯著差異因子代號	顯著差異關鍵成功要素
互補資源提供者（E1） Complementary Assets Supplier	E1-3	國家政策資源應用能力
	E1-4	基礎建設充足程度
研發／科學（E2） R&D／Science	E2-1	研發知識擴散能力
技術（E3） Technology	E3-2	技術商品化能力
	E3-5	引進技術與資源搭配程度
製造（E4） Production	E4-1	價值鏈整合能力
	E4-4	與供應商關係
	E4-5	整合外部製造資源能力
服務（E5） Servicing	E5-2	整合內外部服務活動能力
	E5-4	委外服務掌握程度

表 7-5 外部資源掌握程度顯著差異因子整理表（續）

外部資源構面	顯著差異因子代號	顯著差異關鍵成功要素
市場（E6）Market	E6-2	消費者特性
	E6-3	產業供應鏈整合能力
	E6-7	顧客關係管理
其他使用者（E7）Other Users	E7-2	多元與潛在顧客群
	E7-3	相關支援產業

資料來源：簡宏誼（2005）。

　　RFID 系統整合服務在外部資源關鍵成功因素方面，能力不足且必須加強掌握的部分共計有 15 項，分別是國家政策資源應用能力、基礎建設充足程度（互補資源提供者）；研發知識擴散能力（研發／科學）；技術商品化能力、引進技術與資源搭配程度（技術）；價值鏈整合能力、與供應商關係、整合外部製造資源能力（製造）；整合內外部服務活動能力、委外服務掌握程度（服務）；消費者特性、產業供應鏈整合能力、顧客關係管理（市場）；多元與潛在顧客群、相關支援產業（其他使用者）等。

7.2 服務價值活動評量

7.2.1 服務價值活動創新評量

　　在進行實證研究時，必須就其服務價值活動構面及細部關鍵成功因素，進行服務價值活動評量，以作為策略定位分析之用。此部分共回收有效問卷 30 份，其評量過程整理如下：

表 7-6 服務價值活動之創新評量表

	因子代號	關鍵成功因素	影響種類	影響性質	目前掌握程度	未來重要程度
C1	C1-1	掌握規格與創新技術	P1,O,S	N	2.93	3.33
	C1-2	研發資訊掌握能力	P1,O,S	N	3.17	3.87
	C1-3	智慧財產權的掌握	P1,O,S	N	2.90	3.13
	C1-4	服務設計整合能力	P1,O,S	D	3.23	4.10
	C1-5	設計環境與文化	P1,O,S	D	2.87	3.47
	C1-6	解讀市場與客製化能力	P1,O,S	N	3.00	4.00
	C1-7	財務支援與規劃	P1,O,S	F	3.00	3.30
C2	C2-1	模組化能力	P2,O,S	D	3.23	4.03
	C2-2	彈性服務效率的掌握	P2,O,S	F	2.83	3.80
	C2-3	與技術部門的互動	P2,O,S	F	3.10	3.63
C3	C3-1	品牌與行銷能力	P1,P2,O,S,M	N	3.03	3.83
	C3-2	掌握目標與潛在市場能力	P1,P2,O,S,M	D	3.00	3.77
	C3-3	顧客知識累積與運用能力	P1,P2,O,S,M	N	2.83	3.93
	C3-4	顧客需求回應能力	P1,P2,O,S,M	N	3.03	3.93
	C3-5	整體方案之價格與品質	P1,P2,O,S,M	D	2.87	4.00

表 7-6 服務價值活動之創新評量表（續）

	因子代號	關鍵成功因素	影響種類	影響性質	目前掌握程度	未來重要程度
C4	C4-1	後勤支援與庫存管理	P2,O,S	F	3.03	3.83
	C4-2	通路掌握能力	P2,O,S	D	3.33	4.10
	C4-3	服務傳遞能力	P2,O,S	N	3.00	3.90
C5	C5-1	技術部門的支援	P2,O,S,M	F	3.20	3.53
	C5-2	建立市場回饋機制	P2,O,S,M	D	3.03	3.67
	C5-3	創新的售後服務	P2,O,S,M	N	2.90	3.97
	C5-4	售後服務的價格、速度與品質	P2,O,S,M	N	3.03	3.47
	C5-5	通路商服務能力	P2,O,S,M	F	2.93	3.93
CC6	C6-1	組織結構	P2,O,S	D	2.73	3.10
	C6-2	企業文化	P2,O,S	D	2.63	3.40
	C6-3	人事組織與教育訓練	P2,O,S	D	2.73	3.67
	C6-4	資訊科技整合能力	P2,O,S	D	3.07	3.80
	C6-5	採購支援能力	P2,O,S	F	2.73	3.03
	C6-6	法律與智慧財產權之保護	P2,O,S	F	2.87	3.97
	C6-7	企業公關能力	P2,O,S	F	3.13	3.37
	C6-8	財務管理能力	P2,O,S	D	3.10	3.27

資料來源：簡宏誼（2005）。

表 7-7 評量標準表

影響種類	影響性質	影響程度
P1 （Product Innovation）： 產品創新 P2 （Process Innovation）： 流程創新 O （Organizational Innovation）： 組織創新 S （Structural Innovation）： 結構創新 M （Market Innovation）： 市場創新	N （Network）：網路式 D （Divisional）：部門式 F （Functional）：功能式	5：極高 4：高 3：普通 2：低 1：極低

資料來源：簡宏誼（2005）。

　　完成服務價值活動因子評量後，可進一步將服務價值活動關鍵成功因素，依影響種類與影響性質之不同，填入服務價值活動NDF矩陣；在得到服務價值活動NDF矩陣後，代入各因子未來重要程度與目前掌握程度，即可得到服務價值活動NDF差異矩陣。整理如下表：

表 7-8 服務價值活動NDF差異矩陣表

	N	D	F
P1	△C1-1=0.40, △C1-2=0.70 △C1-3=0.23, △C1-6=1.00 △C3-1=0.80, △C3-3=0.10 △C3-4=0.90	△C1-4=0.87, △C1-5=0.60 △C3-2=0.77, △C3-5	△C1-7=0.30
P2	△C3-1=0.80, △C3-3=0.10 △C3-4=0.90, △C4-3=0.90 △C5-3=0.07, △C5-4=0.44	△C2-1=0.80, △C3-2=0.77 △C3-5=1.13, △C4-2=0.77 △C5-2=0.64, △C6-1=0.37 △C6-2=0.77, △C6-3=0.94 △C6-4=0.73, △C6-8=0.17	△C1-7=0.30, △C2-2=0.97 △C2-3=0.53, △C4-1=0.80 △C5-1=0.33, △C5-5=1.00 △C6-5=0.30, △C6-6=1.10 △C6-7=0.24
O	△C1-1=0.40, △C1-2=0.70 △C1-3=0.23, △C1-6=1.00 △C3-1=0.80, △C3-3=0.10 △C3-4=0.90, △C4-3=0.90 △C5-3=0.07, △C5-4=0.44	△C1-4=0.87, △C1-5=0.60 △C2-1=0.80, △C3-2=0.77 △C3-5=1.13, △C4-2=0.77 △C5-2=0.64, △C6-1=0.37 △C6-2=0.77, △C6-3=0.94 △C6-4=0.73, △C6-8=0.17	△C1-7=0.30, △C2-2=0.97 △C2-3=0.53, △C4-1=0.80 △C5-1=0.33, △C5-5=1.00 △C6-5=0.30, △C6-6=1.10 △C6-7=0.24
S	△C1-1=0.40, △C1-2=0.70 △C1-3=0.23, △C1-6=1.00 △C3-1=0.80, △C3-3=0.10 △C3-4=0.90, △C5-3=0.07 △C5-4=0.44	△C1-4=0.87, △C1-5=0.60 △C2-1=0.80, △C3-2=0.77 △C3-5=1.13, △C5-2=0.64 △C6-1=0.37, △C6-2=0.77 △C6-3=0.94, △C6-4=0.73 △C6-8=0.17	△C1-7=0.30, △C2-2=0.97 △C2-3=0.53, △C5-1=0.33 △C5-5=1.00, △C6-5=0.30 △C6-6=1.10, △C6-7=0.24

表 7-8 服務價值活動NDF差異矩陣表（續）

	N	D	F
M	C3-1=0.80,C3-3=0.10 C3-4=0.90,C5-3=0.07 C5-4=0.44	△C3-2=0.77,△C3-5 △C5-2=0.64	△C5-1=0.33,△C5-5=1.00

資料來源：簡宏誼（2005）。

7.2.2 服務價值活動實質優勢矩陣

在得出服務價值活動NDF差異矩陣後，將其中各矩陣單元之 △Ci-j，以五種不同創新類別與三種不同影響程度爲基準，合併計算同一服務價值活動構面之 △Ci；將同一種創新類別三種不同影響程度之 △Cij（N），△Cij（D），△Cij（F）取平均值，即得到服務價值活動實質優勢矩陣各矩陣單元之 △CI；再以IIS服務價值活動矩陣爲基礎，各矩陣單元強調之服務價值活動構面不同，分別有不同 △CI，可得到以下服務價值活動實質優勢矩陣（表 7-9）。

表 7-9 服務價值活動實質優勢矩陣表

	U	S	R	G
P1	△C1=0.54 △C3=0.78	△C1=0.54 △C3=0.78	△C1=0.54 △C3=0.78	△C1=0.54 △C3=0.78
P2	△C2=0.78 △C3=0.78 △C4=0.82 △C5=0.52 △C6=0.58	△C2=0.78 △C3=0.78 △C4=0.82 △C5=0.52 △C6=0.58	△C2=0.78 △C3=0.78 △C4=0.82 △C5=0.52 △C6=0.58	△C2=0.78 △C3=0.78 △C4=0.82 △C5=0.52 △C6=0.58

表 7-9 服務價值活動實質優勢矩陣表（續）

	U	S	R	G
O	△C1=0.54 △C2=0.78 △C3=0.78 △C4=0.82 △C5=0.52 △C6=0.58	△C1=0.54 △C2=0.78 △C3=0.78 △C4=0.82 △C5=0.52 △C6=0.58	△C1=0.54 △C2=0.78 △C3=0.78 △C4=0.82 △C5=0.52 △C6=0.58	△C1=0.54 △C2=0.78 △C3=0.78 △C4=0.82 △C5=0.52 △C6=0.58
S	△C1=0.54 △C2=0.78 △C3=0.78 △C4=0.82 △C5=0.52 △C6=0.58	△C1=0.54 △C2=0.78 △C3=0.78 △C4=0.82 △C5=0.52 △C6=0.58	△C1=0.54 △C2=0.78 △C3=0.78 △C4=0.82 △C5=0.52 △C6=0.58	△C1=0.54 △C2=0.78 △C3=0.78 △C4=0.82 △C5=0.52 △C6=0.58
M	△C3=0.78 △C5=0.52	△C3=0.78 △C5=0.52	△C3=0.78 △C5=0.52	△C3=0.78 △C5=0.52

資料來源：簡宏誼（2005）。

7.3 外部資源評量

7.3.1 外部資源創新評量

在進行實證研究時，必須就其外部資源構面及細部關鍵成功因素，進行外部資源評量，以作為策略定位分析之用。此部分共回收有效問卷 30 份，其評量過程整理如表 7-10：

表 7-10 外部資源之創新評量表

	因子代號	關鍵成功因素	影響種類	影響性質	目前掌握程度	未來重要程度
E1	E1-1	組織利於外部資源接收	P1,P2,S,M	D	2.67	3.60
	E1-2	人力資源素質	P1,P2,S,M	F	3.40	3.77
	E1-3	國家政策資源應用能力	P1,P2,S,M	N	2.83	3.57
	E1-4	基礎建設充足程度	P1,P2,S,M	N	2.17	3.33
	E1-5	資本市場與金融環境支持度	P1,P2,S,M	N	2.70	3.43
	E1-6	企業外在形象	P1,P2,S,M	D	3.13	3.80
E2	E2-1	研發知識擴散能力	P1,P2,O,S	D	2.87	3.67
	E2-2	創新知識涵量	P1,P2,O,S	N	3.27	3.90
	E2-3	基礎科學研發能量	P1,P2,O,S	N	2.83	3.30
E3	E3-1	技術移轉、擴散、接收能力	P1,P2,O	D	2.90	3.53
	E3-2	技術商品化能力	P1,P2,O	D	3.00	4.17
	E3-3	外部單位技術優勢	P1,P2,O	N	3.20	3.67
	E3-4	外部技術完整多元性	P1,P2,O	N	3.07	3.93
	E3-5	引進技術與資源搭配程度	P1,P2,O	F	3.10	3.60
E4	E4-1	價值鏈整合能力	P1,P2,O	D	3.10	4.00
	E4-2	製程規劃能力	P1,P2,O	F	3.20	3.80
	E4-3	庫存管理能力	P1,P2,O	F	3.40	3.57
	E4-4	與供應商關係	P1,P2,O	N	2.93	4.10
	E4-5	整合外部製造資源能力	P1,P2,O	N	3.10	4.07

表 7-10 外部資源之創新評量表（續）

因子代號		關鍵成功因素	影響種類	影響性質	目前掌握程度	未來重要程度
E5	E5-1	客製化服務活動設計	P1,P2,O,S,M	F	3.23	4.03
	E5-2	整合內外部服務活動能力	P1,P2,O,S,M	D	2.80	3.33
	E5-3	建立與顧客接觸介面	P1,P2,O,S,M	N	2.97	3.83
	E5-4	委外服務掌握程度	P1,P2,O,S,M	F	2.87	3.80
	E5-5	企業服務品質與形象	P1,P2,O,S,M	D	3.03	3.73
E6	E6-1	目標市場競爭結構	P1,P2,O,S,M	N	2.96	4.13
	E6-2	消費者特性	P1,P2,O,S,M	N	2.93	4.03
	E6-3	產業供應鏈整合能力	P1,P2,O,S,M	N	3.43	4.17
	E6-4	通路管理能力	P1,P2,O,S,M	F	2.93	4.00
	E6-5	市場資訊掌握能力	P1,P2,O,S,M	F	3.43	4.10
	E6-6	支配市場與產品能力	P1,P2,O,S,M	N	2.67	3.40
	E6-7	顧客關係管理	P1,P2,O,S,M	N	2.80	3.90
E7	E7-1	相關支援技術掌握	P1,P2,O,S,M	F	2.77	3.60
	E7-2	多元與潛在顧客群	P1,P2,O,S,M	N	2.57	3.87
	E7-3	相關支援產業	P1,P2,O,S,M	N	2.93	3.77

資料來源：簡宏誼（2005）。

　　完成外部資源因子評量後，可進一步將外部資源關鍵成功因素，依影響種類與影響性質之不同，填入外部資源NDF矩陣；在得到外部資源NDF矩陣後，代入各因子未來重要程度與目前掌握程度，即可得到外部資源NDF差異矩陣，整理後如表 7-11 所示：

表 7-11 外部資源NDF差異矩陣表

	N	D	F
P1	△E1-3=0.74, △E1-4=0.16 △E1-5=0.73, △E2-2=0.63 △E2-3=0.47, △E3-3=0.47 △E3-4=0.86, △E4-4=1.17 △E4-5=0.97, △E5-3=0.86 △E6-1=1.17, △E6-2=1.10 △E6-3=0.74, △E6-6=0.73 △E6-7=1.10, △E7-2=1.30 △E7-3=0.84	△E1-1=0.93, △E1-6=0.67 △E2-1=0.80, △E3-1=0.63 △E3-2=1.17, △E4-1=0.90 △E5-2=0.53, △E5-5=0.70	△E1-2=0.37, △E3-5=0.50 △E4-2=0.60, △E4-3=0.17 △E5-1=0.80, △E5-4=1.07 △E6-4=1.07, △E6-5=0.67 △E7-1=0.83
P2	△E1-3=0.74, △E1-4=0.16 △E1-5=0.73, △E2-2=0.63 △E2-3=0.47, △E3-3=0.47 △E3-4=0.86, △E4-4=1.17 △E4-5=0.97, △E5-3=0.86 △E6-1=1.17, △E6-2=1.10 △E6-3=0.74, △E6-6=0.73 △E6-7=1.10, △E7-2=1.30 △E7-3=0.84	△E1-1=0.93, △E1-6=0.67 △E2-1=0.80, △E3-1=0.63 △E3-2=1.17, △E4-1=0.90 △E5-2=0.53, △E5-5=0.70	△E1-2=0.37, △E3-5=0.50 △E4-2=0.60, △E4-3=0.17 △E5-1=0.80, △E5-4=1.07 △E6-4=1.07, △E6-5=0.67 △E7-1=0.83

表 7-11　外部資源NDF差異矩陣表（續）

	N	D	F
O	△E2-2=0.63，△E2-3=0.47 △E3-3=0.47，△E3-4=0.86 △E4-4=1.17，△E4-5=0.97 △E5-3=0.86，△E6-1=1.17 △E6-2=1.10，△E6-3=0.74 △E6-6=0.73，△E6-7=1.10 △E7-2=1.30，△E7-3=0.84	△E2-1=0.80， △E3-1=0.63 △E3-2=1.17， △E4-1=0.90 △E5-2=0.53， △E5-5=0.70	△E3-5=0.50，△E4-2=0.60 △E4-3=0.17，△E5-1=0.80 △E5-4=1.07，△E6-4=1.07 △E6-5=0.67，△E7-1=0.83
S	△E1-3=0.74，△E1-4=0.16 △E1-5=0.73，△E2-2=0.63 △E2-3=0.47，△E5-3=0.86 △E6-1=1.17，△E6-2=1.10 △E6-3=0.74，△E6-6=0.73 △E6-7=1.10，△E7-2=1.30 △E7-3=0.84	△E1-1=0.93， △E1-6=0.67 △E2-1=0.80， △E5-2=0.53 △E5-5=0.86	△E1-2=0.37，△E5-1=0.80 △E5-4=1.07，△E6-4=1.07 △E6-5=0.67，△E7-1=0.83
M	△E1-3=0.74，△E1-4=0.16 △E1-5=0.73，△E5-3=0.86 △E6-1=1.17，△E6-2=1.10 △E6-3=0.74，△E6-6=0.73 △E6-7=1.10，△E7-2=1.30 △E7-3=0.84	△E1-1=0.93， △E1-6=0.67 △E5-2=0.53， △E5-5=0.86	△E1-2=0.37，△E5-1=0.80 △E5-4=1.07，△E6-4=1.07 △E6-5=0.67，△E7-1=0.83

資料來源：簡宏誼（2005）。

283

7.3.2 外部資源實質優勢矩陣

在得出外部資源 NDF 差異矩陣後,將其中各矩陣單元之 $\triangle Ei-j$,以五種不同創新類別與三種不同影響程度為基準,合併計算同一外部資源構面之 $\triangle Ei$;將同一種創新類別三種不同影響程度 之$\triangle Eij$(N),$\triangle Eij$(D),$\triangle Eij$(F)取平均值,即得到服務價值活動實質優勢矩陣各矩陣單元之 $\triangle EI$;再以 IIS 服務價值活動矩陣為基礎,各矩陣單元強調之服務價值活動構面不同,分別有不同 $\triangle EI$,可得到以外部資源實質優勢矩陣(表7-12)。

表 7-12 外部資源實質優勢矩陣表

	U	S	R	G
P1	$\triangle E2=0.68$ $\triangle E3=0.69$ $\triangle E4=0.79$ $\triangle E5=0.81$ $\triangle E7=0.95$	$\triangle E2=0.68$ $\triangle E3=0.69$ $\triangle E4=0.79$ $\triangle E5=0.81$ $\triangle E7=0.95$	$\triangle E1=0.57$ $\triangle E2=0.68$ $\triangle E3=0.69$ $\triangle E4=0.79$ $\triangle E5=0.81$ $\triangle E7=0.95$	$\triangle E1=0.57$ $\triangle E4=0.79$ $\triangle E5=0.81$ $\triangle E6=0.92$
P2	$\triangle E2=0.68$ $\triangle E3=0.69$ $\triangle E4=0.79$ $\triangle E7=0.95$	$\triangle E3=0.69$ $\triangle E5=0.81$	$\triangle E1=0.57$ $\triangle E4=0.79$ $\triangle E6=0.92$	$\triangle E1=0.57$ $\triangle E4=0.79$ $\triangle E6=0.92$
O	$\triangle E2=0.68$ $\triangle E3=0.69$ $\triangle E4=0.79$ $\triangle E5=0.81$ $\triangle E6=0.92$ $\triangle E7=0.95$	$\triangle E5=0.81$ $\triangle E6=0.92$ $\triangle E7=0.95$	$\triangle E5=0.81$ $\triangle E6=0.92$	$\triangle E5=0.81$ $\triangle E6=0.92$

表 7-12 外部資源實質優勢矩陣表（續）

	U	S	R	G
S	△E2=0.68 △E5=0.81 △E7=0.95	△E5=0.81 △E7=0.95	△E1=0.57 △E5=0.81 △E6=0.92 △E7=0.95	△E1=0.57 △E5=0.81 △E6=0.92 △E7=0.95
M	△E5=0.81 △E6=0.92 △E7=0.95	△E5=0.81 △E6=0.92 △E7=0.95	△E1=0.57 △E5=0.81 △E6=0.92 △E7=0.95	△E1=0.57 △E5=0.81 △E6=0.92 △E7=0.95

資料來源：簡宏諠（2005）。

7.4 策略分析

7.4.1 創新密集服務實質優勢矩陣

　　整合服務價值活動實質優勢矩陣與外部資源實質優勢矩陣，即可得到創新密集服務實質優勢矩陣。將創新密集服務實質優勢矩陣中各單元之 △CI 與 △EI 加總後取平均，即可計算服務價值活動的總得點：C；與外部資源的總得點：E。再同時將 C 與 E 加總後，即可得到策略定位得點 S。經過以上計算後，得到創新密集服務實質優勢矩陣，如表 7-14 所示：

表 7-13 服務價值活動與外部資源之策略定位得點

	專屬服務 （U）	選擇服務 （S）	特定服務 （G）	一般服務 （G）
產 品 創 新 （P1）	C=0.66 E=0.78	C=0.66 E=0.75	C=0.66 E=0.78	C=0.66 E=0.77
製 程 創 新 （P2）	C=0.70 E=0.78	C=0.70 E=0.75	C=0.70 E=0.76	C=0.70 E=0.76
組 織 創 新 （O）	C=0.67 E=0.81	C=0.67 E=0.89	C=0.67 E=0.87	C=0.67 E=0.87
結 構 創 新 （S）	C=0.67 E=0.81	C=0.67 E=0.88	C=0.67 E=0.81	C=0.67 E=0.81
市 場 創 新 （M）	C=0.71 E=0.89	C=0.71 E=0.89	C=0.71 E=0.81	C=0.71 E=0.81

資料來源：簡宏誼（2005）。

表 7-14 創新密集服務實質優勢矩陣

	U	S	R	G
P1	S1=1.44	S2=1.41	S3=1.44	S4=1.43
P2	S5=1.48	S6=1.45	S7=1.46	S8=1.46
O	S9=1.48	S10=1.56	S11=1.54	S12=1.54
S	S13=1.48	S14=1.55	S15=1.48	S16=1.48
M	S17=1.60	S18=1.60	S19=1.52	S20=1.52

資料來源：簡宏誼（2005）。

註：S=C+E

7.4.2 策略意圖分析

本章以 5×4 的「創新密集服務矩陣」與「創新密服務實質優勢矩陣」作為策略分析的基本工具，在經過一系列的因子評量、服務價值活動與外部資源得點計算後，最後可得到創新密集服務實質優勢矩陣（表7-15）之策略定位得點。

表 7-15 創新密集服務實質優勢矩陣之策略定位得點

	U	S	R	G
P1	S1=1.44	S2=1.41	S3=1.44	S4=1.43
P2	S5=1.48	S6=1.45	S7=1.46	S8=1.46
O	S9=1.48	S10=1.56	S11=1.54	S12=1.54
S	S13=1.48	S14=1.55	S15=1.48	S16=1.48
M	S17=1.60	S18=1.60	S19=1.52	S20=1.52
註：策略得點的數值參考比較值Sav＝（S1+S2+S3+⋯+S20）／20=1.50				

資料來源：簡宏誼（2005）。

首先，經由創新密集服務實質優勢矩陣表，算出策略定位參考比較值Sav=1.50，比較創新密集服務矩陣中經由專家深度訪談的策略定位與本分析模式實證推算的策略定位得點，即可進行 RFID 系統整合服務業之策略分析。其策略意圖分析的依據，如表 7-16 所示：

表 7-16 策略意圖分析比較表

策略得點數值		意義	建議	作法
未來策略定位得點	數值大於Sav	策略定位錯誤	尋找新定位	以數值較小的策略定位得點為未來的策略定位
		野心過大	需要投入更多資源在重要之C與E的關鍵成功因素上	目前與未來重要程度顯著差異之C與E的關鍵成功因素（未來定位）
	數值小於Sav	策略目標正確	將資源投入重要之C與E的關鍵成功因素即可	目前與未來掌握程度顯著差異之C與E的關鍵成功因素（未來定位）
目前策略定位得點	數值大於Sav	目前定位下，有改變策略定位之迫切性	尋找新定位	以數值較小的策略定位得點為目前的策略定位
	數值小於Sav	目前定位下，無改變策略定位之迫切性	視企業需求或競爭情勢維持舊定位或選擇新定位；將資源投入重要C與E之關鍵成功因素	目前與未來掌握程度顯著差異之C與E的關鍵成功因素（目前定位）

資料來源：簡宏誼（2005）。

在目前產品創新／選擇型服務（S2=1.41），以及未來（5～10年）結構創新／一般型服務（S16=1.48）的定位下，其策略定位得點數值均小於參考值 Sav。由此可知，經由專家深度訪談的策略定位與本分析模式的實證推演不謀而合。因此， RFID 系統整合服務目前的營運型態主要以強調產品創新的選擇型服務，未來（5～10年）的策略走向與意圖則試著朝向強調結構創新的一般型服務為主的策略定位是正確而不需要做調整的。

第八章 專業化策略分析

8.1 企業層級：外部資源與服務價值活動

　　本書針對平臺操作的企業層級機制，進行專家問卷，探討在專業化策略分析矩陣的不同定位區隔中，平臺所需的服務價值活動與外部資源分別為何，進而建構出不同產業區隔定位下所對應的關鍵發展資源。

　　本研究係進行 30 份專家問卷之調查分析，針對 30 位高科技製造業與相關知識服務業的經營決策者，進行不同專業化策略與內部服務價值活動、外部資源間的關聯影響程度調查；問卷結果於完成卡方檢定後，選取檢定結果 p-value < 0.05 之結果判定為顯著，整理如表 8-1 所示。表中每一定位區隔內所列的服務價值活動（C）及外部資源（E）類別，即表示該種專業化策略發展過程中，創新密集服務平臺所需的企業層級運作資源。其中，關於服務價值活動（C）與外部資源（E）之編號，則可參考本文表一中之定義說明。

　　表 8-1 之研究結果將可顯示不同專業化策略下的必要資源；例如，對於利用「產品創新」發展「研發及產品專業化」（分析矩陣左上角）之廠商而言，在其發展轉型過程中，所需搭配的創新密集服務平臺資源包括有：服務價值活動的設計（C1）、測試認證（C2）、行銷（C3）與支援活動（C6）；外部資源的互補資源提供者（E1）、研發（E2）、製造（E4）與市場（E6）等。此一企業層級資源分析結果將可作為服務平臺廠商與專業化製造業廠商發展過程之整合參考。

表 8-1 企業層級專業化策略分析矩陣分析結果

	研發及產品專業化	市場專業化	市場多角化專業化	製造專業化	區域群聚專業化	特定技術專業化	投資專業化	創新服務專業化
產品創新	C1,C2 C3,C6 E1,E2 E4,E6	C1,C3 C4,C5 C6 E1,E2 E3,E4 E5,E6	C1,C3 C5 E1,E4 E5,E6 E7	C1,C2 C6 E1,E3 E4,E6	C2,C3 C4,C5 E1,E3 E4,E5 E6	C1,C2 C3,C5 C6 E1,E2 E3,E4 E5	C1,C3 C4,C5 C6 E1,E2 E5	C1,C2 C3,C6 E1,E2 E2,E3 E4
流程創新	C1,C3 C4,C5 E1,E2 E3,E6	C1,C2 C3 E2,E3 E5,E6	C1,C2 C3 E3,E5 E6	C1,C2 C5,C6 E1,E2 E3,E4 E5	C1, C4 E1,E3 E5	C1,C3 E1,E2 E3,E5 E6	C3,C4 C6 E3,E5 E6	C1,C3 C4,C6 E1,E5
組織創新	C1,C2 C5,C6 E1,E3 E4,E6	C1,C4 C5,C6 E3,E6	C1,C3 C4 E1,E3 E5	C1,C2 C5,C6 E1,E2 E3,E4	C1,C4 C6 E1,E3 E4,E6	C1,C3 C5,C6 E1,E2 E3,E4 E5,E6	C3,C4 E3,E5 E6	C1,C3 C5 E1,E5 E6
結構創新	C1,C4 C5,C6 E2,E3 E4,E6	C3,C5 E1,E2 E6,E7	C2,C4 C4,C5 C6 E1,E3 E4,E5 E6,E7	C1,C5 C6 E2,E3 E4,E5 E6	C1,C3 C4 E1,E3 E4,E5 E6	C1, C6 E1,E2 E3,E4 E5	C2,C3 E1,E2 E6,E7	C3,C4 C5,C6 E1,E5
市場創新	C1,C3 C5,C6 E1,E2 E4,E5 E6	C2,C4 C6 E4, E5	C1,C3 E1,E2 E4,E6 E7	C1,C2 C4,C6 E1,E2 E3,E4 E5,E6	C1,C2 C3,C4 C5,C6 E1,E2 E3,E4 E5,E6	C1,C3 C4,C6 E1,E2 E3,E5	C3,C5 E1,E3 E5,E6 E7	C1,C3 C4,C5 C6 E3,E6
投資創新	C1,C6 E1,E2 E3,E5 E6	C2,C4 C6 E2,E3 E4,E5 E6,E7	C1,C3 E1,E2 E4,E6 E7	C2,C3 C4,C6 E2,E3 E4,E5	C1, C6 E1,E4 E5	C1,C2 C3,C6 E1,E2 E3,E5 E7	C2,C3 C5,C6 E1,E3 E5,E6 E7	C2,C3 C6 E1,E2 E4

資料來源：楊佳翰與徐作聖 (2007)。

8.2 產業層級：產業環境與技術系統

　　產業層級方面，本研究係依據王毓箴（2005）所建構之企業面資源與產業面資源關聯表，進行企業層級與產業層級間之資源轉換關聯分析。

　　表 8-2 係顯示外部資源與產業環境及技術系統間的關聯表，表中之細項編號，可參考本文表四之定義，而表中具底色之細項要素，則代表在發展該種外部資源時，較為重要且具影響的產業環境與技術系統構面。舉例而言，當創新密集服務平臺欲取得互補性資源提供者（E1）進行外部資源槓桿操作時，較為重要的產業創新系統環境因素包括有：產業環境中的生產要素（IE1）與相關及支援性產業（IE3）、以及技術系統中的技術接收能力（TS2）。

表 8-2 產業創新系統與外部資源關聯表

外部資源＼産業創新系統		產業環境		技術系統	
E1	互補資源提供者	IE1	IE2	TS1	TS2
		IE3	IE4	TS3	TS4
E2	研發	IE1	IE2	TS1	TS2
		IE3	IE4	TS3	TS4
E3	技術	IE1	IE2	TS1	TS2
		IE3	IE4	TS3	TS4
E4	製造	IE1	IE2	TS1	TS2
		IE3	IE4	TS3	TS4
E5	服務	IE1	IE2	TS1	TS2
		IE3	IE4	TS3	TS4
E6	市場	IE1	IE2	TS1	TS2
		IE3	IE4	TS3	TS4

表 8-2 產業創新系統與外部資源關聯表（續）

外部資源＼產業創新系統		產業環境		技術系統	
E7	其他使用者	IE1	IE2	TS1	TS2
		IE3	IE4	TS3	TS4

資料來源：王毓箴 （2005）。

　　表 8-3 則顯示平臺內部服務價值活動與產業環境及技術系統間的關聯表，表中之細項編號同樣可參考本文表四之定義，而表中具底色之細項要素，則代表在發展該種服務價值活動時較重要且具影響的產業環境與技術系統構面。舉例而言，當創新密集服務平臺欲提供設計（C1）一項服務價值活動時，較為重要的產業創新系統環境因素包括有：產業環境中的生產要素（IE1）與需求條件（IE2）、以及技術系統中的知識的本質與擴散機制（TS1）、技術接收能力（TS2）與多元化創新機制（TS4）等要素。

表 8-3 產業創新系統與服務價值活動關聯表

外部資源＼產新系統		產業環境	技術系統	產業環境	技術系統
C1	設計	IE1	IE2	TS1	TS2
		IE3	IE4	TS3	TS4
C2	測試認證	IE1	IE2	TS1	TS2
		IE3	IE4	TS3	TS4
C3	行銷	IE1	IE2	TS1	TS2
		IE3	IE4	TS3	TS4

表 8-3 產業創新系統與服務價值活動關聯表（續）

產新系統／外部資源		產業環境	技術系統	產業環境	技術系統
C4	配銷	IE1	IE2	TS1	TS2
		IE3	IE4	TS3	TS4
C5	售後服務	IE1	IE2	TS1	TS2
		IE3	IE4	TS3	TS4
C6	支援活動	IE1	IE2	TS1	TS2
		IE3	IE4	TS3	TS4

資料來源：王毓箴 （2005）。

　　因此，根據表 8-2 與表 8-3 之結果，即可建立平臺運作時企業層級與產業層級間的分析連結；經由此連結關係，可將表 8-1 內之分析結果轉換爲產業層級之結果，如表 8-4 所示。表中每一定位區隔內所列的產業環境（IE）及技術系統（TS）要素，即表示該種專業化策略發展過程中，創新密集服務平臺所需的產業層級資源。

表 8-4 產業層級專業化策略分析矩陣分析結果

	研發及產品專業化		市場專業化		市場多角化專業化		製造專業化		區域群聚專業化		特定技術專業化		投資專業化		創新服務專業化	
產品創新	IE1	TS2, TS3, TS4	IE1, IE2, IE4	TS2, TS3, TS4	IE2, IE4	TS3	IE1	TS2	IE1, IE2, IE4		IE1, IE2	TS1, TS2, TS3, TS4	IE1, IE2, IE4	TS3	IE1	TS1, TS2, TS4
流程創新	IE1, IE2	TS2, TS3, TS4	IE1	TS1, TS2, TS3, TS4	IE2	TS3	IE1	TS1, TS2, TS3	IE1	TS3	IE1, IE2	TS2, TS3, TS4	IE4	TS3		
組織創新	IE1	TS2, TS3		TS3	IE1	TS3	IE1	TS1, TS2	IE1	TS2, TS3	IE1, IE2, IE4	TS2, TS3, TS4		TS3	IE2, IE4	TS3
結構創新	IE1	TS2, TS3			IE1, IE2, IE4	TS2, TS3, TS4	IE1, IE2, IE4	TS2, TS3	IE1, IE2	TS2, TS3	IE1	TS2	IE4	TS3	IE4	TS3
市場創新	IE1, IE2, IE4	TS2, TS3			IE2, IE4	TS3	IE1	TS1, TS2, TS3	IE1, IE2, IE4	TS1, TS2, TS3, TS4	IE1, IE2	TS2, TS3	IE2, IE4	TS3	IE4	TS3
投資創新	IE1	TS2	IE1	TS3	IE1	TS2, TS4	IE1	TS1, TS2, TS3			IE1	TS1, TS2, TS4	IE2, IE4	TS3	IE2, IE4	TS3

資料來源：楊佳翰與徐作聖（2007）。

294

　　舉例而言，依據表 8-4 之分析結果，對利用「產品創新」發展「研發及產品專業化」（分析矩陣左上角）之廠商而言，在其發展轉型過程中，所需搭配的產業創新系統環境因素包括有：產業環境中的生產要素（IE1）、以及技術系統中的技術接收能力（TS2）等要素。

　　因此，搭配表 8-1的企業層級分析結果（所需企業層級資源：服務價值活動的設計（C1）、測試認證（C2）、行銷（C3）與支援活動（C6）；外部資源的互補資源提供者（E1）、研發（E2）、製造（E4）與市場（E6）等），我們將可建構出高科技產業發展專業化策略之分析模式，利用不同專業化策略所對應的企業層級與產業層級資源分析結果，將可作為服務平臺廠商與專業化製造業廠商發展過程之實務與學術參考。

第九章 討論 — 製造業與服務業角度下之台灣 RFID 產業發展策略比較

　　本書以臺灣 RFID 系統整合服務業實證分析徐作聖所建構的「創新密集服務平臺分析模式」，並分別於第四章至第七章分析 RFID 系統整合服務業之產業現狀、訂定扶植臺灣 RFID 系統整合服務業之創新政策、產業創新系統及 RFID 系統整合服務業之發展策略後，本章將比較 RFID 系統整合服務業與 RFID 製造業二者間企業策略、產業創新系統及國家層級創新政策間之異同並歸納比較於表 9-1 以做為讀者實際分析服務產業時的參考。

9.1 台灣 RFID 製造業與 RFID 系統整合服務業之現況回顧

　　本書於第四章曾分析 RFID 之技術、市場及產業現況做全盤之分析，本章為比較台灣 RFID 系統整合服務業與 RFID 製造業二者間企業策略、產業創新系統及國家層級創新政策間之異同，特將台灣 RFID 製造業與 RFID 系統整合服務業之現況作一簡捷之回顧，以作為比較之基礎。

　　在 RFID 產業供應鏈中，系統整合的角色，顧名思義就是提供 RFID 應用的整體解決方案。台灣廠商由於主要集中在軟硬體設備與應用端，並沒有跨及系統整合地步，而僅止於政府機構及半官方研究單位之研發而已。在台灣經濟部技術處「 RFID 研發及產業應用聯盟」的六個專業群（包括製程設備及材料、設計及製造、系統整合、供應鏈、測試與驗證及產業資訊）中，系統整合專業群致力於發展 RFID 系統所需的關鍵硬體介面及規劃整合營運業者間共同軟體規範。若在 RFID 產業供應鏈中缺少了系統整合這一環， RFID 就發揮不了能力，整個供應鏈便串連不起來，功效當

然也大打折扣（江美欣，2005）。

　　RFID 製造業主要可略分為 RFID 晶片與軟硬體設備兩大部分，若進一步細分，製造商還可分電池供應商及電源／無線元件供應商；目前臺灣廠商主要集中在上游的晶片設計及代工與中游的硬體設備製造產業，仲介軟體以及系統整合業者主要為國外大廠。基本上，在晶片設計及製造等相關領域，臺灣廠商在核心技術依然不足以及相關專利未取得的情況下，仍然受到很大的限制，目前比較出色的是晶圓代工以及前端晶片的設計，不過仍然難以與其他國際大廠相抗衡。就硬體設備而言，台灣廠商主要都是從事研發與生產，而在 RFID 電子標籤與相關硬體設備追求低成本的趨勢下，規模經濟勢必是臺灣廠商所走的方向，但是如何跟其他國外大廠相抗衡以及下游廠商的議價，是值得思考的方向。

9.2 台灣 RFID 製造業與系統整合服務業企業策略之比較

　　如前一節針對台灣 RFID 製造業的觀察，台灣 RFID 電子標籤與相關硬體設備製造業目前所應追求的策略應為規模經濟以求取成本領導（cost leadership）之優勢，反之，在目前營運型態以產品創新的選擇型服務為主下，系統整合服務業之服務價值活動以「設計」及「行銷」為重要核心構面，所要持續掌握的關鍵成功因素有：「掌握規格與創新技術」、「服務設計整合能力」、「解析市場與客製化能力」、「掌握目標與潛在市場能力」、「顧客需求回應能力」；外部資源則是以「研發／科學」、「技術」、「製造」、「服務」及「其他使用者」為重要關鍵構面，所要持續掌握的關鍵成功因素有：「研發知識擴散能力」、「技術商品化能力」、「引進技術與資源搭配程度」、「價值鏈整合能力」、「與供應商關係」、「整合外部製造資源能力」、「整合內外部服務活動能力」、「委外服務掌握程度」、「多元與潛在顧客群」、「相關支援產業」。

9.3 台灣 RFID 製造業與系統整合服務業產業創新系統之比較

　　目前台灣 RFID 製造業之產業創新系統於研究發展構面應加強技術合作網路、政府合約研究、快速設計反應能力、上游產業的支援與顧客導向的產品設計與製造能力；就研究環境構面而言，專利制度、專門領域的研究機構、具整合能力之研究單位應積極建立；規格制定的能力、軟體設計能力、系統整合能力爲技術知識構面目前應加強者；顧問與諮詢服務、先進與專業的資訊傳播媒介和客服中心的顧客資訊爲目前台灣製造業所最需要的市場資訊服務；就人力資源構面而言，研發團隊整合能力、專門領域的研究人員、專責市場開發人員是目前台灣所欠缺應加強者；而建立台灣製造業廠商策略聯盟的靈活運用能力以因應瞬息萬變的市場情勢並建立良好的國家基礎建設以營造良好的市場環境，是台灣當前產業創新系統所最應加強的要素。

　　台灣 RFID 系統整合服務業者目前定位在於產品創新之選擇型服務，所需配合之產業創新系統爲產業環境構面的「生產要素」與技術系統構面的「技術接收能力」、「網路連結性」、「多元化創新機制」；未來定位在於結構創新之特定型服務，所需配合之產業創新系統爲產業環境構面的「需求條件」、「企業策略、結構與競爭程度」與技術系統構面的「網路連結性」。

9.4 台灣 RFID 製造業與系統整合服務業創新政策之比較

　　本書研究發現，目前國內 RFID 製造業最需要的政策依序爲科學與技術開發、教育與訓練、資訊服務及政策性措施。而就國內 RFID 系統整合服務業而言，最需要的政策依序爲政策性策略、科學與技術發展及資訊服

務、法規與管制、教育與訓練、政府採購、貿易管制、公營事業與海外機構、財務金融與公共服務等項目，最不缺乏的是租稅優惠相關政策。

表 9-1 製造業與服務業角度下之台灣 RFID 產業發展策略比較表

	製造業角度	服務業角度
企業層級	■ 規模經濟 ■ 成本領導 (cost leadership)	■ 服務價值活動：設計、行銷、測試認證、配銷、售後服務、支援活動 ■ 外部資源：研發／科學、技術、製造、服務、互補資源提供者、市場、其他使用者。
產業層級	■ 研究發展：技術合作網路、政府合約研究、快速設計反應能力、上游產業的支援、顧客導向的產品設計與製造能力 ■ 研究環境：專利制度、專門領域的研究機構、具整合能力之研究單位 ■ 技術知識：規格制定的能力、軟體設計能力、系統整合能力 ■ 市場資訊：顧問與諮詢服務、先進與專業的資訊傳播媒介、客服中心的顧客資訊 ■ 市場情勢：策略聯盟的靈活運用能力 ■ 市場環境：國家基礎建設 ■ 人力資源：研發團隊整合能力、專門領域的研究人員、專責市場開發人員	■ 產業環境：生產要素、需求條件、企業策略、結構與競爭程度 ■ 技術系統：技術接收能力、網路連結性、多元化創新機制

表 9-1 製造業與服務業角度下之台灣 RFID 產業發展策略比較表（續）

	製造業角度	服務業角度
國家 層級	■ 科學與技術開發 ■ 教育與訓練 ■ 資訊服務 ■ 政策性措施	■ 政策性措施 ■ 科學與技術發展 ■ 資訊服務 ■ 法規與管制

資料來源：本書整理。

第十章 結論與啓示

　　本書以徐作聖所建構的「創新密集服務平臺分析模式」理論，針對 RFID 系統整合服務業，提出一套系統性的策略分析模式。此平臺分析模式以整合性的觀點，對 RFID 系統整合服務業做全盤性的創新服務思維邏輯推演，進而完成策略分析與規劃。

10.1 對於創新政策的結論與啓示

　　透過建立一套適用於創新密集服務業之政策工具分析模式，此模式首先找出產業內企業普遍需要的關鍵成功要素，繼而推得產業需要的產業環境與技術系統，最後再探討政策工具該如何應用，以在 RFID 產業初期，協助國內廠商順利發展；經由實證發現，此系統性分析模式所推得之政策，確實能夠符合實證產業的需求，進而協助實證產業解決目前所面臨的問題。

　　研究發現，目前國內 RFID 系統整合商最需要的政策依序爲政策性策略（19.2％）、科學與技術發展（14.1％）及資訊服務（14.1％）、法規與管制（13.5％）、教育與訓練、政府採購、貿易管制、公營事業與海外機構、財務金融與公共服務等項目，最不缺乏的是租稅優惠相關政策。

　　另外，政策對於產業環境與技術系統（產業創新系統）的影響依序爲生產要素、多元化創新機制、需求要素與企業策略、企業結構及競爭程度、相關及支援性產業與網路連結性、技術接收能力、知識本質與擴散機制。

　　至於目前最需要之三項政策（政策性策略、科學與技術發展及資訊服務）與產業創新系統的關係，政策性策略對生產要素影響最大，其次爲企業策略、企業結構及競爭程度及多元化創新機制構面；科學與技術發展對

生產要素構面影響最大，其次為技術接收能力與多元化創新機制構面；至於資訊服務則對於生產要素構面影響最大，其次為需求條件與網路連結構面。

10.1.1 創新政策的啟示

目前 RFID 系統整合商遇到兩個最主要的問題，一為前端技術待突破，二為後端市場應用資訊不夠充足。研究結果指出目前 RFID 系統整合商最需要的政策分別為政策性策略、科學與技術發展及資訊服務，其中政策性策略可以協助新興產業成長，科學與技術發展可以協助 RFID 前端技術突破，而資訊服務則可以提供目前系統整合商所欠缺的市場應用資訊。

政策性策略主要措施包括產業計劃、產業聯盟、科技專案、示範性 RFID 系統等，政府藉由上述方式對產業發展進行有系統地規劃，進而增加上下游的連結、擴大產業的應用領域。而目前所需的科學與技術發展方向，除了政府既有的被動式標籤、可重複讀寫式標籤及UHF讀取器技術之外，尚可選擇部份後述技術進行發展：標籤附著技術、天線技術、多標籤及長距離讀取技術，以及 RFID 應用技術。

對 RFID 系統整合商而言，市場資訊與技術開發同等重要，而 RFID 的應用與系統整合知識屬內隱知識，故更需要政策在資訊服務上進行配合。由於市場端往往不瞭解導入 RFID 系統對其公司之益處，因此系統整合商必須透過產業資訊平臺，將 RFID 的優勢傳達到市場端，並藉著產業資訊平臺，分析市場端無法導入 RFID 的原因，進而提出適切的解決方案。此外除了應用領域的資訊外，導入所需的資訊也十分重要。系統整合商若未深入瞭解使用者其企業內部流程，將會提高導入的失敗率。再者，法規與管制會限制企業的經營型態，進而影響其策略（如頻率開放的區段）。而國內專利權制度及營業秘密相關法規健全與否，也將影響國內廠商投入研究發展的意願。由於目前 RFID 產業應用標準各不相同，因此需要政府制

定統一之應用標準，快速擴大市場；目前台灣頻率區段幾乎已全數開放，並無特別限制 RFID 產業發展之管制措施。不過以開放系統的使用者而言，目前遭遇到的問題在於各國開放的頻率區段並不相同，並且由於各國手機使用的頻率區段也不相同，因此短期內難以見到全球UHF頻率區段的統一，這也將限制 RFID 開放系統市場的規模及使用者導入的意願。

10.2 對於產業創新系統的結論與啓示

　　本書針對創新密集服務業及知識中介平臺，結合各類相關文獻與方法，分別就企業層級與產業層級進行探討，並將兩個層級加以連結整合爲「創新密集服務平臺與產業創新系統整合分析模式」，可分別就產業觀點與企業觀點探討創新密集服務業產業之發展。在企業層級方面，就企業服務價值活動與外部資源兩大構面爲分析主軸，透過創新密集服務矩陣，藉由企業目前與未來的定位，推導出企業層級所需要的關鍵成功要素。企業服務價值活動與外部資源同時可與產業層級之產業創新系統進行連結，產業創新系統包括產業環境構面與技術系統構面，本書透過專家問卷方式求得服務價值活動、外部資源兩大企業層級構面與產業環境、技術系統兩大產業層級構面之關聯；透過企業層級之策略定位與關鍵成功要素分析，可建構出具創新密集服務業思維之產業創新系統，協助創新密集服務業產業內之廠商提升其服務價值活動與外部資源之掌握程度，進而提升整體產業競爭力。在理論模式之建構完成後，再對台灣 RFID 產業進行實證研究分析，並鎖定 RFID 產業中具創新密集服務業性質的 RFID 系統服務整合商進行產業創新系統之探討；跟據 RFID 系統整合服務商創新密集服務業企業層級所得到的關鍵成功因素與定位進行 RFID 創新密集服務思維之產業創新系統研究。

　　綜合理論分析模式與實證結果，本研究可得以下結論：

1. 創新密集服務業在企業層級以「服務價值活動」與「外部資源」兩大構面進行分析；服務價值活動可分爲六大構面：「設計」、「測試認證」、「行銷」、「配銷」、「售後服務」、「支援活動」；外部資源可分爲七大構面：「互補資源的提供者」、「科學」、「技術」、「製造」、「服務」、「市場」、「其他使用者」；依服務之活動與創新優勢來源的不同，將兩大構面塡入即可得「創新密集服務矩陣」。

2. 針對服務價值活動與外部資源各關鍵成功因素進行目前與未來的掌握程度評量；以此可推導出「創新密集服務業實値優勢矩陣」，進行企業層級的策略分析。

3. 創新密集服務業在產業層級以「產業環境」與「技術系統」兩大構面進行分析；產業環境可分爲四大構面：「生產要素」、「需求條件」、「相關與支援產業」、「企業策略、結構與競爭程度」；技術系統可分爲四大構面：「知識的本質與擴散機制」、「技術接收能力」、「網路連結性」、「多元化創新機制」。各構面可與企業層級之服務價值活動與外部資源兩構面進行連接，整合爲「創新密集服務業思維之產業創新系統矩陣」。針對企業層級的策略分析結果，依據創新密集服務矩陣定位與關鍵成功要素分析，可進行產業創新系統需求分析。

4. RFID 產業中，其整體產業面之產業創新系統，在「生產要素」之分析要素有「人力成本」、「人力素質」、「勞動人口」、「電力供應」、「政府研究機構」、「市場研究機構」、「同業公會」、「資本市場」、「金融機構」、「風險性基金」、「運輸系統」、「通訊系統」；在「需求條件」之分析要素有「RFID 產業國內客戶需求型態和特質」、「RFID 產業國內市場的需求區隔」、「RFID 產業國內市場規模」、「RFID 產業國內市場需求成長」、「RFID 產業國外需求規模及型態」；「相關及支援性產業」之分析要素有「RFID 支援性產業」、「RFID 相關性產業」；「企業策略、結構與競爭程度」之分析要素有

「RFID 產業內企業所採之策略」、「RFID 產業內企業之組織型態」、「RFID 產業內企業之規模」、「RFID 產業內競爭程度」。「知識本質與擴散機制」之分析要素有「RFID 產業相關之知識系統」、「RFID 產業知識擴散機制」；「技術接收能力」之分析要素有「國家教育與訓練系統」、「RFID 產業相關研發組織」、「RFID 產業內創業家精神與創新機制」；「網路連結性」之分析要素有「RFID 產業相關技術流通網路結構」、「RFID 產業上中下游之連結程度」、「國內 RFID 產業與國際間之合作連結程度」；「多元化創新機制」之分析要素有「RFID 產業內廠商之經營型態」、「RFID 產業進入與退出障礙」、「RFID 產業國際間之衝擊」、「RFID 產業相關政策所扮演的角色」。

5. RFID 產業中，系統整合服務業者具創新密集服務業特性為本書之實證對象；台灣 RFID 系統整合服務業者目前定位在於產品創新之選擇型服務，所需配合之產業創新系統為產業環境構面的「生產要素」與技術系統構面的「技術接收能力」、「網路連結性」、「多元化創新機制」；未來定位在於結構創新之特定型服務，所需配合之產業創新系統為產業環境構面的「需求條件」、「企業策略、結構與競爭程度」與技術系統構面的「網路連結性」。

10.2.1 RFID 產業發展啓示

1. 台灣 RFID 產業發展面臨製造業思維模式發展與服務業思維模式發展的十字路口，建議台灣產業能以創新密集服務業思維發展 RFID 產業中附加價值較高的系統服務業。

2. 台灣欲發展 RFID 系統整合服務業，現階段之產業創新系統需求在於產業環境構面的「生產要素」與技術系統構面的「技術接收能力」、「網路連結性」、「多元化創新機制」。現階段產業發展重點在於技術發展與規格統一，以降低成本，因此生產要素中的知識資源尤其為現階段發

展之重點。其次，在 RFID 產業中，產業的網路連結為發展重點，現階段之重點在於透過產業網路連結達到知識與技術擴散之效果，廠商的技術接收能力、產業的網路連結性為產業發展之關鍵，必須投入資源於其中。而多元化創新機制則可激發廠商知識與技術的創新，協助突破現階段瓶頸，提升系統服務業產業競爭力。

3. 台灣欲發展 RFID 系統整合服務業，未來之產業創新系統需求為產業環境構面的「需求條件」、「企業策略、結構與競爭程度」與技術系統構面的「網路連結性」。未來 RFID 系統服務產業發展之重點在於市場需求的成長與推動，需求條件中的國內外市場皆為欲經營之目標市場。產業的網路連結同樣為重點，未來之重點在於透過網路連結協助企業建立具競爭力之經營模式（Business Model），在產業結構重整的過程中協助企業發展其策略思維與獲利模式，發展具產業競爭力之 RFID 系統整合服務業。

10.3 對於 RFID 企業策略的結論

本書針對 RFID 產業中具創新密集服務業性質的 RFID 系統整合服務業進行實證研究分析。經過與專家不斷持續的訪談與問卷調查評量後，綜合理論分析模式與實證結果後獲得以下結論：

一、RFID 系統整合服務目前的營運型態主要以強調產品創新的選擇型服務為主；未來（5～10年）的策略走向與意圖則試著朝向強調結構創新的一般型服務為主。

二、在目前營運型態以產品創新的選擇型服務為主下，服務價值活動以「設計」及「行銷」為重要核心構面，所要持續掌握的關鍵成功因素有：「掌握規格與創新技術」、「服務設計整合能力」、「解析市場

與客製化能力」、「掌握目標與潛在市場能力」、「顧客需求回應能力」；外部資源則是以「研發／科學」、「技術」、「製造」、「服務」及「其他使用者」爲重要關鍵構面，所要持續掌握的關鍵成功因素有：「研發知識擴散能力」、「技術商品化能力」、「引進技術與資源搭配程度」、「價值鏈整合能力」、「與供應商關係」、「整合外部製造資源能力」、「整合內外部服務活動能力」、「委外服務掌握程度」、「多元與潛在顧客群」、「相關支援產業」。

三、在未來（5～10年）朝向結構創新的一般型服務爲主的經營型態下，服務價值活動則是「設計」、「測試認證」、「行銷」、「配銷」、「售後服務」、「支援活動」等六大構面，皆爲重要核心構面，所必須努力提昇的關鍵成功因素有：「掌握規格與創新技術」、「服務設計整合能力」、「解析市場與客製化能力」、「彈性服務效率的掌握」、「與技術部門的互動」、「掌握目標與潛在市場能力」、「顧客需求回應能力」、「服務傳遞能力」、「售後服務的價格、速度與品質」、「通路商服務能力」、「資訊科技整合能力」；外部資源則以「互補資源提供者」、「服務」、「市場」及「其他使用者」爲重要關鍵構面，所必須努力提昇的關鍵成功因素有：「國家政策資源應用能力」、「基礎建設充足程度」、「整合內外部服務活動能力」、「委外服務掌握程度」、「消費者特性」、「產業供應鏈整合能力」、「顧客關係管理」、「多元與潛在顧客群」、「相關支援產業」。

10.3.1 策略建議

由於 RFID 應用層面有逐漸擴大之趨勢，不同應用領域客戶皆需不同之客製化系統，故日後會成爲具系統整合能力廠商之機會。然而此領域國

際系統整合大廠已逐步卡位，他們皆是利用其原有軟體系統的優勢，提供 RFID 應用系統，並將於日後主導 RFID 應用系統領域。目前 RFID 應用領域是以垂直市場為主，然而隨著 RFID 應用領域從垂直市場往企業市場發展，則小型客製化之 RFID 應用系統將是新商機之處。

根據研究結果顯示，建議台灣在發展 RFID 系統整合服務業上，先由成本敏感度較低的產品（如醫療業、國防與電子收費）切入，先行累積相關的設計製造能力及技術商品化能力的掌握，提供客製化程度較高的服務。當技術規格成熟，產品漸趨標準化之後，如何建立具有價值的「營運模式」，同時透過 RFID 的導入，來提昇企業流程的效率，將是未來台灣業者的首要課題。

台灣雖然擁有半導體上、中、下游完整產業鏈的優勢，所以初步在「價值鏈整合能力」以及「整合外部製造資源能力」這些關鍵成功因素上，相對較容易掌握，但在系統整合所運用的技術均掌握在全球主要的大廠下，台灣業者若想由底層的中介軟體（Middleware）切入，門檻較高。可再從底層 Middleware 上面，針對台灣企業，開發一些具有在地創意的應用，將會是不錯的切入。

因目前 RFID 相關的軟硬體技術仍在持續發展中，系統建置所涉及的層面將更為廣泛而複雜， RFID 系統整合服務業的整體營收勢必持續增加。系統整合業者是否具備導入成功的實績與經驗，將是系統服務的關鍵，國際級系統廠商顯然擁有此一優勢。故未來台灣系統整合業者應掌握時機，藉由與國際知名 RFID 系統廠商的技術互補夥伴建立或策略聯盟，建立本身的核心能力，並傾力由需求面思考，為國內外客戶規劃合適的整體解決方案，提昇台灣 RFID 系統整合服務的價值。

10.4 對於產業專業化策略的結論

　　全球化與自由市場競爭情勢造成高科技產業結構的改變，市場多元化與成本競爭更導致廠商微利的結果，促使產業專業化成爲製造業確保市場地位的重要策略；同時，隨著全球化發展與產業生命週期之改變，台灣製造業既有的低成本優勢已逐漸削弱或由其他發展中國家取代，且因技術與市場需求逐漸成熟，高科技製造業正發展爲競爭者眾而供過於求之產業結構；對台灣廠商而言，亟需尋求己身在全球產業價值鏈上的重新定位，依據自身核心優勢發展專業化策略。

　　本書利用創新密集服務平臺之產業中介概念，設計一製造業專業化發展的分析模式，此模式中高科技製造業廠商將可依據自身核心能力與市場需求，運用產品創新、市場創新、製程創新、經營創新、組織創新或投資研發創新等創新優勢來源，發展研發創新、市場、市場縱深／多角化、製造區域集群、特定技術、投資服務／商務諮詢、或創新服務等八種專業化策略，完成專業化之轉型，勝出於微利時代之競爭情勢。

　　同時，利用創新密集服務平臺之架構，可依據本研究所提出的專業化策略資源分析模式，發展企業層級與產業層級的搭配資源；在企業層級方面，分析構面包括服務業平臺的內部服務價值活動與外部資源，而在產業層級方面，分析構面則爲產業創新系統中的產業環境及技術系統構面。本研究之研究結果可整理爲一根據六種創新優勢來源與八種專業化策略所設計的專業化策略分析矩陣，藉由該矩陣所區分的48種產業區隔定位，可探討在不同專業化模式下的企業層級與產業層級之對應資源運作，作爲創新密集服務平臺廠商、專業化製造業廠商、乃至產業環境建構者三方面的綜合參考。

參考文獻

一、英文部分

Aaker, D. A. (1995) Strategic Market Management. New York, N.Y.: John Wiley & Sons, Inc.

Abell, D. F. (1980) Defining the Business: The Starting Point of Strategic Planning. Englewood Cliffs, N.J.: Prentice Hall.

Afuah, A. N. and Utterback, J. M. (1997) Responding to structural industry changes: a technological evolution perspective. Industrial and Corporate Change, 6, 1.

Alam, I. and Perry, C. (2002) A customer-oriented new service development process. The Journal of Services Marketing, 16, 6, 515-534.

Alling, P. and Matorin, A. (2006) Not Waiting for Godot: RFID Adoption Expands, But? New York, N.Y.: Bear, Stearns & Co. Inc.

Arthur, W. B. (1996) Increasing returns and the new world of business. Harvard Business Review, 74, 4, 100-109.

Archibugi, D. and Michie, J. (1997, Eds.) Technology, Globalization and Economic Performance. Cambridge: Cambridge University Press.

Bai, C., Du, Y., Tao, Z., and Tong, S. Y. (2004) Local protectionism and regional specialization: Evidence from China's industries. Journal of International Economics, 63, 2, 397-417.

Barnard, C. S. and Nix, J. S. (1980) Farm Planning and Control. Cambridge, U.K.: Cambridge University Press.

Barney, J. B. (1997) Gaining and Sustaining Competitive Advantage. Reading, MA: Addison-Wesley.

Berger, S. (2005) How we Compete: What Companies Around the World are Doing to Make it in Today's Global Economy. New York, N.Y.: Doubleday.

Bhangui, D. (2005) A RFID Supply Chain Growth Story: 2005 Will Tell. Vancouver, British Columbia: Haywood Securities Inc.

Browning, H. C. and Singelmann, J. (1975) The Emergence of a Service Society: Demographic and Sociological Aspects of the Sectoral Transformation of the Labor Force in the USA. Springfield, V.A.: National Technical Information Service.

Capon, N., Hulbert, J. M., Farley, J. U., and Martin, L. E. (1988) Corporate diversity and economic performance: The impact of market specialization. Strategic Management Journal, 9, 1, 61-74.

Carlsson, B. (1997) Four technological systems: What have we Learned? In: Carlsson, B. (eds), Technological systems and Industrial Dynamics. Boston: Kluwer.

Carlsson, B. and Stankiewicz, R. (1991) On the nature, function and composition of technological systems. Journal of Evolutionary Economics, 1, 2, 93-118.

Carr, N. G. (2003) IT doesn't matter. Harvard Business Review, 81, 5, 41-49.

Chandler, Alfred D. (1962) Strategy and Structure: Chapters in the History of Industrial Enterprise. Cambridge, MA: MIT Press.

Chang, C. (2002) Procurement policy and supplier behavior - OEM vs. ODM. Journalof Business and Management, 8, 2, 181-198.

Chase, R. B. (1981) The customer contact approach to services theoretical bases and practical extensions. Operations Research, 29, 4, 698-706.

Chen, H.-C. (2006) An Integrated Value-Creation Process for Innovation Intensive Industries. Unpublished Ph.D. Dissertation. Taiwan: Institute of Management of Technology, National Chiao Tung University.

Chen, H.-C. and Shyu, J. Z. (2004) Intensive service as actors of platform strategy adapted to emerging industry development. In: Proceedings of the Portland International Conference on Management of Engineering & Technology 2004.

Christensen, C. M. (2001) The past and future of competitive advantage. MIT Sloan Management Review, 42, 2, 105-109.

Christensen, C. M. and Raynor, M. E. (2003) The Innovator's Solution: Creating and Sustaining Successful Growth. Boston, M.A.: Harvard Business School Press.

Christensen, M., Anthony, S., and Roth, E. (2004) Seeing What's Next: Using the Theories of Innovation to Predict Industry Change. Boston, M.A.: Harvard Business School Press.

Congden, S.W. and Schoroeder, D.M. (1996) Competitive strategy and the adoption and usage of process innovation. International Journal of Commerce & Management, 6, 3/4, 5-22.

Cynthia, W. (1987) Strategies for becoming marketing-oriented in the professional services arena. Journal of Professional Services Marketing, 2, 4, 11-27.

Czarnitzki, D. and Spielkamp, A. (2003) Business services in Germany: Bridges for innovation. The Service Journal, 23, 2, 1-30.

Davenport, T. H. (1993) Process Innovation: Reengineering Work Through Information Technology. Boston, M.A.: Harvard Business School Press.

Davidow, W. H. and Uttal, B. (1989) Service companies: focus or falter. Harvard Business Review, 67, 4, 77-85.

den Hertog, P., Bilderbeek, R. (2000) The new knowledge infrastructure: The role of technology-based knowledge-intensive business services in national innovation systems. In: Boden, M., Miles, I. (eds), Services and the Knowledge-Based Economy. 222-246.

Derek, A. (1980) Defining the Business: The Starting Point of Strategic Planning. Upper Saddle River, N.J.: Prentice Hall.

Desrochers, P. and Sautet, F. (2004) Cluster-based economic strategy, facilitation policy and the market process. The Review of Austrian Economics, 17, 2/3, 233-245.

Dickson, P. R. (1996) The static and dynamic mechanics of competition: a comment on Hunt and Morgan's comparative advantage theory. Journal of Marketing, 60, 4, 102-106.

Drucker, P. (1969) The Age of Discontinuity: Guidelines to Our Changing Society. New York, N.Y.: Harper and Row.

Drucker, P. (2002) Managing in the Next Society. New York, N.Y.: St. Martins Press.

Dyson, E. (1997) Release 2.0: a Design for Living in the Digital Age. New York, N.Y.: Broadway Books.

Edvardsson, B. (1997) Quality in new service development: Key concepts and a frame of reference. International Journal of Production Economics, 52, 1, 31-46.

Evans, P. and Wurster, T. S. (2000) Blown to Bits: How the New Economics of Information Transforms Strategy. Boston, M.A.: Harvard Business School Press.

Feldman, M. P. (2003) The locational dynamics of the US biotech industry: Knowledge externalities and the anchor hypothesis. Industry and Innovation,

10, 3, 311-328.

Feldman, M. P. and Audretsch, D. B. (1999) Innovation in cities: Science-based diversity, specialization and localized competition. European Economic Review, 43, 2, 409-429.

Finkenzeller, Klaus (2003) RFID Handbook: Fundamentals and Applications in Contactless Smart Cards and Identification. West Sussex, U.K.: John Wiley & Sons, Ltd.

Fitzsimmons, J. A. and Fitzsimmons, M. J. (1994) Service Management for Competitive Advantage. New York, N.Y.: McGraw-Hill.

Freeman, C. (1987) Technology and Economic Performance: Lessons from Japan. London, UK: Pinter.

Frost & Sullivan (2006) Globalisation and market specialisation to benefit Western European electric drives manufacturers. PR Newswire, 2006.

Fujita, M. and Thisse, Jacques-Francois (2002) Economics of Agglomeration - Cities, Industrial Location, and Regional Growth. Cambridge: Cambridge University Press.

Fulkerson, B. (1997) A response to dynamic change in the market place. Decision Support Systems, 21, 3, 199-214.

McDonald, G. and Roberts, C. (1992) What you always wanted to know about marketing strategy ... but were too confused to ask. Management Decision, 30, 7, 54-61.

Gallon, M. R., Stillman, H. M., and Coates, D. (1995) Putting core competency thinking into practice. Research Technology Management, 38, 3, 20-28.

Gallouj, F. and Weinstein, O. (1997) Innovation in services. Research Policy, 26, 4, 537-556.

Geffen, C. and Rothenberg, S. (2000) Suppliers and environmental innovation - the automotive paint process. International Journal of Operations & Production Management, 20, 2, 166-186.

Gilmore, J. H. and Pine, B. J. (1997) The four faces of customization. Harvard Business Review, 75, 1, 91-101.

Grant, R. M. (1991) The resource-based theory of competitive advantage: Implications for strategy formulation. California Management Review, 33, 3, 114-135.

Gu, T. (2005) Service specialization strategy in system affiliated hospitals. Unpublished Ph.D. Dissertation. Virgina: Virginia Commonwealth University.

Hagel, III J. and Brown, J. S. (2005) The Only Sustainable Edge: Why Business Strategy Depends on Productive Friction and Dynamic Specialization. Boston, M.A.: Harvard Business School Press.

Hales, M. (1999) Synthesis Report to the European Commission, 1999 - DG XII. CENTRIM, Brighton: TSER programme.

Hall, R. (1992) The strategic analysis of intangible resources. Strategic Management Journal, 13, 2, 135-144.

Hauknes, J. and Hales, K. (1998) Services in innovation - innovation in services, SI4S Synthesis Paper. Oslo: STEP Group.

Hayes, R. H. and Wheelwright, S. C. (1979) The dynamics of process product life cycles. Harvard Business Review, 57, 2, 127-136.

Henderson, R. M. and Clark, K. B. (1990) Architectural innovation: The reconfiguring of existing product technologies and the failure of established firms. Administrative Science Quarterly, 35, 1, 9-30.

Herbig, P. A. and O'Hara, B. S. (1994) The future of original equipment manufacturers: a matter of partnerships. Journal of Business & Industrial

Marketing, 9, 3, 38-43.

Hertog, P. d., Bilderbeek, R. (2000) The new knowledge infrastructure: The role of technology-based knowledge-intensive business services in national innovation systems. In Boden, M., Miles, I. (eds), Services and the Knowledge-Based Economy. London: Continuum.

Hofer, C. W. and Schendel, D. (1978) Strategy Formation: Analytical Concepts. Cambridge, MA: West Publishing.

Hope, J. and Hope, T. (1997) Competing in the Third Wave: The Ten Key Management Issues of the Information Age. Boston, M.A.: Harvard Business School Press.

Hunt, I. and Jones, R. (1998) Winning new product business in the contract electronics industry. International Journal of Operations & Production Management, 18, 2, 130-142.

Jeff, M, Lawrence C. R. (1987) Are product specialization and international diversification strategies compatible? Management International Review, 27, 3; 38-45.

Karlsson, C. (1992) Knowledge and material flow in future industrial networks. International Journal of Operations and Production Management, 12, 7/8, 10-23.

Kash, D. E. and Rycroft, R. W. (2000) Patterns of innovating complex technologies: a framework for adaptive network strategies. Research Policy, 29, 7-8, 819-831.

Katsoulacos, Y., Tsounis, N. (2000) Knowledge-intensive business services and productivity growth: The Greek evidence. In: Boden, M., Miles, I. (eds), Services and Knowledge-Based Economy. London: Continuum.

Kellogg, D. L. and Nie, W. (1995) A framework for strategic service management.

Journal of Operations Management, 13, 4, 323-337.

Khazam, J. and Mowery, D. (1994) The commercialization of RISC: Strategies for the creation of dominant designs. Research Policy, 23, 1, 89-102.

Kline, S. J., Rosenberg, N. (1986) An overview of innovation. In: Landau, R., Rosenberg, N. (eds), The Positive Sum Strategy, Harnessing Technology for Economic Growth. 275-305. Washington, D.C.:

Kotler, P. (1994) Marketing Management: Analysis, Planning, Implementation and Control. Englewood Cliffs, N.J.: Prentice Hall.

Kotler, P., Jatusripitak, S., and Maesincee, S. (1997) The Marketing of Nations. New York, N.Y.: Free Press.

Leidecker, J. K. and Bruno, A. V. (1984) Identifying and using critical success factors. Long Range Planning, 17, 1, 23-32.

Lovelock, C. H. (1983) Classifying service to gain strategic marketing insights. Journal of Marketing, 47, 3, 9-20.

Lundvall, B.-A. (1993) National Systems of Innovation: Towards a Theory of Innovation and Interactive Learning. London: Pinter.

Lundvall, B.-A. (1998) Why study national systems and national styles of innovations? Technology Analysis & Strategic Management, 10, 4, 77-90.

Madura, J. and Rose, L. C. (1987) Are product specialization and international diversification strategies compatible? Management International Review, 27, 3, 38-44.

Malerba, F., Orsenigo, L., and Peretto, P. (1997) Persistence of innovative activities, sectoral patterns of innovation and international technological specialization. International Journal of Industrial Organization, 15, 6, 801-826.

McClean, B., Matas, B., Yancey, T. (2004) RFID and smartcards. In: Skinner, R. D. (eds), Emerging IC Markets - 2005 Edition. Scottsdale, Arizona: IC Insights, Inc.

McDonald, G. and Roberts, C. (1992) What you always wanted to know about marketing. Strategy. Management Decision, 30, 7, 54-61.

McMillan, J. (2002) Reinventing the Bazaar: a Natural History of Markets. New York, N.Y.: WW Norton & Company.

Meller, R. D. and DeShazo, R. L. (2001) Manufacturing system design case study: Multi-channel manufacturing at electrical box & enclosures. Journal of Manufacturing Systems, 20, 6, 445-457.

Menor, L. J., Tatikonda, M. V., and Sampson, S. E. (2002) New service development: Areas for exploitation and exploration. Journal of Operations Management, 20, 2, 135-157.

Meyer, C. and Stan, D. (2003) It's Alive : The Coming Convergence of Information, Biology, and Business. New York, N.Y.: Crown Business.

Meyers, M. B., Rosenbloom, R. S. (1996) Rethinking the role of industrial research. In: Rosenbloom, R. S., Spencer, W. J. (eds), Engines of Innovation: U.S. Industrial Research at the End of an Era. Boston, M.A.: Harvard Business School Press.

Miles, I. (1993) Services in the new industrial economy. Future, 25, 6, 653-672.

Miles, I., Kastrinos, N., Flanagan, K., Bilderbeek, R., Hertog, B., Huntink, W., and Bouman, M. (1995) Knowledge-intensive business services: Users, carriers and sources of innovation. EIMS Publication no 15. Luxembourg: European Innovation Monitoring System (EIMS).

Miller, M. M. (1990) New study seeks successful strategies for the '90s. Trusts & Estates, 129, 1.

Miyazaki, K. (1995) Building competences in the firm, Lessons from Japanese and European optoelectronics. New York, N.Y.: St. Martin's Press.

Morrison, A. J. and Roth, K. (1992) A taxonomy of business-level strategies in global industries. Strategic Management Journal, 13, 6, 399-418.

Muller, E. and Zenker, A. (2001) Business services as actors of knowledge transformation: The role of KIBS in regional and national innovation systems. Research Policy, 30, 9, 1501-1516.

Nelson, R. R. (ed.) (1993) National Systems of Innovation: a Comparative Study. Oxford: Oxford University Press.

National Science Board (2006) Science and Engineering Indicators 2006. Arlington, V.A.: National Science Foundation.

Nogee, A. (2005), RFID Tag Market to Approach $3 billion in 2009. Scottsdale, A.Z.: In-Stat.

Normann, R. (1991) Service Management: Strategy and Leadership in Service Business. New York, NY.: John Wiley & Sons.

O'Sullivan, E. L. and Spangler, K. J. (1998) Experience Marketing: Strategies for the New Millennium. State College, P.A.: Venture Publishing.

OECD (1996) The Knowledge Based Economy. Paris: OECD Press.

OECD (1999) Technology and Industry Scoreboard: Benchmarking Knowledge-Based Economies. Paris: OECD.

OECD (2002) Innovation and Productivity in Services. Paris: OECD.

Ohmae, Kenichi (1999) The Invisible Continent: Four Strategic Imperatives of the New Economy. New York, N.Y.: Harper.

Ohmae, Kenichi. (2005) The Next Global Stage: The Challenges and

Opportunities in Our Borderless World. Philadelphia, PA: Wharton School Publishing.

Phene, A., Madhok, A., and Liu, K. (2005) Knowledge transfer within the multinational firm: What drives the speed of transfer? Management International Review, 45, 2, 53-75.

Pine, B. J. and Davis, S. (1993) Mass Customization: The New Frontier In Business Competition. Boston, M.A.: Harvard Business School Press.

Pine, J. and Gilmore, J. (1999) The Experience Economy: Work is Theatre & Every Business a Stage. New York, N.Y.: Harvard Business School Press.

Porter, M. E. (1985) Competitive Advantage. Creating and Sustaining Superior Performance. New York, N.Y.: The Free Press.

Porter, M. E. (1990) The Competitive Advantage of Nations. New York: Free Press.

Prahalad, C. K. and Hamel, G (1990) The core competence of the corporation. Harvard Business Review, 68, 3, 79-91.

Prestowitz, C. (2005) Three Billion New Capitalists: The Great Shift Of Wealth And Power To The East. New York, N.Y.: Basic Books.

Quinn, J. B. (1988) Technology in services: Past myths and future challenges. In: Guile, B., Quinn, J. B. (eds), Technology in Services: Policies for Growth, Trade and Employment. Washington, D.C.: National Academy Press.

Quinn, J. B. and Gagnon, C. E. (1986) Will services follow manufacturing into decline? Harvard Business Review, 64, 6, 95-103.

Roberts, M. A. and Whitfield, M. (2003) Oiling The Supply Chain = Saving Companies Billions. London, U.K.: Wachovia Securities.

Rockart, J. F. (1979) Chief executives define their own data needs. Harvard

Business Review, 57, 2, 81-93.

Roland-Holst, D., Verbiest, J., and Zhai, F. (2005) Growth and trade horizons for asia: Long-term forecasts for regional integration. Asian Development Review, 22, 2, 76-107.

Rothwell, R. and Zegveld, W. (1981) Industrial Innovation and Public Policy: Preparing for the 1980s and the 1990s. London: Printer.

Roy, S. and Mohapatra, P. K. J. (2002) Regional specialization for technological innovation in R&D laboratories: a strategic perspective. Artificial Intelligence and Society, 16, 1, 100-111.

Sakaiya, T. (1991) Knowledge-Value Revolution, or a History of the Future. Tokyo: Kodansha Press.

Saxenian, A. (1994) Regional Advantage: Culture and Competition in Silicon Valley and Route 128. Boston, M.A.: Harvard University Press.

Shapiro, C. and Varian, H. (1999) Information Rules: a Strategic Guide to the Network Economy. Boston, M.A.: Harvard Business School Press.

Sheth, J. N., Sisodia, R. S., and Sharma, A. (2000) The antecedents and consequences of customer-centric marketing. Journal of the Academy of Marketing Science, 28, 1, 55-66.

Slywotzky, A. J. (1996) Value Migration: How To Think Several Moves Ahead Of The Competition. Boston, M.A.: Harvard Business School Press.

Sorensen, K. H. and Levold, N. (1992) Tacit networks, heterogeneous engineers, and embodied knowledge. Science, Technology, and Human Values, 17, 1, 26-27.

Sperling, G. (2005) The Pro-Growth Progressive: An Economic Strategy for Shared Prosperity. New York, N.Y.: Simon & Schuster.

Suarez, F. F. and Utterback, J. M. (1995) Dominant designs and the survival of firms. Strategic Management Journal, 16, 6, 415-430.

Sundbo, J. and Gallouj, F. (1998) Innovation in services, SI4S Project Synthesis Work Package 3/4. Oslo: STEP Group.

Tanner, L. (2001) Market diversity is key for Aguirre. The Dallas Business Journal, 24, 33, 28.

Teece, D. J. (1992) Competition, cooperation and innovation: Organizational arrangements for regimes of rapid technological progress. Journal of Economic Behavior and Organization, 18, 1, 1-25.

Thomas, D. R. E. (1978) Strategy is different in service businesses. Harvard Business Review, 56, 4, 158-165.

Tillett, B. (1989) Authority Control in the Online Environment: Considerations and Practices. New York, N.Y.: Haworth Press.

Tomlinson, M. (1999) The learning economy and embodied knowledge flows in Great Britain. Journal of Evolutionary Economics, 9, 4, 431-452.

Trout, J. (2004) Trout on Strategy. New York, N.Y.: McGraw-Hill.

Tsang, D. (1999) National culture and national competitiveness: a study of the microcomputer component industry. Advances in Competitiveness Research, 7, 1, 1-34.

Tsoi, S. K., Cheung, C. F., and Lee, W. B. (2003) Knowledge-based customization of enterprise applications. Expert Systems with Applications, 25, 1, 123-132.

Tushman, M. L. and Rosenkopf, L. (1992) Organizational determinants of technological change: Towards a sociology of technological evolution. Research in Organizational Behavior, 14, 311-347.

Utterback, J. M. (1994) Mastering the Dynamics of Innovation. Boston, M.A.:

Harvard Business School Press.

Utterback, J. M. and Suarez, F. F. (1993) Innovation, competition and industry structure. Research Policy, 22, 1, 1-21.

Viardot, E. (1998) Successful Marketing Strategy for High-Tech Firms. Norwood, M.A.: Artech House.

Webster, C. (1987) Strategies for becoming marketing-oriented in the professional services arena. Journal of Professional Services Marketing, 2, 11-27.

Wernerfelt, B. (1984) A resource-based view of the firm. Strategic Management Journal, 5, 2, 171-180.

World Bank, 1998, World Development Report 1998/99: Knowledge for Development, Oxford University Press, Oxford.

You, H. C., Tu, Y. M., and Shyu, J. Z. (2006) Strategic clustering of innovation in developing countries. In: International Conference on International Association of Management of Technology.

Zook, C. (2003) Beyond the Core: Expand Your Market Without Abandoning Your Roots. Boston, M.A.: Harvard Business School Press.

二、中文部份

（日）大前研一 （1991），企業戰略思考，林傑成譯，業強，台北，1991年。

林建山（1995），產業政策與產業管理，環球經濟社，台北。

徐作聖（1999a），策略致勝，遠流，台北。

徐作聖（1999b），國家創新系統與競爭力，聯經，台北。

（美）波特 （Michael Porter）著 （1996） ，國家競爭優勢，李明軒、邱如美譯，天下文化，台北。

高希均（2000），「知識經濟的核心理念」，載於高希均和李誠主編：知識經濟之路，天下文化，台北。

林秀英（2000），「知識經濟衡量指標建構之探討」，台灣經濟研究月刊，第23卷第5期，頁33-45。

邱秋瑩（2001） ，「知識經濟之意義、內涵與發展策略」，自由中國之工業，第9卷第6期，頁1-42。

行政院知識經濟發展方案具體執行計畫（2001），知識經濟發展具體執行方案，行政院經濟建設委員會。

資策會（2001），2000-2003年我國專案整合市場發展現況與趨勢分析，資策會資訊市場情報中心。

王健全（2002），「台灣知識服務業的發展及其推動策略」，經社法制論叢，第29期，頁1-27。

龔明鑫、楊家彥（2003），「關鍵性創新服務業發展策略之建議」，經濟情勢暨評論，第8卷第4期，頁58-88。

李冠樺（2004），RFID國際協定發展現況，工業技術研究院產業經資中

心。

周鈺舜（2004），創新密集服務之平臺策略—以南茂公司奈米電子構裝為
　　例，國立交通大學，碩士論文。

林曉盈（2004），RFID標籤面面觀，拓墣產業研究所焦點報告。

徐作聖、陳仁帥（2004），產業分析，全華科技圖書，台北。

李冠樺（2004），RFID國際協定發展現況，經濟部技術處產業技術資訊服
　　務推廣計畫。

經濟部中小企業處　（2005）　，2004中小企業創新育成中心育成年鑑，經
　　濟部中小企業處。

江美欣（2005），RFID 系統整合商在供應鏈中之角色，經濟部技術處產業
　　技術資訊服務推廣計畫。

王毓箴（2005），產業創新系統在台灣RFID創新密集服務角色之研究，國
　　立交通大學，碩士論文。

徐作聖、陳筱琪、賴賢哲　（2005），「國家創新系統與知識經濟之連
　　結」，科技發展政策報導，第4期，頁359~378。

陳威寰（2005），台灣無線射頻識別系統服務之策略分析，國立交通大
　　學，碩士論文。

張嘉帆（2005），RFID最新標準與晶片發展趨勢，拓墣產業研究所。

徐作聖、楊佳翰、鄭智仁（2006a），「兩岸平臺經濟與未來展望：以江蘇
　　省昆山市為例」，創業研究與教育國際研討會論文集，南開大學，中國
　　天津，2006年2月。

徐作聖、楊佳翰，吳欣霓（2006b），「大陸十一五規劃政策下台商高科技
　　產業之發展策略」，經濟情勢暨評論，頁62-86，2006年6月。

行政院勞工委員會　（2006），國際勞動統計　（95年版），行政院勞工委

員會。

周文卿、周樹林 （2006），全球RFID 發展趨勢下我國資訊服務業者商機分析，資策會資訊市場情報中心。

資策會資訊市場情報中心 （2006），2006年上半年台灣資通訊市場發展現況分析，資策會資訊市場情報中心。

陳美玲 （2007） ，2010年流通領域將成為RFID技術最大應用市場，經濟部技術處產業技術知識服務計畫。

楊佳翰、徐作聖 （2007），高科技產業專業化策略之模式分析，第二屆台灣策略管理研討會，台北。

教育部統計處 （2007），中華民國教育統計，教育部統計處。

經濟部能源局 （2007），中華民國能源簡介，經濟部能源局。

三、網站部份

林禹臣（2003），「電子設計資訊網」，
http://www.eedesign.com.tw/article/Design/circuit_design/
circuit_design14.htm。

Moscatiello, R. （2003） Forecasting the unit cost of rfid tags.
http://www.mountainviewsystems.net/Forecasting。

白忠哲（2004），「知名大廠在台灣推動RFID應用之現況」，
http://www.itis.org.tw/rptDetailFree.screen?rptidno=8E442145A0
5A4EC348256F39005D6C91。

唐震寰（2004），「RFID 國際技術發展現況及未來趨勢」，
http://www.twtec.org.tw/doctemp/00002/taipei_20072004092916091

2.pdf。

電子工程專輯 （2005），「RFID應用普及帶動RTSA測試發展」，
http://www.eettaiwan.com/ART_8800401048_480402_c6153987200512.
HTM。

技術尖兵（2005），「RFID研發與產業應用聯盟」—「RFID貨櫃應用SIG」
暨「STARS小組」成立典禮，http://www.st-pioneer.org.tw/modules.
php?name=St_News&pa=Show_News&tid=354。

RFID Journal （2006), What is RFID? www.rfidjournal.com.

教育部 （2006） ，「教育經費占國民（內）生產毛額比率」，
http://www.edu.tw/EDU_WEB/EDU_MGT/STATISTICS/EDU7220001/
ebooks/edusta/P42-47.XLS。

行政院主計處 （2007），「國民所得統計」，http://www.stat.gov.
tw/。

中央銀行，http://www.cbc.gov.tw/bankexam/cbc/browser/
finlist_03_1.asp。

台灣證券交易所 （2007），「歷年股票市場概況表」，
http://www.tse.com.tw/ch/statistics/statistics.php?tm=07。

附　錄

附錄一、「政策工具與產業創新系統之關聯性」問卷

鈞鑒：

　　本研究爲瞭解政策在產業創新過程中所扮演之角色，乃進行「國家創新系統」之實證研究，並以台灣無線射頻識別系統（RFID）系統整合商爲個案研究產業。研究過程中爲瞭解國家創新系統中政策工具與產業創新系統之關聯情形，需藉由學術性探討，以瞭解其脈絡，故特以專家訪查的方式，請教學術界及產業界之先進，以提昇本研究之正確性，並作爲後續研究之參考資料。

　　先進之意見與指教，將有助於本研究之正確性，並能做爲政策制定之參考。懇請撥冗賜答問卷，非常感謝您的合作與指教。

　　敬頌

　　　時祺

　　　　　　　　　　　　　　　　　　交大科技管理研究所研究生
　　　　　　　　　　　　　　　　　　　　　　　　　　　敬啓

　　附註：若有任何問題，煩請與我聯絡
　　電話：
　　信箱：

問卷填寫說明

下列八個表格（A~H）主要在探討與創新政策（包括科技及產業政策）相關之政策工具與產業創新系統之關聯性，**本研究將政策工具視為自變數，並將產業創新系統視為因變數**（包括生產要素、需求條件、相關及支援性產業、企業策略、企業結構及競爭程度、知識本質與擴散機制、技術接收能力、網路連結性與多元化創新機制等八個構面）**進行政策工具對產業創新系統之影響**，請各位先進依據下列八個表格給予寶貴之意見。**若是政策對於產業創新系統之影響顯著重要者，請於方格內打「ˇ」。**

為使各位先進瞭解各政策工具之定義，特將各類政策工具之定義及範例匯總如下，以作為填答問卷之參考。

分類	政策工具	定　義	範　例
供給面政策	1.公營事業	指政府所實施與公營事業成立、營運及管理等相關之各項措施。	公有事業的創新、發展新興產業、公營事業首倡引進新技術、參與民營企業
	2.科學與技術開發	政府直接或間接鼓勵各項科學與技術發展之作為。	研究實驗室、支援研究單位、學術性團體、專業協會、研究特許
	3.教育與訓練	指政府針對教育體制及訓練體系之各項政策。	一般教育、大學、技職教育、見習計劃、延續和高深教育、再訓練
	4.資訊服務	政府以直接或間接方式鼓勵技術及市場資訊流通之作為。	資訊網路與中心建構、圖書館、顧問與諮詢服務、資料庫、聯絡服務

分類	政策工具	定　義	範　例
環境面政策	5.財務金融	政府直接或間接給予企業之各項財務支援。	特許、貸款、補助金、財務分配安排、設備提供、建物或服務、貸款保證、出口信用貸款等
	6.租稅優惠	政府給予企業各項稅賦上的減免。	公司、個人、間接和薪資稅、租稅扣抵
	7.法規與管制	政府為規範市場秩序之各項措施。	專利權、環境和健康規定、獨占規範
	8.政策性策略	政府基於協助產業發展所制訂各項策略性措施。	規劃、區域政策、獎勵創新、鼓勵企業合併或聯盟、公共諮詢與輔導
需求面政策	9.政府採購	中央政府及各級地方政府各項採購之規定。	中央或地方政府的採購、公營事業之採購、R&D合約研究、原型採購
	10.公共服務	有關解決社會問題之各項服務性措施。	健康服務、公共建築物、建設、運輸、電信
	11.貿易管制	指政府各項進出口管制措施。	貿易協定、關稅、貨幣調節
	12.海外機構	指政府直接設立或間接協助企業海外設立各種分支機構之作為。	海外貿易組織

　　以「A．生產要素與政策工具之關聯性」為例，人力成本便受到「科學與技術發展」與「教育與訓練」此兩種政策工具的影響；而人力素質便受到「科學與技術發展」、「教育與訓練」與「政策性策略」三者影響：

政策工具 生產要素	I、供給面政策				II、環境面政策				III、需求面政策			
	1.公營事業	2.科學與技術發展	3.教育與訓練	4.資訊服務	5.財務金融	6.租稅優惠	7.法規及管制	8.政策性策略	9.政府採購	10.公共服務	11.貿易管制	12.海外機構
人力成本		∨1	∨2									
人力素質		∨3	∨4					∨				

1、3　政府藉由投入科學基礎研究及技術開發，可以培養出大量的科學家及工程師，因此能增加國內高級人力之供應及降低高級人力成本。若能將此部份之人力經由適當的擴散，可有效提昇國家整體人力素質。

2、4　普及的教育及完整的體系可有效提昇市場研究機構人力素質及人才供應。另一方面，當勞動供給增加時，且人力需求未大幅變化時，將有助於勞動成本之降低。

（以下開始問卷）

A. 相關及支援性產業與政策工具之關聯性探討

政策工具 相關及支援性產業	I、供給面政策				II、環境面政策				III、需求面政策			
	1.公營事業	2.科學與技術發展	3.教育與訓練	4.資訊服務	5.財務金融	6.租稅優惠	7.法規及管制	8.政策性策略	9.政府採購	10.公共服務	11.貿易管制	12.海外機構
RFID 支援性產業												
RFID 相關性產業												

B. 生產要素與政策工具之關聯性探討

政策工具 生產要素	I、供給面政策				II、環境面政策				III、需求面政策			
	1.公營事業	2.科學與技術發展	3.教育與訓練	4.資訊服務	5.財務金融	6.租稅優惠	7.法規及管制	8.政策性策略	9.政府採購	10.公共服務	11.貿易管制	12.海外機構
人力成本												
人力素質												
勞動人口												
電力供應												
原物料資源												
水力資源												

大學院校											
政府研究機構											
市場研究機構											
同業公會											
資本市場											
金融機構											
運輸系統											
通訊系統											

C. 需求要素與政策工具之關聯性探討

政策工具　　　　需求要素	I、供給面政策				II、環境面政策				III、需求面政策			
	1.公營事業	2.科學與技術發展	3.教育與訓練	4.資訊服務	5.財務金融	6.租稅優惠	7.法規及管制	8.政策性策略	9.政府採購	10.公共服務	11.貿易管制	12.海外機構
RFID產業國內客戶需求型態和特質												
RFID產業國內市場規模												
RFID產業國外需求規模及型態												

D. 企業策略、企業結構及競爭程度與政策工具之關聯性探討

政策工具　　　　　企業策略、企業結構及競爭程度	I、供給面政策				II、環境面政策				III、需求面政策			
	1.公營事業	2.科學與技術發展	3.教育與訓練	4.資訊服務	5.財務金融	6.租稅優惠	7.法規及管制	8.政策性策略	9.政府採購	10.公共服務	11.貿易管制	12.海外機構
RFID產業內企業所採之策略												
RFID產業內企業之組織型態												
RFID產業內企業之規模												
RFID產業內競爭程度												

E. 知識本質及擴散機制與政策工具之關聯性探討

政策工具　　　　　知識本質及擴散機制	I、供給面政策				II、環境面政策				III、需求面政策			
	1.公營事業	2.科學與技術發展	3.教育與訓練	4.資訊服務	5.財務金融	6.租稅優惠	7.法規及管制	8.政策性策略	9.政府採購	10.公共服務	11.貿易管制	12.海外機構
RFID產業相關之知識系統												
RFID產業知識擴散機制												

337

F. 技術接收能力與政策工具之關聯性探討

政策工具 / 技術接收能力	I、供給面政策				II、環境面政策				III、需求面政策			
	1.公營事業	2.科學與技術發展	3.教育與訓練	4.資訊服務	5.財務金融	6.租稅優惠	7.法規及管制	8.政策性策略	9.政府採購	10.公共服務	11.貿易管制	12.海外機構
國家教育與訓練系統												
RFID產業相關研發組織												
RFID產業內創業家精神												

G. 網路連結性與政策工具之關聯性探討

政策工具 / 網路連結性	I、供給面政策				II、環境面政策				III、需求面政策			
	1.公營事業	2.科學與技術發展	3.教育與訓練	4.資訊服務	5.財務金融	6.租稅優惠	7.法規及管制	8.政策性策略	9.政府採購	10.公共服務	11.貿易管制	12.海外機構
RFID產業相關技術流通網路結構												
RFID產業上中下游之連結程度												
國內RFID產業與國際間之合作連結程度												

H. 多元化創新機制與政策工具之關聯性探討

政策工具 多元化創新機制	I、供給面政策				II、環境面政策				III、需求面政策			
	1.公營事業	2.科學與技術發展	3.教育與訓練	4.資訊服務	5.財務金融	6.租稅優惠	7.法規及管制	8.政策性策略	9.政府採購	10.公共服務	11.貿易管制	12.海外機構
RFID產業內廠商之經營型態												
RFID產業進入與退出障礙												
RFID產業國際間之衝擊												
RFID產業相關政策所扮演之角色												

附錄二、「產業創新系統與服務價值活動及外部資源關聯分析」問卷

各位先進及前輩，您好：

我們是交通大學科技管理研究所的研究團隊，在您百忙中，竭誠希望能挪用 鈞座一點時間，幫助我們完成此份問卷。本問卷的目的在於尋找國家創新系統中產業創新系統（ 包括技術系統與產業構面 ）對於創新密集服務業之廠商，所能夠提升其服務價值活動與外部資源掌握程度之對應關係，進而推導出產業創新系統在創新密集服務業中所能扮演之角色，以及廠商的相對應策略。

您是國內產業中的菁英、先驅者，藉由你們的寶貴意見，能讓我們的調查更具有信度和效度。您的寶貴意見將有助於企業了解個別策略思維與關鍵成功因素之所在，進而取得產業競爭優勢，我們由衷感謝您的回覆，謝謝！

恭祝

順安

國立交通大學科技管理研究所

聯絡地址：新竹市大學路1001號綜合一館七樓

聯絡電話： 　　　　　　　　　　　　指導教授：徐作聖

電子郵件： 　　　　　　　　　　　　研究學生：

第一部份：問卷填表說明

一、國家創新系統與產業創新系統

　　國家創新系統之基本定義為國家之組織或制度，其功能在於加速技術發展與擴散，其基本構面包括政府政策工具、產業創新系統（技術系統與產業環境構面）等二部份。技術系統用以探討產業相關技術之形成過程及原因；而產業環境構面則在分析現階段產業環境。細節如下表所述。

產業環境構面	
生產要素 （Factor condition）	一個國家所提供某特定產業競爭中與該產業生產投入方面有關之表現。包括：人力資源、天然資源、知識資源、資本資源、基礎建設。
需求條件 （Demand condition）	本國市場對該產業所提供產品或服務之需求規模及需求型態等。包括：國內市場的性質、國內市場的需求規模和成長速度、國內市場需求國際化情形。
相關與支援性產業 （Related and supporting industries）	這項產業之相關產業和其上、下游產業之國際競爭力強弱。包括：該產業之上中下游結構、發展情形及其競爭優勢；該產業與其相關產業之關連性、發展情形及其競爭優勢等。
企業策略、結構與競爭程度（Firm strategy, structure, and rivalry）	企業在一個國家的基礎、組織和管理型態，以及國內市場競爭對手之表現。包括：國內該產業廠商之策略、管理型態及組織結構；國內該產業廠商之企業目標；國內該產業廠商所屬員工之個人事業目標；國內該產業之競爭情形。

技術系統構面	
知識本質與擴散機制（Nature of knowledge and spillover mechanism）	知識屬性會影響其擴散機制；例如知識內隱（Tacit）性較高，則轉移過程會較為複雜；若是外顯（Explicit）則相反。
技術接收能力（Receiver Competence）	接收者能力係指選擇、開發、接收全球技術組合的能力。接收者能力通常牽涉到探討誰先介入技術之開發、系統內各機構在技術開發與接收過程中所扮演之角色、科技政策等問題。
產業網路連結性（Connectivity）	技術或其所牽涉之相關知識的擴散效果通常決定於該技術系統內各機構之連結層度。一般而言主要有下列三種網路連結型態（1）購買者與供應商間的連結（2）技術的問題與其解答間的網路（3）各團體間非正式的網路關係等三種。
多元化創新機制（Variety Creation Mechanism）	技術系統之活力通常決定於新競爭者之多寡及其所帶來之挑戰。在此必須檢視技術系統其封閉或開放的程度、系統內主要成員視野之寬廣程度及過去經驗所給予之影響、新競爭者加入所獲得之鼓勵程度及系統內各機構和科技政策所扮演之角色等。

二、服務價值活動與外部資源

　　廠商為滿足顧客不同需求，必須採取某些服務價值活動，包括設計、測試認證、行銷、配銷、售後服務、支援活動。在創新密集服務業中，企業可從外部獲取資源，輔助企業發揮其核心能力，滿足顧客需求，外部資源包括互補資源提供者、研發／科學、技術、製造、服務、市場、其他使用者。

服務價值活動		外部資源	
設計	服務價值活動的最前端，根據客戶需求，客製化程度之不同設計出不同的產品	互補資源提供者	互補資源乃是核心能力發揮優勢時，所需要配合之外部資源，如Infrastructure、資本市場投入等。
測試認證	測試及認證是服務價值網中重要的一環，為使產品最後符合客戶或市場上的規格。	研發／科學	研發單位（偏用基礎科學研究）之研發能量，以及研發成果擴散、技轉、商品化能力等。
行銷	企業行銷活動。	技術	可掌握之外部技術；包括核心技術與應用技術能力、以及技術擴散、移轉機制等。
配銷	意指將產品或是服務傳遞至顧客之過程所需進行之活動，如配銷系統、通路商管理等。	製造	可掌握之製造單位，如合作代工廠商，產業製造能力等。
售後服務	售後服務活動。	服務	服務流程中外部可提供之服務活動，如資訊委外服務、物流等。
支援活動	其他支援活動，可使服務更加完整。如財務、人力資源等。	市場	目標市場特性、競爭結構、消費者特性等；以及任何可以提升市場控制能力之外部資源，如通路、規格制定。
		其他使用者	外部其他使用者，包括：其他可產生綜效之相關技術、活動；或是潛在顧客等。

三、產業創新系統與服務價值活動、外部資源之關聯

　　在高科技服務業中，廠商資源有限，無法完全掌握所有的價值活動與資源；許多企業必須透過委外、外包、策略聯盟的方式以獲取外部資源與價值活動，提升核心能力，增加企業競爭力。國家創新系統在此也扮演重要角色；國家創新系統之基本定義為國家之組織或制度，其功能在於加速技術發展與擴散，其基本構面包括政府政策工具、產業創新系統（技術系統與環境構面）等二部份。透過國家創新系統的建構，可提升高科技服務業廠商對於服務價值活動與外部資源的掌握。

　　範例：

　　舉例來說，在環境構面中，填問卷者若認為生產要素的提升，可協助IIS產業中高科技服務廠商在互補資源提供者、研發／科學、技術等構面有較直接的益助，而對製造的幫助就相對較不直接；對於服務、市場、其他使用者幾乎沒有影響作用，因此可作下表之勾選：

	極低	低	中	高	極高
互補資源提供者					V
研發／科學					V
技術				V	
製造			V		
服務	V				
市場	V				
其他使用者	V				

第二部份：問卷填寫

一、產業創新系統與價值活動之關聯

　　在生產要素、需求條件、相關及支援性產業、企業策略結構和競爭程度之產業環境構面；與知識的本質與擴散機制、技術接收能力、網路連結性、多元化創新機制之技術系統構面，請依您的理解，將其與企業中價值活動的關聯性填入。

生產要素						知識的本質與擴散機制				
	極低	低	中	高	極高		極低	低	中	高	極高
設計						設計					
測試認證						測試認證					
行銷						行銷					
配銷						配銷					
售後服務						售後服務					
支援活動						支援活動					
需求條件						技術接收能力				
	極低	低	中	高	極高		極低	低	中	高	極高
設計						設計					
測試認證						測試認證					
行銷						行銷					
配銷						配銷					

| 售後服務 | | | | | | 售後服務 | | | | | |
| 支援活動 | | | | | | 支援活動 | | | | | |

相關與支擾性產業						網路連結性					
	極低	低	中	高	極高		極低	低	中	高	極高
設計						設計					
測試認證						測試認證					
行銷						行銷					
配銷						配銷					
售後服務						售後服務					
支援活動						支援活動					

企業策略結構與競爭程度						多元化創新機制					
	極低	低	中	高	極高		極低	低	中	高	極高
設計						設計					
測試認證						測試認證					
行銷						行銷					
配銷						配銷					
售後服務						售後服務					
支援活動						支援活動					

二、產業創新系統與外部資源之關聯

在生產要素、需求條件、相關及支援性產業、企業策略、結構和競爭程度之產業環境構面；與知識的本質與擴散機制、技術接收能力、網路連結性、多元化創新機制之技術系統構面，請依您的理解，將其與企業外在的外部資源之關聯性填入。

生產要素						知識的本質與擴散機制					
	極低	低	中	高	極高		極低	低	中	高	極高
互補資源提供者						互補資源提供者					
研發／科學						研發／科學					
技術						技術					
製造						製造					
服務						服務					
市場						市場					
其他使用者						其他使用者					
需求條件						技術接收能力					
	極低	低	中	高	極高		極低	低	中	高	極高
互補資源提供者						互補資源提供者					
研發／科學						研發／科學					
技術						技術					
製造						製造					
服務						服務					

市場						市場					
其他使用者						其他使用者					

相關與支擾性產業						網路連結性					
	極低	低	中	高	極高		極低	低	中	高	極高
互補資源提供者						互補資源提供者					
研發／科學						研發／科學					
技術						技術					
製造						製造					
服務						服務					
市場						市場					
其他使用者						其他使用者					

企業策略結構與競爭程度						多元化創新機制					
	極低	低	中	高	極高		極低	低	中	高	極高
互補資源提供者						互補資源提供者					
研發／科學						研發／科學					
技術						技術					
製造						製造					
服務						服務					
市場						市場					
其他使用者						其他使用者					

附錄三、「台灣無線射頻識別系統服務之策略分析」問卷

各位先進及前輩，您好：

　　我們是交通大學科技管理研究所的研究團隊，在您百忙中，竭誠希望能挪用　鈞座一點時間，幫助我們完成此份問卷。本問卷的目的在於對RFID系統整合服務業進行策略分析，求出RFID系統整合服務業目前與未來的關鍵成功因素與策略分析。

　　本問卷的內容主要包含二大部分：一、創新密集服務矩陣定位。二、配合核心能力之（a）外部資源涵量與（b）服務價值活動能力之掌握程度。

　　藉由兩大構面（外部資源涵量與服務價值活動能力）的專家問卷訪談與評量，進而推導出創新密集服務實質優勢矩陣。再藉由創新密集服務實質優勢矩陣與創新密集服務矩陣定位的比較，找出RFID系統整合服務業重要且必須努力提昇之服務價值活動與外部資源，以及所需發展的關鍵成功因素。透過本研究，期望能對RFID系統整合服務業提出具有前瞻性的略規劃建議。

　　您是國內產業界的菁英、先驅者，藉由專家們的寶貴意見，能讓我們的調查更具有信度和效度。您的寶貴意見將有助於企業了解個別策略思維與關鍵成功因素之所在，進而取得產業競爭優勢，我們由衷感謝您的回覆，謝謝！

　　恭祝

　　　　　順安

國立交通大學科技管理研究所

聯絡地址：新竹市大學路1001號綜合一館七樓

聯絡電話：

　　　　　　　　　　　　　　指導教授：徐作聖

電子郵件：　　　　　　　　研究學生：　　　　　敬啟

第一部份：受訪者資訊填寫

一、公司部門類別

| □行銷 | □生產及製造 | □採購 | □財務 |
| □人力資源 | □研發部 | □總經理室 | □其他 |

二、工作職稱：＿＿＿＿＿＿＿

三、工作年資基本資料　　您在業界服務的經驗：　　　　　　年

第二部分：問卷填表說明

一、創新密集服務平臺定位

　　　此部分問卷目的係爲藉由五種創新層次（產品創新、流程創新、組織創新、結構創新、市場創新）與四項客製化程度（一般型客製化、特定型客製化、選擇型客製化、專屬型客製化）所組成的創新密集服務矩陣定位，爲RFID系統整合服務業裡的一般企業，找出目前策略規劃定位與未來策略意圖走向。

| | 高　　　　　　客製化程度　　　　　　低 → | | | |
	U 專屬型服務（Unique）	S 選擇型服務（Selective）	R 特定型服務（Restricted）	G 一般型服務（Generic）
P1 產品創新 (Product)				
P2 流程創新 (Process)				

O 組織創新 (Organizational)				
S 結構創新 (Structural)				
M 市場創新 (Market)				

　　在進行企業定位之前，請容我們先解釋創新層次與客製化程度的定義。詳細整理如下表示：

1. 創新層次：

創新層次	定義
產品創新	開發新產品。
流程創新	滿足顧客需求過程的創新。
組織創新	因應問題，企業調整其內部組織架構。
結構創新	創新層級的最高層次，通常會牽扯到產品創新、流程創新、組織創新、市場創新，並且牽扯到與公司有關的各級廠商與客戶。
市場創新	開發新市場或重新區隔市場。

2. 客製化程度：

	客製化程度	定義
專屬型服務 (Unique)	高	大部分的服務都是客製化的，顧客有相當多的決定權，去定義「怎麼做」（how）、「做什麼」（what）或者「在那裡」（where）進行服務。
選擇型服務 (Selective)	中高	有些部分的服務已經標準化，顧客有相當多的決定權，在大量的選擇清單上，進行選擇。Ex：30%模組化，70%客製化。
特定型服務 (Restricted)	中低	大部分的服務都是已經標準化的，顧客可以從有限的選擇項目進行選擇。Ex：70%模組化，30%客製化。
一般型服務 (Generic)	低	大部分的服務都是已經標準化的，顧客只有很少的決定權，去定義「怎麼做」（how）、「做什麼」（what）或者「在那裡」（where）進行服務。

範例：

如果您認為，台灣RFID系統整合服務商最強調（比重最高的）在一般型服務的產品創新上，那麼就在「一般型服務」與「產品創新」交集的格子裡打個圈。如下圖所示：

	U 專屬型服務 (Unique)	S 選擇型服務 (Selective)	R 特定型服務 (Restricted)	G 一般型服務 (Generic)
P1 產品創新 (Product)				

	U 專屬型服務 (Unique)	S 選擇型服務 (Selective)	R 特定型服務 (Restricted)	G 一般型服務 (Generic)
P2 流程創新 (Process)				
O 組織創新 (Organizational)				
S 結構創新 (Structural)				
M 市場創新 (Market)				

第三部分：問卷開始

一、RFID系統整合服務業

I. 請在下表中畫出您認為現階段RFID系統整合服務中一般企業之定位

	U 專屬型服務 (Unique)	S 選擇型服務 (Selective)	R 特定型服務 (Restricted)	G 一般型服務 (Generic)
P1 產品創新 (Product)				
P2 流程創新 (Process)				
O 組織創新 (Organizational)				
S 結構創新 (Structural)				
M 市場創新 (Market)				

II. 請在下表中畫出您認為RFID系統整合服務中一般企業未來具競爭優勢之發展方向

	U 專屬型服務 (Unique)	S 選擇型服務 (Selective)	R 特定型服務 (Restricted)	G 一般型服務 (Generic)
P1 產品創新 (Product)				
P2 流程創新 (Process)				
O 組織創新 (Organizational)				
S 結構創新 (Structural)				
M 市場創新 (Market)				

二、服務價值活動掌握程度

此部分問卷目的是在瞭解RFID系統整合服務商，對於「服務價值活動」裡各個核心能力的關鍵成功因素之看法。故，懇請您根據不同時期（現在、未來5～10年），在每一項「服務價值活動」的關鍵成功因素中，勾選出企業掌握此要素的程度。

範例：

■ I.若您認為就現在與未來，RFID系統整合服務商在「服務設計」構面裡的掌握規格與創新技術的程度應該分別為極高及普通，那麼則如下表在格子內打個勾。

項　　　目		掌　　握　　程　　度				
		極低	低	普通	高	極高
掌握規格與創新技術的程度	現在					✓
	未來			✓		

問卷開始

1. 針對服務設計（Design Service）之要素

項　　　目		掌　　握　　程　　度				
		極低	低	普通	高	極高
掌握規格與創新技術	現在					
	未來					
研發資訊掌握能力	現在					
	未來					
智慧財產權的掌握	現在					
	未來					

項　　目		掌　握　程　度				
		極低	低	普通	高	極高
服務設計整合能力	現在					
	未來					
設計環境與文化	現在					
	未來					
解讀市場與客製化能力	現在					
	未來					
財務支援與規劃	現在					
	未來					

2. 針對測試認證（Validation of Testing）之要

項　　目		掌　握　程　度				
		極低	低	普通	高	極高
模組化能力	現在					
	未來					
彈性服務效率的掌握	現在					
	未來					
與技術部門的互動	現在					
	未來					

3. 針對行銷（Marketing）之要素

項　　目		掌　握　程　度				
		極低	低	普通	高	極高
品牌與行銷能力	現在					
	未來					

項　　目		掌　握　程　度				
		極低	低	普通	高	極高
掌握目標與潛在市場能力	現在					
	未來					
顧客知識累積與運用能力	現在					
	未來					
顧客需求回應能力	現在					
	未來					
整體方案之價格與品質	現在					
	未來					

4. 針對配銷（Delivery）之要素

項　　目		掌　握　程　度				
		極低	低	普通	高	極高
後勤支援與庫存管理	現在					
	未來					
通路掌握能力	現在					
	未來					
服務傳遞能力	現在					
	未來					

5. 針對售後服務（After Service）之要素

項　　目		掌　握　程　度				
		極低	低	普通	高	極高
技術部門的支援	現在					
	未來					

項　　　目		掌　握　程　度				
		極低	低	普通	高	極高
建立市場回饋機制	現在					
	未來					
創新的售後服務	現在					
	未來					
售後服務的價格、速度與品質	現在					
	未來					
通路商服務能力	現在					
	未來					

6. 針對支援活動（Supporting Activities）之要素

項　　　目		掌　握　程　度				
		極低	低	普通	高	極高
組織結構	現在					
	未來					
企業文化	現在					
	未來					
人事組織與教育訓練	現在					
	未來					
資訊科技整合能力	現在					
	未來					
採購支援能力	現在					
	未來					
法律與智慧財產權之保護	現在					
	未來					

項　　目		掌　　握　　程　　度				
		極低	低	普通	高	極高
企業公關能力	現在					
	未來					
財務管理能力	現在					
	未來					

三、外部資源掌握程度

　　此部分問卷目的是在瞭解RFID系統整合服務商，對於「外部資源」裡各個核心能力，所需配合的外部資源涵量的看法。故，懇請您根據不同時期（現在、未來5～10），在每一項「外部資源涵量」的關鍵成功因素中，勾選出企業掌握此要素的程度。

　　範例：

項　　目		掌　　握　　程　　度				
		極低	低	普通	高	極高
組織利於外部資源接收	現在		✓			
	未來				✓	

問卷開始

1. 針對互補資源提供者（Complementary Assets Supplier）之要素

項　　目		掌　　握　　程　　度				
		極低	低	普通	高	極高
組織利於外部資源接收	現在					
	未來					
人力資源素質	現在					
	未來					
國家政策資源應用能力	現在					
	未來					
基礎建設充足程度	現在					
	未來					
資本市場與金融環境支持度	現在					
	未來					
企業外在形象	現在					
	未來					

2. 針對研究發展（R&D）之要素

項　　目		掌　　握　　程　　度				
		極低	低	普通	高	極高
研發知識擴散能力	現在					
	未來					
創新知識涵量	現在					
	未來					

項　　目		掌　握　程　度				
		極低	低	普通	高	極高
基礎科學研發能量	現在					
	未來					

3. 針對技術（Technology）之要素

項　　目		掌　握　程　度				
		極低	低	普通	高	極高
技術移轉、擴散、接收能力	現在					
	未來					
技術商品化能力	現在					
	未來					
外部單位技術優勢	現在					
	未來					
外部技術完整多元性	現在					
	未來					
引進技術與資源搭配程度	現在					
	未來					

4. 針對製造（Production）之要素

項　　目		掌　握　程　度				
		極低	低	普通	高	極高
價值鏈整合能力	現在					
	未來					

4. 針對製造（Production）之要素(續)

項　　目		掌　握　程　度				
		極低	低	普通	高	極高
製程規劃能力	現在					
	未來					
庫存管理能力	現在					
	未來					
與供應商關係	現在					
	未來					
整合外部製造資源能力	現在					
	未來					

5. 針對服務（Service）之要素

項　　目		掌　握　程　度				
		極低	低	普通	高	極高
客製化服務活動設計	現在					
	未來					
整合內外部服務活動能力	現在					
	未來					
建立與顧客接觸介面	現在					
	未來					
委外服務掌握程度	現在					
	未來					
企業服務品質與形象	現在					
	未來					
服務價值鏈整合	現在					
	未來					

6. 針對市場（Market）之要素

項　　目		掌　握　程　度				
		極低	低	普通	高	極高
市場客戶客製化需求	現在					
	未來					
企業品牌與形象	現在					
	未來					
目標市場競爭結構	現在					
	未來					
消費者特性	現在					
	未來					
產業供應鏈整合能力	現在					
	未來					
通路管理能力	現在					
	未來					
市場資訊掌握能力	現在					
	未來					
支配市場與產品能力	現在					
	未來					
顧客關係管理	現在					
	未來					

7. 針對其他使用者（Other users）之要素

項　　目		掌　握　程　度				
		極低	低	普通	高	極高
相關支援技術掌握	現在					
	未來					
多元與潛在顧客群	現在					
	未來					
相關支援產業	現在					
	未來					

科技服務業發展策略及應用－以 RFID 爲例
／徐作聖,黃啓祐,游煥中著,--初版--
新竹市：交大出版社, 民 96.09
392 面；17×23 公分
ISBN 9789868299757
1.　資訊服務業　2. 無線射頻辨識系統
489.3　　　　　　　　96016694

科技服務業發展策略及應用－以 RFID 爲例

著　者：徐作聖、黃啓祐、游煥中

封面設計：蔡嘉慧

出版者：國立交通大學出版社

發行人：吳重雨

社長：林進燈

總編輯：顏智

地址：新竹市大學路 1001 號

讀者服務：03-5736308、03-5131542

　　　　　（周一至周五上午 8:30 至下午 5:00）

傳真：03-5728302

網址：http://press.nctu.edu.tw

e-mail：press@cc.nctu.edu.tw

出版日期：民國九十九年九月初版二刷

定價：350 元

ISBN：9789868299757

GPN：1009602404

展售門市查詢：國立交通大學出版社 http://press.nctu.edu.tw

或洽政府出版品集中展售門市：

國家書店（台北市松江路 209 號 1 樓）

網址：http://www.govbooks.com.tw

電話：02-25180207

五南文化廣場台中總店（台中市中山路 6 號）

網址：http://www.wunanbooks.com.tw

電話：04-22260330